高等职业院校精品教材系列

集散控制系统应用维护技术

黄建华 张德泉 主 编

张贵强 郑 怡 参 编

邹益民 主 审

電子工業出版社
Publishing House of Electronics Industry
北京 · BEIJING

内 容 简 介

本书基于工作过程对专业人员的理论知识和实际操作技能的需要，结合作者多年的课程改革经验进行编写。本书共分 7 章，主要介绍了 DCS 的基础知识和典型 DCS 的基本结构、功能、操作方法和 DCS 系统组态、系统维护方法，以及现场总线技术、安全仪表等方面的知识，并结合实际操作案例，介绍了 DCS 的应用技术。集散控制系统应用维护技术课程作为院级网络精品课和资源共享课，具有内容丰富、技术先进、可同时满足不同读者需求的课程资源，能够适应一体化授课新模式。

本书可作为高职院校工业过程自动化、自动控制、仪表自动化和化工操作人员培训等相关专业的教材和培训资料，也可作为社会人员学习使用集散控制系统的参考书。

本书配有免费的电子教学课件，请登录华信教育资源网 www.hxedu.com.cn 注册下载。

图书在版编目 (CIP) 数据

集散控制系统应用维护技术/黄建华，张德泉主编. —北京：电子工业出版社，2018.4（2024.12 重印）
ISBN 978-7-121-33913-4

Ⅰ. ①集… Ⅱ. ①黄… ②张… Ⅲ. ①集散控制系统－高等学校－教材 Ⅳ. ①TP273

中国版本图书馆 CIP 数据核字（2018）第 060105 号

策划编辑：刘少轩（liusx@phei.com.cn）
责任编辑：底　波
印　　刷：北京虎彩文化传播有限公司
装　　订：北京虎彩文化传播有限公司
出版发行：电子工业出版社
　　　　　北京市海淀区万寿路 173 信箱　邮编：100036
开　　本：787×1 092　1/16　印张：15.75　字数：403 千字
版　　次：2018 年 4 月第 1 版
印　　次：2024 年 12 月第 13 次印刷
定　　价：49.80 元

凡所购买电子工业出版社图书有缺损问题，请向购买书店调换。若书店售缺，请与本社发行部联系，联系及邮购电话：（010）88254888，88258888。

质量投诉请发邮件至 zlts@phei.com.cn，盗版侵权举报请发邮件至 dbqq@phei.com.cn。

本书咨询联系方式：liusx@phei.com.cn。

前　言

本书突破了传统教材的编排模式，基于工作过程对专业人员的理论知识和实际操作技能的需要，主要介绍了 DCS 的基本知识和典型 DCS 的基本结构、功能、操作方法和 DCS 系统组态、系统维护方法，以及现场总线技术、安全仪表等方面的知识，并结合实际操作案例，介绍了 DCS 的应用技术。近几年来，通过集散控制系统应用维护技术课程网络精品课和资源共享课的建设，我们以行业、企业需求为驱动力，以最新的高职教学改革理念为指导，借鉴国内外先进教学经验，整合国内外最新资料，通过系统化设计，建成了具有内容丰富、技术先进、功能强大，可同时满足不同读者需求的网络学习系统平台，丰富了课程内容，突破了时空限制，方便了读者学习和资料查询，有助于读者工作能力的提升，适应了当前线下教师教学和线上学员学习相结合的新模式，促进了教学方式的改革，改善了教学效果。

本书由黄建华、张德泉任主编，张德泉编写了 3.2 节和 6.2 节；郑怡编写了 1.1 节、1.2 节和第 5 章；张贵强编写了 1.3 节和第 2 章；黄建华编写了其余章节内容及各章节的练习题，并负责全书统稿。

由于编写时间仓促，所有资料均由教学过程中整理而来，加上编者的认识水平有限，书中难免有错误和不妥之处，恳请专家和读者批评指正。

本书可作为高职院校工业过程自动化、自动控制、仪表自动化和化工操作人员培训等相关专业的教材和培训资料，也可作为社会人员学习使用集散控制系统的参考书。

编　者

目　　录

绪论　DCS 应用技术概述……1
第 1 章　集散控制系统基础知识……9
1.1　集散控制系统的结构与功能……9
1.1.1　集散控制系统的体系结构……9
1.1.2　现场控制站……11
1.1.3　操作站……13
1.1.4　集散控制系统软件……15
1.1.5　冗余技术……17
1.2　DCS 信号处理过程……19
1.2.1　信号处理过程……19
1.2.2　输入信号处理……20
1.2.3　数字滤波……22
1.2.4　输出信号处理……24
1.2.5　报警处理……26
1.2.6　PID 控制算法……27
1.3　集散控制系统的数据通信系统……29
1.3.1　数据通信技术……30
1.3.2　通信网络结构……33
1.3.3　通信协议……36
1.3.4　常用网络协议……38
1.3.5　IP 地址……42
1.3.6　通信网络安装……43
1.3.7　网络设备……45
1.3.8　ping 命令使用方法……46
1.3.9　水晶头制作……47
第 2 章　现场总线技术及应用……51
2.1　现场总线概述……51
2.2　几种典型的现场总线……54
2.3　现场总线控制系统构成原理……59
2.4　Delta V 现场总线控制系统……62
第 3 章　JX-300XP 集散控制系统……69
3.1　JX-300XP 系统结构与功能……69
3.1.1　JX-300XP 系统总体结构……69

3.1.2 操作节点 ······ 70
3.1.3 控制节点 ······ 71
3.1.4 XP243X 主控制卡 ······ 79
3.1.5 数据转发卡 ······ 82
3.1.6 通信接口卡 ······ 84
3.1.7 电源指示卡、电流信号输入卡、电压信号输入卡 ······ 86
3.1.8 热电阻信号输入卡 ······ 88
3.1.9 脉冲量输入卡 ······ 91
3.1.10 其他卡件 ······ 93
3.2 JX-300XP 系统组态概述 ······ 100
3.2.1 组态相关概念 ······ 100
3.2.2 JX-300 组态软件 ······ 103
3.2.3 SCKey 系统组态软件 ······ 106
3.2.4 组态操作的实质 ······ 109
3.3 JX-300 主机设置与用户授权的组态 ······ 112
3.3.1 JX-300 总体信息组态 ······ 112
3.3.2 控制站主机设置 ······ 112
3.3.3 其他功能 ······ 114
3.4 JX-300XP 控制站组态操作方法 ······ 117
3.4.1 了解控制站组态 ······ 117
3.4.2 控制站组态的基本操作 ······ 118
3.4.3 自定义变量 ······ 125
3.4.4 系统控制方案组态 ······ 126
3.4.5 折线表定义 ······ 133
第 4 章 JX-300XP 操作组态 ······ 136
4.1 JX-300XP 操作站组态 ······ 136
4.1.1 操作站组态概述 ······ 136
4.1.2 操作站组态设置 ······ 137
4.2 JX-300XP 实时监控软件操作 ······ 148
4.2.1 JX-300XP 实时监控软件简介 ······ 148
4.2.2 JX-300XP 实时监控软件操作画面 ······ 150
4.2.3 DCS 操作员主要工作及注意事项 ······ 158
第 5 章 JX-300XP 系统组态案例 ······ 161
5.1 DCS 系统组态案例 ······ 161
5.2 系统硬件配置 ······ 163
5.3 组态操作 ······ 168
5.4 画面制作 ······ 184
5.5 建立流程图文件 ······ 189

5.6 报表制作及运行 ······193
第 6 章 安全仪表系统 ······196
6.1 安全仪表系统基本知识 ······196
6.2 安全等级及标准 ······200
6.3 Tricon 控制器 ······202
6.3.1 Tricon 控制器的结构 ······203
6.3.2 Tricon 模件 ······204
6.3.3 Tricon 控制器机架 ······206
6.3.4 Tricon 控制器的维护 ······209
6.4 安全仪表系统应用案例 ······210
6.4.1 工艺简介 ······210
6.4.2 系统配置 ······211
6.4.3 系统软件 ELOP II 介绍 ······211
第 7 章 DCS 维护技术 ······219
7.1 DCS 维护方法 ······219
7.2 DCS 的维护内容 ······220
7.2.1 日常维护 ······221
7.2.2 预防性维护 ······221
7.2.3 故障维护概述 ······223
7.2.4 故障维护 ······224
7.3 DCS 系统调试 ······226
7.4 JX-300 维护应用 ······229
7.4.1 主控制卡故障诊断 ······229
7.4.2 组态出错清除组态模式 ······230
7.4.3 主控制卡冗余说明 ······231
7.4.4 卡件工作状态分析 ······231
7.4.5 实训装置上电与断电恢复 ······232
7.5 监控操作维护 ······233
7.6 安全栅 ······235
7.7 DCS 故障诊断实训 ······237
参考文献 ······241

绪论　DCS 应用技术概述

学习内容	1．DCS 基本概念。
	2．自动化技术的发展史。
	3．DCS 应用技术主要内容。
操作技能	1．DCS 实物认识与安装调试。
	2．DCS 一般操作方法。

1．集散控制系统简介

集散控制系统是 20 世纪 70 年代中期发展起来的以多台微型计算机为基础的分散型综合控制系统。“集”代表集中操作、管理、监视；“散”代表分散危险、分散控制。它是控制技术、计算机技术、通信技术与 CRT 技术的结晶。

它不仅能实现过程控制和管理，还具有综合信息管理能力，满足了现代化工等行业对自动化生产的新要求，它的优点如下。

（1）人—机联系好，便于集中操作管理，分散控制。

（2）控制系统结构灵活，易于扩展。

（3）具有良好的性能价格比。

（4）操作简单方便。

（5）安全可靠性高。

2．自动化技术的发展史

自动化技术发展至今分别经过了人工、电动（气动、液动）、计算机（DDC、SCC、PLC、DCS、FCS）三个阶段，其中人工阶段的自动化技术结构简单、功能单一、劳动强度大；气动表出现于 20 世纪 50 年代前，常规控制简单、投资少，但控制质量不高；电动表（如 DDZII、DDZIII）出现在 20 世纪 60～70 年代，能完成复杂控制，质量较高，但投资大，故障较多；1946 年计算机以及微机的出现，随着其性能的提高，价格逐渐下降，应用越来越广泛。随着大工业生产对自动化技术要求的提高，随之出现了集散控制系统（DCS），DCS 的作用如图 0-1 所示。

集散控制系统在 20 世纪 70 年代由微机控制（DDC-SCC），其危险高度集中，20 世纪 80 年代时因微机控制改进为分布式后，随即分散了危险性，到了 20 世纪 90 年代，集散控制系统发展为 FCS、CIMS、管控一体化，它覆盖了操作层、管理层、决策层，是信息时代企业发展的总方向。如图 0-2 所示是化工企业的装置概览，如图 0-3 所示为大家展示了 DCS 的监控操作室。

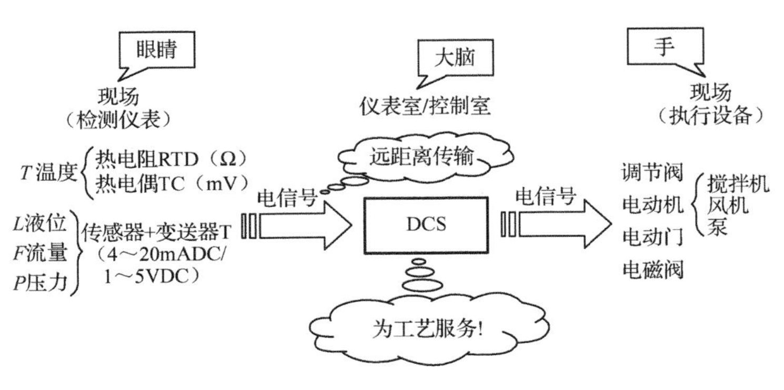

图 0-1　DCS 的作用

图 0-2　化工企业的装置概览

图 0-3　DCS 监控操作室

3．计算机控制系统分类

根据计算机控制系统的应用特点、控制功能和系统结构，计算机控制系统主要分为 6 种类型：数据采集系统、直接数字控制系统、计算机监督控制系统、分级控制系统、集散型控制系统及现场总线控制系统，如图 0-4 所示。

图 0-4　计算机控制系统与装置

（1）数据采集系统

在数据采集系统中，计算机只承担数据的采集和处理工作，而不直接参与控制。数据采集系统对生产过程各种工艺变量进行巡回检测、处理、记录以及变量的超限报警，同时对这些变量进行累计分析和实时分析，得出各种趋势分析，为操作人员提供生产参考，如图 0-5 所示。

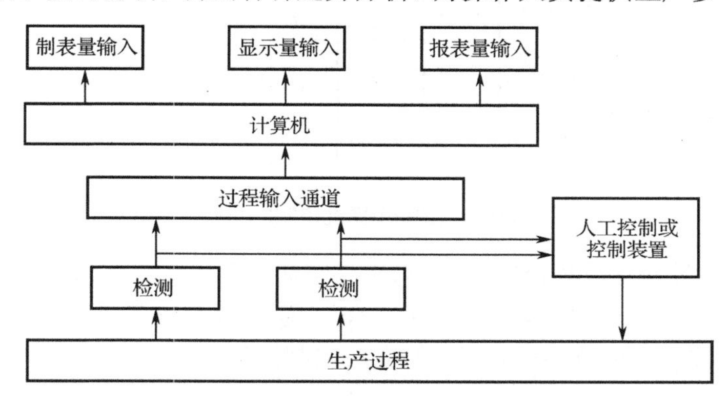

图 0-5　计算机数据处理系统

（2）直接数字控制系统

直接数字控制系统（Direct Digital Control，DDC）的结构如图 0-6 所示。计算机通过过程输入通道对控制对象的变量做巡回检测，根据测得的变量，按照一定的控制规律进行运算，计算机运算的结果通过过程输出通道送往执行机构，作用到控制对象，使被控变量达到性能指标要求。DDC 系统属于计算机（微机）闭环控制系统，是计算机在工业生产中最普遍的一种应用方式。

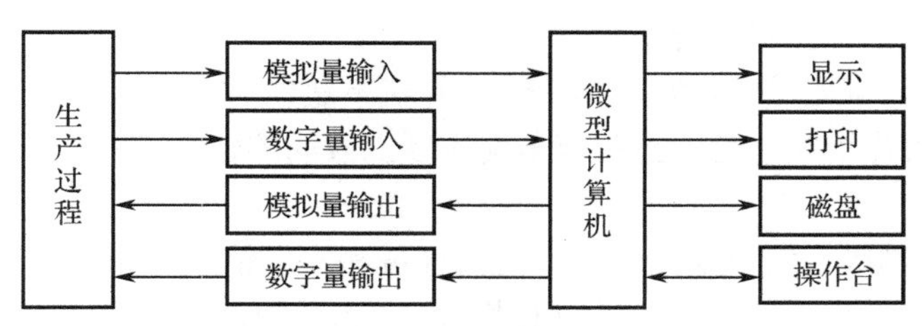

图 0-6　直接数字控制系统结构

直接数字控制系统与模拟系统不同的是，在模拟系统中，信号的传送不需要数字化，而数字系统中由于采用了计算机，在信号传送到计算机之前必须经模数转换将模拟信号转换为数字信号才能被计算机接收，计算机的控制信号必须经数模转换后才能驱动执行机构。另外，由于是用程序进行控制运算，其控制方式比常规控制系统灵活且经济。采用计算机代替模拟仪表控制，只要改变程序就可以对控制对象进行控制，因此计算机可以控制几百个回路，并可以对上下限进行监视和报警。

由于 DDC 系统中的计算机直接承担控制任务，所以要求 DDC 实时性好、可靠性高且适应性强。为了充分发挥计算机的利用率，一台计算机通常要控制多个回路，由于工业生产现场环境恶劣、干扰频繁、危险性高，那就要求合理地设计应用软件，提高可靠性和安全性。

（3）监督计算机控制系统

监督计算机控制系统（Supervisory Computer Control，SCC）的结构如图 0-7 所示。SCC 系统是一种两级微型计算机控制系统，其中 DDC 级微机完成生产过程的直接数字控制，SCC 级微机则根据生产过程的工况和已定的数学模型，进行优化分析计算，产生最优化设定值，送给 DDC 级执行。

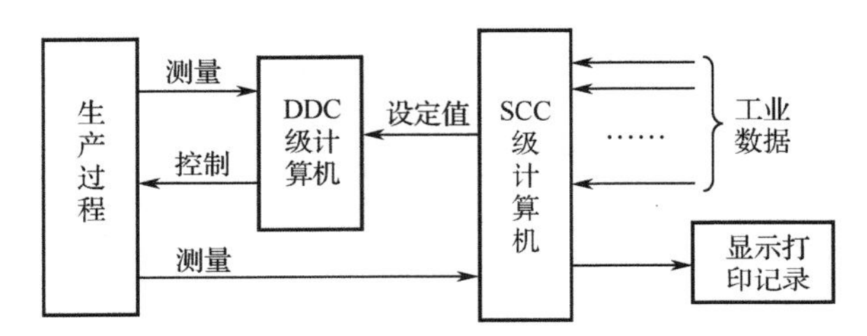

图 0-7　监督计算机控制的结构

把如图 0-6 所示监督计算机控制系统的 DDC 级计算机用数字控制仪器代替，再配以输入采样器、A/D 转换器和 D/A 转换器、输出扫描器，便是 SCC 加数字控制器的 SCC 系统。当 SCC 计算机出现故障时，由数字控制器独立完成控制任务，分散控制比较安全可靠。

（4）分级控制系统

生产过程中既存在控制问题，也存在大量的管理问题。DDC 或 SCC 控制方式由于任务过于集中，一旦计算机出现故障，将会造成系统崩溃。现在，由于计算机价格低廉且功能完善，由若干台微处理器或计算机分别承担部分控制任务，代替了集中控制的计算机。这种系统的特点是将控制功能分散，用多台多级计算机分别完成不同的控制功能，管理则采用集中管理。由于计算机控制和管理范围的进一步缩小，使其系统应用灵活方便，可靠性提高。如图 0-8 所示的分级计算机控制系统是一个四级系统。

① 装置控制级（DDC 级）。对生产过程进行直接控制，如进行 PID 控制或前馈控制，使所控制的生产过程在最优工作状况下工作。

② 车间监督级（SCC 级）。它根据厂级计算机下达的命令和通过装置控制级获得的生产过程数据，进行最优化控制。它还担负着车间内各工段间的协调控制和对 DDC 计算机级进行监督的任务。

③ 工厂集中控制级。它可根据上级下达的任务和本厂情况，制定生产计划、安排本厂工作、进行人员调配及各车间的协调，并及时将 SCC 级和 DDC 级的情况向上级报告。

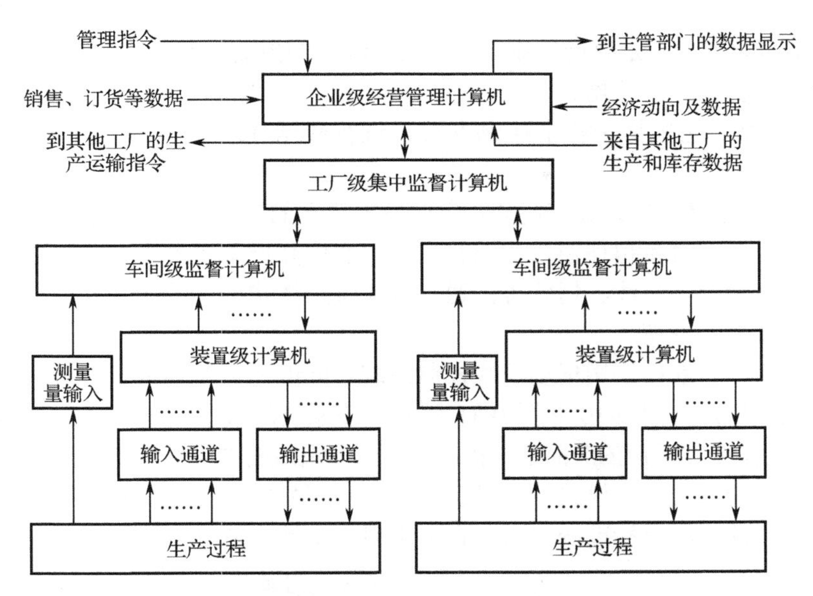

图 0-8　分级控制系统

④ 企业 ERP 管理级。制定长期发展现划、生产计划、销售计划，发命令至各工厂，并接受各工厂、各部门发回来的信息，实现全企业的总调度。

（5）集散控制系统

集散控制系统以计算机为核心，把过程控制装置、数据通信系统、显示操作装置、输入/输出通道、控制仪表等有机地结合起来，构成分布式结构系统。这种系统实现了地理上和功能上分散的控制，又通过通信系统把各个分散的信息集中起来，进行集中的监视和操作，并实现高级复杂规律的控制。其结构如图 0-9 所示。

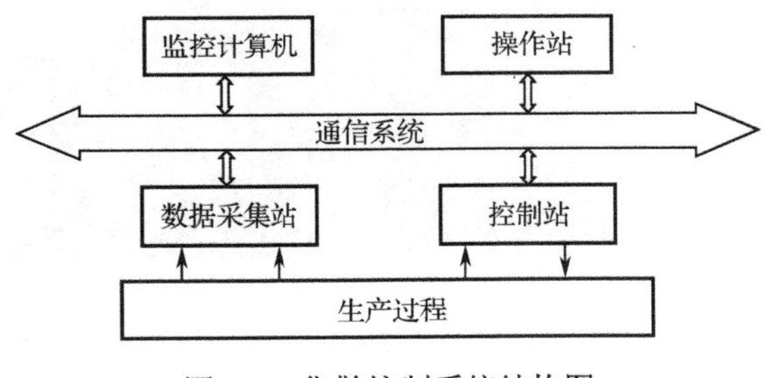

图 0-9　集散控制系统结构图

集散控制系统是一种典型的分级分布式控制结构。监控计算机通过协调各控制站的工作，达到过程的动态最优化。控制站则完成过程的现场控制任务。操作站是人机接口装置，完成操作、显示和监视任务。数据采集站用来采集非控制过程信息。集散控制系统既有计算机控制系统控制算法先进、精度高、响应速度快的优点，又有仪表控制系统安全可靠、维护方便的优点。集散控制系统容易实现复杂的控制规律，系统是积木式结构，结构灵活，可大可小，易于扩展。

DCS 各部分功能如下。

① 监控计算机（上位机）。它是系统的主机，是工厂级管理系统，比操作站高。它主要可以实现：综合监视全系统的各单元，管理全系统各处资源，实现最优化控制和管理；进行大型复杂运算具有多入/多出功能。

② 操作站。它是人—机接口装置，配有彩显 LED、各种键盘、鼠标、打印机等硬设备。它主要可以实现：对系统进行组态和编程；显示各种工业流程图和生产报表；打印各种生产报表和数据；执行对过程监视控制操作。

③ 控制站。它相当于单回路或多回路装置，一般由 CPU、ROM/RAM、I/O、A/D、D/A

等组成。它主要可以实现：是现场控制单元，具有较强的控制运算能力；具有处理各种测量信息的能力，存储各种程序和数据。

④ 数据采集站。它能够采集非控制参数，进行数据处理并上传；满足各系统对信息的需求。

⑤ 数据通道。它将各单元连接起来，完成各处信息的交换；具有通信速率高、组织灵活、资源共享的特点。通信设备担任通信协调和指挥。通信介质有双绞线、同轴电缆、光缆三种；网络结构有星状、环状、总线、树状等；通信方式有广播式、存储转发式等。

（6）现场总线控制系统

在现代化工典型装置中采用现场总线控制系统（Fieldbus Control System，FCS），它是新一代分布式控制结构，如图 0-10 和图 0-11 所示。该系统改进了 DCS 系统结构，将控制和危险进一步分散，消除了各厂商的产品通信标准不统一而造成的“信息孤岛”问题，采用工作站—现场总线智能仪表的二层结构模式，完成了 DCS 中四层结构模式的功能，降低了系统成本，提高了系统的可靠性。国际标准统一后，它可实现真正的开放式互连体系结构。

图 0-10　化工典型装置

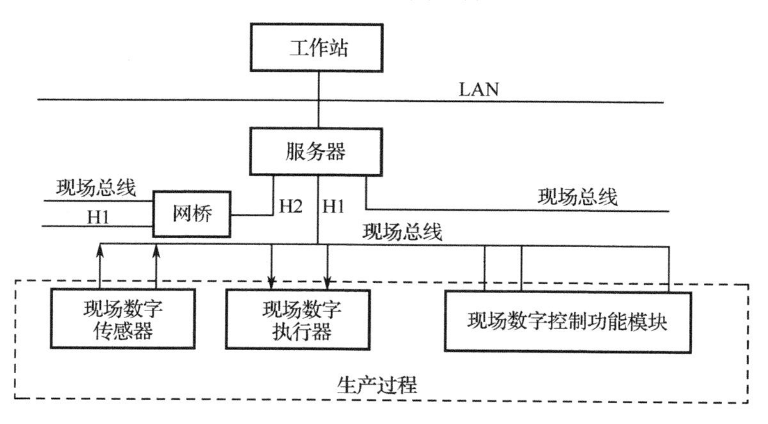

图 0-11　现场总线控制系统的结构

现场总线是连接工业现场仪表和控制装置之间的全数字化、双向、多站点的串行通信网络。近年来，由于现场总线技术的发展，智能传感器和执行器也向数字化方向发展，用数字信号取代了 4～20mA DC 模拟信号，为现场总线的应用奠定了基础。

4．DCS 系统维护技术

DCS 系统维护技术主要进行故障处理、保持系统的良好运行状态、优化系统。正确有效地系统维护方法能保证系统良好的运行状态，提高系统的可靠性和稳定性，提高系统的运行效率，为企业实现安全、高效生产提供有力支持。

DCS 系统维护技术主要有三大内容。作为一名维护技术人员，第一要了解 DCS 的结构与功能，熟悉常见的五六种品牌；第二要针对具体控制系统，完成 DCS 系统设计、组态与操作（即组态内容及操作步骤）；第三要结合工厂实际，维护系统，分析解决各种出现的系统故障，保证生产的正常运行（即实际动手能力）。

5．本书的主要内容、学习要求和方法

互联网时代是一个全新的时代，它为教育活动提供了新的环境和机会，增加了师生平等交流、相互学习的平台。设立了目标，打开了视野，树立了自学信心，教学相长，相互促进，激发同学们分析问题和解决问题的能力，对培养创新型、应用型人才具有重要意义。本书主要介绍 DCS 的基本知识和典型 DCS 的基本结构、基本功能，操作使用方法和软件组态、系统维护方法等方面的知识，并结合实际案例，介绍 DCS 的应用技术。通过本课程的学习和师生交流互动，掌握 DCS 的基本构成、功能特性和实际应用知识，了解 DCS 的设计思想，并通过课后的实验实训，培养学习新知识、掌握新技能、解决工程实际问题的能力。

在学习本课程时，应当首先掌握本课程所需知识如自动化知识，尤其是化工自动化原理、控制工程、检测仪表知识和调表知识，较高的专业英语水平，熟练的计算机操作知识和必要的 DCS 基础知识，然后从一种较典型的 JX-300 DCS 入手，了解其设计思想、技术特点和发展趋势结构特点，掌握其基本结构功能特性，通过实验实训，掌握系统组态方法、基本运行操作方法以及其维护技术等实践技能，培养学生个性化的知识结构、能力结构和综合职业素质，有助于学生工作能力的提升。在此基础上，了解并初步掌握其他类型的 DCS，并通过分析和比较，总结 DCS 共性知识，举一反三，逐步加深印象，充分理解其技术内涵，更全面地掌握其应用技术。

练 习 题

一、填空题

1．集散型控制系统采用（　　）分散、控制分散，而（　　）和管理集中的基本设计思想，形成“集中管理、分散控制”的结构形式，适应现代化的生产和管理要求。

2．集散型控制系统是计算机技术、通信 技术、CRT 显示和控制技术发展的产物，英文简称为（　　）。

3．集散型控制系统的回路控制功能主要由（　　）来完成。

4．集散型控制系统中所有的现场控制站、操作员站均通过数字（　　）网络实现连接。

5．集散型控制系统（TDC300）中，PCU 指（　　）单元，PIU 指（　　）单元，DH 指（　　）通路，OS 指（　　），MC 指（　　）。

6．试列举三种典型的 DCS 系统名称（　　）、（　　）、（　　）。

7．集散型控制系统发展历程的第（　　）代指 1980 年到 1985 年。

8．集散型控制系统按功能分层的层次结构，从下至上依次分为（　　）控制层、（　　）

监控层、（　　）管理层和（　　）管理层。其中，数据采集是（　　）控制层的任务，市场和用户分析是（　　）管理层的任务。

9．一个最基本的 DCS 应包括四个大的组成部分：至少一台（　　）站，至少一台（　　）站，一台（　　）站（　　），一条系统网络。

10．DCS 的软件构成包括控制层软件、监控软件、（　　）。

11．DCS 有一系列优点，主要表现在以下六个方面：（　　）、自治性和协调性、灵活性和扩展性、先进性和继承性、可靠性和适应性、友好性和新颖性。

12．在 DCS 中，控制算法的（　　）是在工程师站上完成的，工作人员对现场设备的（　　）是在操作员站上完成的。

二、简答题

1．什么是集散控制系统?其基本设计思想是什么?

2．画出系统框图，并简述计算机控制系统各部分的硬件组成和完成的功能。

3．简述计算机控制系统的分类。

4．简述直接数字控制系统的特点。

5．简述集散控制系统的五部分组成与功能。

6．画出典型 DCS 的体系结构图并说明各组成部分的作用。

7．简述计算机控制系统的组成，并画出系统框图。

8．简述 SPC 控制系统的特点。

9．简述 DCS 的结构与功能。

10．DCS 应用技术主要包括哪些内容？

11．在 DCS 应用技术教学过程中有哪些学习方法？

12．我们为什么要学习 DCS?

13．在 DCS 应用技术教学过程中有哪些要求？

14．在自动化专业课程中，DCS 课程的地位如何？

15．谈谈你对 DCS 的认识。

第1章 集散控制系统基础知识

1.1 集散控制系统的结构与功能

学习内容	1．掌握典型 DCS 系统整体硬件结构与功能。
	2．掌握典型 DCS 各种组态软件、监控软件操作方法。
	3．了解冗余技术。
操作技能	1．现场控制站的认识。
	2．操作站的认识与操作。
	3．常用软件安装与操作。
	4．冗余的识别。

1.1.1 集散控制系统的体系结构

如图 1-1 所示为一个 DCS 的典型体系结构。按照 DCS 各组成部分的功能分布，自下而上分别是现场控制级、过程控制级、过程管理级和经营管理级。与这四层结构相对应的四层局部网络分别是现场网络（Field Network）、控制网络（Control Network）、监控网络（Supervision Network）和管理网络（Management Network）。

1．现场控制级

现场控制级设备直接与生产过程相连，是 DCS 监控的基础。现场控制级设备是各类传感器、变送器和执行器，它们将生产过程中的各种工艺变量转换为适宜于计算机接收的电信号（如常规变送器输出的 4～20mA DC 电流信号或现场总线变送器输出的数字信号），送往过程控制站或数据采集站等；过程控制站又将输出的控制器信号（如 4～20mA DC 信号或现场总线数字信号）送到现场控制级设备，以驱动控制阀或变频调速装置等设备，实现对生产过程的控制。现场控制级设备的任务主要有以下几个方面。

① 完成过程数据采集与处理。

② 直接输出操作命令、实现分散控制。

③ 完成与上级设备的数据通信，实现网络数据库共享。

④ 完成对现场控制级智能设备的监测、诊断和组态等。

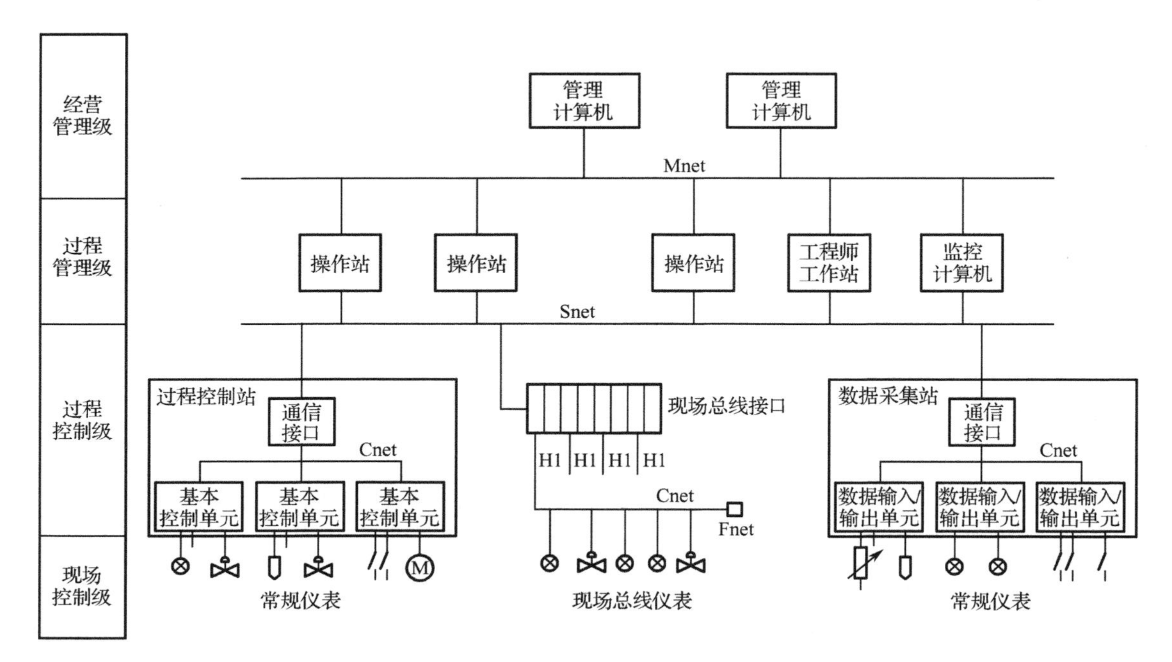

图 1-1　集散控制系统的体系结构

现场网络的信息传递有三种方式，第一种是传统的模拟信号（如 4～20mA DC 或者其他类型的模拟量信号）传输方式；第二种是全数字信号（现场总线信号）传输方式；第三种是混合信号（在 4～20mA DC 模拟量信号上，叠加调制后的数字量信号）传输方式。

2. 过程控制级

过程控制级主要由过程控制站、数据采集站和现场总线接口等构成。在 DCS 中，各种现场检测仪表（传感器、变送器等）送来的过程信号均由过程控制级各单元进行实时的数据采集，滤除噪声信号，进行非线性校正及各种补偿运算，折算成相应的工程量，根据组态要求还可进行上下限报警及累积量计算。所有测量值和报警值经过通信网络传送到操作站，供实时显示、优化计算、报警打印等。在过程控制单元，根据过程控制组态，还可进行各种闭环反馈控制、批量控制与顺序控制等，并可接收操作站发来的各种手动操作命令进行手动控制，从而提供了对生产过程的直接调节控制功能。

过程控制站接收现场控制级设备送来的信号，按照预定的控制规律进行运算，并将运算结果作为控制信号，送回到现场的执行器中去。过程控制站可以同时实现反馈控制、逻辑控制或顺序控制等功能。

过程控制级的主要功能表现在以下几个方面：一是采集过程数据，进行数据转换与处理；二是对生产过程进行监测和控制，输出控制信号，实现反馈控制、逻辑控制、顺序控制和批量控制功能；三是现场设备及 I/O 卡件的自诊断；四是与过程操作管理级进行数据通信。

3. 过程管理级

过程管理级的主要设备有操作站、工程师站和监控计算机等。操作站是操作人员与 DCS 相互交换信息的人机接口设备，是 DCS 的核心显示、操作和管理装置。工程师站是为了控制工程师对 DCS 进行配置、组态、调试、维护所设置的工作站。工程师站的另一个作用是对各种设计文件进行归类和管理，形成各种设计、组态文件，如各种图样、表格等。监控计算机的

主要任务是实现对生产过程的监督控制，如机组运行优化和性能计算，先进控制策略的实现等。

4．经营管理级

经营管理级所面向的使用者是厂长、经理、总工程师等行政管理或运行管理人员。厂级管理系统的主要功能是监视企业各部门的运行情况，利用历史数据和实时数据预测可能发生的各种情况，从企业全局利益出发，帮助企业管理人员进行决策，帮助企业实现其计划目标。经营管理级也可分为实时监控和日常管理两部分。

5．控制网络

控制网络是一个高速通信网络，处理器模件利用这个网络来与过程控制站的其他模件交换信息。控制网络一般是可冗余的，有两个独立的通道，处理器模件可同时通过两个通道来发送和接收信息，并检查两个通道的一致性，这样就可及时发现故障，使通信故障造成的影响减至最低。

DCS 的硬件系统主要由集中操作管理装置、分散过程控制装置和通信接口设备等组成，通过通信网络系统将这些硬件设备连接起来，共同实现数据采集、分散控制和集中监视、操作及管理等功能。

集中操作管理装置的主要设备是操作站，而分散过程控制装置的主要设备是现场控制站。

1.1.2　现场控制站

1．现场控制站的硬件

分散过程控制装置主要包括现场控制站、数据采集站、顺序逻辑控制站和批量控制站等。

现场控制站中的主要设备是现场控制单元。它的主要任务是进行数据采集及处理，对被控对象实施闭环反馈控制、顺序控制和批量控制。用户可以根据不同的应用需求，选择配置不同的现场控制单元以构成现场控制站。现场控制站是一个可独立运行的计算机检测控制系统。由于它是专为过程检测、控制而设计的通用型设备，所以其机柜、电源、输入/输出通道和控制计算机等与一般的计算机系统有所不同。

（1）机柜

现场控制站的机拒内部均装有多层机架，以供安装各种模块及电源之用。为了给机柜内部的电子设备提供完善的电磁屏蔽，其外壳均采用金属材料（如钢板或铝材），并且活动部分（如柜门与机柜主体）之间要保证有良好的电气连接。同时，机柜还要求可靠接地，接地电阻应小于 4Ω。

（2）电源

为了保证电源系统的可靠性，通常采取以下几种措施。

① 每一个现场控制站均采用双电源供电，互为冗余；

② 如果现场控制站机拒附近有经常开关的大功率用电设备，应采用超级隔离变压器，将其初级、次级线圈间的屏蔽层可靠接地，以克服共模干扰的影响；

③ 如果电网电压波动很严重，应采用交流电子调压器，快速稳定供电电压；

④ 在石油、化工等对连续性控制要求特别高的场合，应配有不间断供电电源 UPS，以保证供电的连续性。现场控制站内各功能模块所需直流电源一般为±5V、±15V（或±12V）及+24V。

为增加直流电源系统的稳定性，一般可以采取以下几条措施。

① 为减少相互间的干扰，给主机供电与给现场设备供电的电源要在电气上隔离。

② 采用冗余的双电源方式给各功能模块供电。

③ 一般由统一的主电源单元将交流电变为 24V 流电供给柜内的直流母线，然后通过 DC-DC 转换方式将 24V 直流电源变换为子电源所需的电压，主电源一般采用 1∶1 冗余配置，而子电源一般采用 N∶1 冗余配置。

（3）控制计算机

控制计算机是现场控制站的核心，一般由 CPU、存储器、输入/输出通道等基本部分组成。

① CPU。现场控制站大多采用 Motorola 公司 M68000 系列和 Intel 公司 80X86 系列的 CPU 产品。为提高性能，各生产厂家大都采用 32 位微处理器。由于数据处理能力的提高，因此可以执行复杂的先进控制算法，如自动整定、预测控制、模糊控制和自适应控制等。

② 存储器。控制计算机的存储器也分为 RAM 和 ROM。在控制计算机中 ROM 占有较大的比例。有的系统甚至将用户组态的应用程序也固化在 ROM 中，只要一加电，控制站就可正常运行，使用更加方便，但修改组态时要复杂一些。

在一些采用冗余 CPU 的系统中，还特别设有双端口随机存储器，其中存放有过程输入/输出数据、设定值和 PID 参数等。两块 CPU 板均可分别对其进行读/写，保证了双 CPU 间运行数据的同步。当原先在线主 CPU 板出现故障时，原离线 CPU 板可立即接替工作，这样对生产过程不会产生任何扰动。

③ 总线。计算机总线分内部总线（如 SPI、SCI）、外部总线（如 RS-232C/485、USB）和片内总线［如 ISA、PCI 和 DB（数据总线）、AB（地址总线）、CB（控制总线）］三种。常见的控制计算机总线有 Intel 公司的多总线 MULTIBUS，EOROCARD 标准的 VME 总线和 STD 总线，前两种总线都支持多主 CPU 的 16 位/32 位总线。

④ 输入/输出通道。过程控制计算机的输入/输出通道一般包括模拟量输入/输出（AI/AO）、开关量输入/输出（SI/SO）或数字量输入/输出（DI/DO）以及脉冲量输入通道（PI）等。

➢ 模拟量输入/输出通道（AI/AO）。生产过程中的连续性被测变量（如温度、流量、液位、压力、浓度、pH 值等），只要由在线检测仪表将其转变为相应的电信号，均可送入 AI 通道，经过 A/D 转换后，将数字量送给 CPU。而模拟量输出通道一般将计算机输出的数字信号转换为 4～20mA DC（或 1～5V DC）的连续直流信号，用于控制各种执行机构。

➢ 开关量输入/输出通道（SI/SO）。开关量输入通道主要用来采集各种限位开关、继电器或电磁阀连动触点的开、关状态，并输入至计算机。开关量输出通道主要用于控制电磁阀、继电器、指示灯、声光报警器等只具有开、关两种状态的设备。

➢ 脉冲量输入通道（PI）。许多现场仪表（如涡轮流量计、罗茨式流量计以及一些机械计数装置等）输出的测量信号为脉冲信号，它们必须通过脉冲输入通道才能送入计算机。

2．现场控制站的功能

现代 DCS 的现场控制站是多功能型的，其基本功能包括反馈控制、逻辑控制、顺序控制、批量控制、数据采集与处理和数据通信等功能。

（1）反馈控制

现场控制站的反馈控制功能主要包括输入信号处理、报警处理、控制运算、控制回路组态和输出信号处理等。

① 输入信号处理。对于过程的模拟量信号，一般要进行采样、A/D 转换、数字滤波、合理性检验、规格化、工程量变换、零偏修正、非线性处理、开方运算、补偿运算等。对于数字

信号则进行状态报警及输出方式处理。对于脉冲序列，需进行瞬时值变换及累积计算。

② 报警处理。集散控制系统具有完备的报警功能，使操作管理人员能得到及时、准确又简洁的报警信息，从而保证了安全操作。DCS 的报警可选择各种报警类型、报警限值和报警优先级。

③ 控制运算。常用的算法有常规 PID、微分先行 PID、积分分离、开关控制、时间比例式开关控制、信号选择、比率设定、时间程序设定、Smith 预估控制、多变量解耦控制、一阶滞后运算、超前-滞后运算及其他运算等。

④ 控制回路组态。现场控制站中的回路组态功能类似于模拟仪表的信号配线和配管。由于现场控制站的输入、输出信号处理、报警检验和控制运算等功能是由软件实现的，这些软件构成了 DCS 内部的功能模块，或者称作内部仪表。根据控制策略的需要，将一些功能模块通过软件连接起来，构成检测回路或控制回路，这就是回路组态。

⑤ 输出信号处理。输出信号处理功能有输出开路检验，输出上下限检验、输出变化率限幅、模拟输出、开关输出、脉冲宽度输出等功能。

（2）逻辑控制

逻辑控制可以直接用于过程控制、实现工艺联锁，也可以作为顺序控制中的功能模块，进行条件判断、状态转换等。

（3）顺序控制

顺序控制就是按预定的动作顺序或逻辑，依次执行各阶段动作程序的控制方法。在顺序控制中可以兼用反馈控制、逻辑控制和输入/输出监视的功能。实现顺序控制的常用方法有顺序表法、程序语言方式和梯形图法等三种。

（4）批量控制

批量控制就是根据工艺要求将反馈控制与逻辑、顺序控制结合起来，使一个间歇式生产过程得到合格产品的控制。

（5）现场控制站的辅助功能

除了以上各种功能外，过程控制装置还必须具有一些辅助性功能才可以完成实际的过程控制。

① 控制方式选择。DCS 有手动、自动、串级和计算机等四种控制方式可供选择，其中，手动方式（MAN）由操作站经由通信系统进行手动操作；自动方式（AUT）以本回路设定值为目标进行自动运算，实现闭环控制；串级方式（CAS）以另一个控制器的输出值作为本控制器的设定值进行自动运算，实现自动控制；计算机方式（COMP）监控计算机输出的数据，经由通信系统作为本控制器设定值的控制方式，或者作为本控制器的后备，直接控制生产过程的方式。

② 手动与自动的无扰动切换。测量值跟踪；输出值跟踪。在自动方式时，手操器的输出值是始终跟踪控制器的自动输出值的，因此，从自动切换到手动时，手操器的输出值与 PID 的输出值相等，切换是无扰动的。

1.1.3 操作站

1. 操作站硬件

DCS 操作站一般分为操作员站和工程师站两种。其主要功能为过程显示和控制、系统生成与诊断、现场数据的采集和恢复显示等。工程师站主要是技术人员与控制系统的人机接口，或者对应用系统进行监视。工程师站上配有组态软件，为用户提供了一个灵活的、功能齐全的工作平台，通过它来实现用户所要求的各种控制策略。为了实现监视和管理等功能，操作站必须配置以下设备。

（1）操作台

操作台用来安装、承载和保护各种计算机和外部设备。目前流行的操作台有桌式操作台、集成式操作台和双屏操作台等，用户可以根据需要选择使用。

（2）微处理机系统

DCS 操作站的功能越来越强，这就对操作站的微处理机系统提出了更高的要求。一般来讲，DCS 操作站采用 32 位或 64 位微处理机。

（3）外部存储设备

为了很好地完成 DCS 操作站的历史数据存储功能，许多 DCS 的操作站都配有一到两个大容量的外部存储设备，有些系统还配备了历史数据记录仪。

（4）图形显示设备

当前 DCS 的图形显示设备主要是 LCD，有些 DCS 还在使用 CRT。有些 DCS 操作站配有厂家专用的图形显示器。

（5）操作键盘和鼠标

① 操作员键盘。操作员键盘一般都采用具有防水、防尘能力、有明确图案或标志的薄膜键盘。这种键盘从键的分配和布置上都充分考虑到操作直观、方便，外表美观，并且在键体内装有电子蜂鸣器，以提示报警信息和操作响应。

② 工程师键盘。工程师键盘一般为常用的击打式键盘，主要用来进行编程和组态。

现代的 DCS 操作站已采用了通用 PC 系统，因此，无论是操作员键盘，还是工程师键盘都在使用通用标准键盘和鼠标。

（6）打印输出设备

有些 DCS 操作站配有两台打印机，一台用于打印生产记录报表和报警报表；另一台用来复制流程画面。

2. 操作站的基本功能

操作站的基本功能主要表现为显示、操作、报警、系统组态、系统维护和报告生成等几个方面。

（1）显示

在显示器上，工艺设备和控制设备等的开关状态，运行、停止及故障状态，回路的操作状态（手动、自动、串级），顺序控制、批量控制的执行状态等能以字符方式、模拟方式、图形及色彩等多种方式显示出来。

（2）操作

操作站可对全系统每个控制回路进行操作，对设定值、控制输出值、控制算式中的常数值、顺控条件值和操作值进行调整，对控制回路中的各种操作方式（如手动、自动、串级、计算机、顺序手动等）进行切换。对报警限值的设定值、顺控定时器及计数器的设定值进行修改和再设定。为了保证生产的安全，还可以采取紧急操作措施。

（3）报警

操作站以画面方式、色彩（或闪光）方式、模拟方式、数字方式及音响信号方式对各种

变量的越限和设备状态异常进行各种类型的报警。

（4）系统组态

DCS 实际应用于生产过程控制时，需要根据设计要求，预先将硬件设备和各种软件功能模块组织起来，以使系统按特定的状态运行，这就是系统组态。

DCS 的组态分为系统组态和应用组态两类，相应的有系统组态软件和应用组态软件。系统组态软件包括建立网络、登记设备、定义系统信息和分配系统功能，从而将一个物理的 DCS 构成一个逻辑的 DCS，便于系统管理、查询、诊断和维护。应用组态软件用来建立功能模块，包括输入模块、输出模块、运算模块、反馈控制模块、逻辑控制模块、顺序控制模块和程序模块等，将这些功能模块适当组合，而构成控制回路，以实现各种控制功能。应用组态方式有填表式、图形式、窗口式及混合式等。

（5）系统维护

DCS 的各装置具有较强的自诊断功能，当系统中的某设备发生故障时，一方面立刻切换到备用设备，另一方面经通信网络传输报警信息，在操作站上显示故障信息，蜂鸣器等发出音响信号，督促工作人员及时处理故障。

（6）报告生成

根据生产管理需要，操作站可以打印各种班报、日报、操作日记及历史记录，还可以复制流程图画面等。

1.1.4 集散控制系统软件

一个计算机系统的软件一般包括系统软件和应用软件两部分。由于集散控制系统采用分布式结构，在其软件体系中既包括了上述两种软件，还增加了诸如通信管理软件、组态生成软件及诊断软件等，如图 1-2 所示。主要软件构成包含操作系统、各种组态软件操作使用以及监控软件。

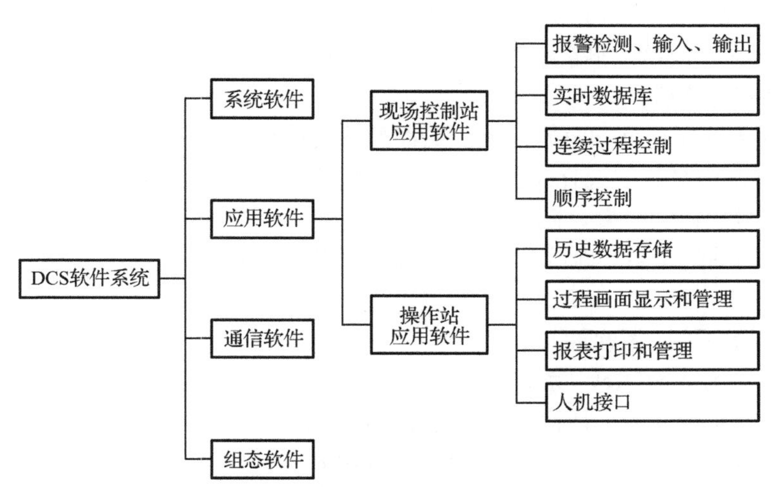

图 1-2 集散控制系统软件

1. 集散控制系统的系统软件

集散控制系统的系统软件是由实时多任务操作系统、面向过程的编程语言和工具软件等部分组成。

操作系统是一组程序的集合，用来控制计算机系统中用户程序的执行顺序，为用户程序与系统硬件提供接口软件，并允许这些程序（包括系统程序和用户程序）之间交换信息。用户程序也称为应用程序，用来完成某些应用功能。在实时工业计算机系统中，应用程序用来完成功能规范中所规定的功能，而操作系统则是控制计算机自身运行的系统软件。

2．集散控制系统的组态软件

DCS 组态是指根据实际生产过程控制的需要，利用 DCS 所提供的硬件和软件资源，预先将这些硬件设备和软件功能模块组织起来，以完成特定的任务。DCS 提供的组态软件包括系统组态、过程控制组态、画面组态、报表组态，用户的方案及显示方式由它来解释并生成 DCS 内部可理解的目标数据。从大的方面讲，DCS 的组态功能主要包括硬件组态（又叫配置）和软件组态两个方面。

DCS 软件一般采用模块化结构。系统的图形显示功能、数据库管理功能、控制运算功能、历史存储功能等都有成熟的软件模块。但不同的应用对象，对这些内容的要求有较大的区别。因此，一般的 DCS 具有一个（或一组）功能很强的软件工具包（即组态软件），该软件具有一个友好的用户界面，使用户在不需要什么代码程序的情况下便可以生成自己需要的应用“程序”。

软件组态的内容比硬件配置还丰富，它一般包括基本配置的组态和应用软件的组态。基本配置的组态是给系统一个配置信息，如系统的各种站的个数、它们的索引标志、每个现场控制站的最大测控点数、最短执行周期、最大内存配置、每个操作站的内存配置信息、磁盘容量信息等。而应用软件的组态则具有更丰富的内容，如数据库的生成、历史数据库（包括趋势图）的生成、图形生成、控制组态等。

随着 DCS 的发展，人们越来越重视系统的软件组态和配置功能，即系统中配有一套功能十分齐全的组态生成工具软件。这套组态软件通用性很强，可以适用于很多应用对象，而且系统的执行程序代码部分一般是固定不变的，为适应不同的应用对象只需要改变数据实体（包括图形文件、报表文件和控制回路文件等）即可。这样，既提高了系统的成套速度，又保证了系统软件的成熟性和可靠性。

硬件配置包括下列几个方面的内容：工程师站的选择（包括机型、CRT 尺寸、内存、硬盘、打印机等）；操作员站的选择（包括操作员站的个数和操作员站的配置，如 CRT 尺寸及是否双屏、主机型号、内存配置、磁盘容量的配置、打印机的台数和型号等）；现场控制站的配置，包括现场控制站的个数、地域分布，每个现场控制站中所配的各种模板的种类及数量，电源的选择。

3．JX-300 的主要应用软件

组态软件包中包括 SCKey（系统组态）、SCDraw（流程图绘制）、SCControl（图形化组态）、SCDiagnose（系统诊断）等工具软件，同时还有用于过程实时监视、操作、记录、打印、事故报警等功能的实时监控软件 AdvanTrol/AdvanTrol-Pro。

PIMS（Process Information Management Systems）软件是自动控制系统监控层一级的软件平台和开发环境，以灵活多变的组态方式提供了良好的开发环境和简捷的使用方法，各种软件模块可以方便地实现和完成监控层的需要，并能支持各种硬件厂商的计算机和 I/O 设备，是理想的信息管理网开发平台。

1.1.5　冗余技术

冗余（Redundancy）用多个相同的模块或部件实现特定功能或数据处理。冗余技术是提高 DCS 可靠性的重要手段。当 DCS 中某个环节发生故障时，仅仅使该环节失去功能，而不会影响整个系统的功能。因此，通常只对可能影响系统整体功能的重要环节或对全局产生影响的公用环节，有重点地采用冗余技术。自诊断技术可以及时检出故障，报告给操作人员及时确认处理，但是要使 DCS 的运行不受故障的影响，主要还是依靠冗余技术。

1．冗余方式

DCS 的冗余技术可以分为多重化自动备用和简易的手动备用两种方式。多重化自动备用就是对设备或部件进行双重化或三重化设置，当设备或部件万一发生故障时，备用设备或部件自动从备用状态切换到运行状态，以维持生产继续进行。

多重化自动备用还可以进一步分为同步运转、待机运转、后退运转三种方式。

同步运转方式就是让两台或两台以上的设备或部件同步运行，进行相同的处理，并将其输出进行核对。两台设备同步运行，只有当它们的输出一致时，才作为正确的输出，这种系统称为“双重化系统”（Dual System）。三台设备同步运行，将三台设备的输出信号进行比较，取两个相等的输出作为正确的输出值，这就是设备的三重化设置，这种方式具有很高的可靠性，但投入也比较大。

待机运转方式就是使一台设备处于待机备用状态。当工作设备发生故障时，启动待机设备来保证系统正常运行。这种方式称为 1∶1 的备用方式，这种类型的系统称为“双工系统”（Duplex System）。与之类似，对于 N 台同样设备，采用一台待机设备的备用方式就称为 N∶1 备用。在 DCS 中一般对局部设备采用 1∶1 备用方式，对整个系统则采用 N∶1 的备用方式。待机运行方式是 DCS 中主要采用的冗余技术。

后退运转方式就是使用多台设备，在正常运行时，各自分担各种功能运行。当其中之一发生故障时，其他设备放弃其中一些不重要的功能，进行互相备用。这种方式显然是最经济的，但相互之间必然存在公用部分，而且软件编制也相当复杂。

简易的手动备用方式是采用手动操作方式实现对自动控制方式的备用。当自动方式发生故障时，通过切换成手动工作方式，来保持系统的控制功能。

2．冗余措施

DCS 的冗余包括通信网络的冗余、操作站的冗余、现场控制站的冗余、电源的冗余、输入/输出模块的冗余等。通常将工作冗余称为“热备用”，而将后备冗余称为“冷备用”。DCS 中通信系统至关重要，几乎都采用“一备一用”的配置；操作站常采用工作冗余的方式。对现场控制站，冗余方式各不相同，有的采用 1∶1 冗余，也有的采用 N∶1 冗余，但均采用无中断自动切换方式。DCS 特别重视供电系统的可靠性，除了 220V 交流供电外，还采用了镍镉电池、铅钙电池以及干电池等多级掉电保护措施。DCS 在安全控制系统中，采用了三重化，甚至四重化冗余技术。

除了硬件冗余外，DCS 还采用了信息冗余技术，就是在发送信息的末尾增加多余的信息位，以提供检错及纠错的能力，降低通信系统的误码率。

冗错就是允许在一定的范围内出错，也就是说，在允许的范围内出错都是可以接受的措施。

练习题

一、填空题

1．DCS 硬件体系结构自下而上可以分为（　　）、（　　）、（　　）、（　　）。

2．DCS 中四层网络分别是（　　）、（　　）、（　　）、（　　）。

3．全厂自动化系统的最高一层为（　　）。

4．过程管理级主要设备有（　　）、（　　）、（　　）、（　　）。

5．DCS 的软件构成包括（　　）软件、（　　）软件、（　　）软件。

二、判断题

1．功能参数表示功能模块与外部连接的关系。（　　）

2．控制管理级主要是实施生产过程的优化控制。（　　）

3．工程师站与操作站在硬件上有明显的界限。（　　）

4．DCS 的地域分散是水平型分散。（　　）

5．顺序表法是由继电器逻辑电路图演变而来的。（　　）

6．上位机只进行系统管理，不参与系统控制活动。（　　）

7．DCS 的负荷分散是由于负荷能力不够而进行负荷分散的。（　　）

8．实现先进控制方案常采用面向问题的语言。（　　）

9．过程显示画面有利于了解整个 DCS 的系统连接配置。（　　）

10．程序语言方式是通过语言编程来实现顺序控制的。（　　）

11．流程图画面不是标准操作显示画面。（　　）

12．报警类型只有两种，即绝对值报警和偏差报警。（　　）

13．逻辑控制是根据输入变量的状态，按逻辑关系进行的控制。（　　）

14．顺序控制就是按预定的动作顺序或逻辑，依次执行各阶段动作程序的控制方法。（　　）

15．操作站的基本功能是报警和系统组态。（　　）

三、选择题

1．从生产过程角度出发，（　　）是集散控制系统四层结构模式最底层一级。

A．生产管理级　　B．过程控制级　　C．经营管理级　　D．控制管理级

2．（　　）具有协调和调度各车间生产计划和各部门的关系功能。

A．生产管理级　　B．过程控制级　　C．经营管理级　　D．控制管理级

3．DCS 显示画面大致分成四层，（　　）是最上层的显示。

A．单元显示　　B．组显示　　C．区域显示　　D．细目显示

4．（　　）有利于对工艺过程及其流程的了解。

A．仪表面板显示画面　　B．历史趋势画面

C．概貌画面　　D．流程图画面

5．（　　）具有协调和调度各车间生产计划和各部门的关系功能。

A．生产管理级　　B．过程控制级　　C．经营管理级　　D．控制管理级

6．控制器参数整定的工程方法主要有经验凑试法、衰减曲线法和（　　）。

A．理论计算法　　B．临界比例度法　　C．检测法　　D．经验法

7. 在下列拓扑结构中，(　　) 具有电缆长度短，易于布线的优点。

A. 星状拓扑　　B. 总线拓扑　　C. 环状拓扑　　D. 树状拓扑

8. (　　) 是实时监控操作画面的总目录。

A. 控制分组画面　　B. 历史趋势画面　　C. 系统总貌画面　　D. 流程图画面

9. 下列哪一个参数用于给出顺序事件的主要报警源 (　　)。

A. 报警优先级参数　　B. 报警链中断参数　　C. 最高报警选择参数

10，下列哪种控制策略主要用于工艺联锁 (　　)。

A. 批量控制　　B. 顺序控制　　C. 逻辑控制　　D. 反馈控制

四、简答题

1. 简述集散控制系统的体系结构及各层次的主要功能。
2. 操作员键盘由哪几部分组成？各部分的作用是什么？
3. 操作站的功能有哪些?
4. 集散控制系统的软件系统包括哪些软件?
5. 现场控制站有哪些基本功能?
6. 工程师站要做的组态定义包括哪些方面？
7. 何为冗余和冗错？

1.2 DCS 信号处理过程

学习内容	1. DCS 信号处理过程。
	2. 数字滤波方法。
	3. 报警处理相关概念。
	4. PID 控制算法。
操作技能	1. 理想 PID 离散化处理。
	2. 积分分离操作。
	3. 微分先行操作。

1.2.1 信号处理过程

DCS 信号处理主要有输入/输出处理功能、控制功能和报警功能等。

由数字计算机构成的控制系统，在本质上是一个离散时间系统。在连续量控制系统中，控制信号、反馈信号和偏差信号都是连续型的时间信号；而在计算机控制系统中，计算机的输入、输出都是离散型的时间函数。在实际的控制系统中，被控变量大多是在时间上连续的信号，因此，需要对同一系统中的两种不同类型的信号进行采样和信号变换，如图 1-3 所示。在计算机控制系统中，首先要对现场的各种模拟信号 OUT 进行采集，然后通过 A/D 转换器将模拟信号转换为数字信号 DS1，以便送到计算机进行运算和处理。计算机将输入的测量信号 DS1 与预置的设定值 SV 进行比较、运算，将结果以数字信号 DS2 的形式输出，经 D/A 转换器后输出模拟信号 AS2 去控制执行器。

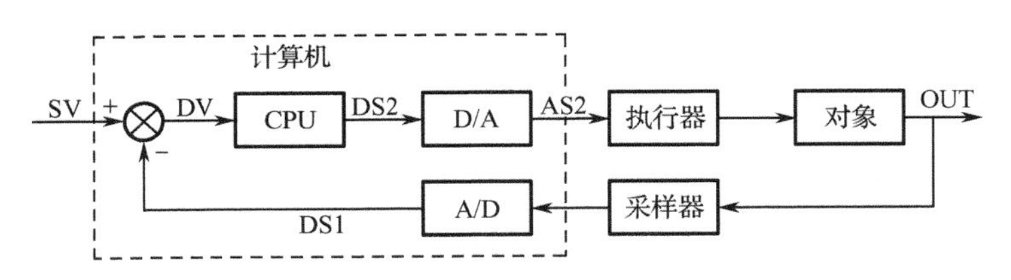

图 1-3　计算机控制系统的描述图

1.2.2　输入信号处理

为了实现计算机对生产过程的控制，需要将被控对象的各种测、控变量按要求送入计算机，以便运算和处理。被控对象所提供的信息是纷繁复杂的，其种类、性质及大小等各不相同，因此需要通过某种装置将生产过程中的各种被测变量转换成计算机能够接收的信号，这种在计算机与生产过程之间，起着信号转换并向计算机传送信息的装置称为输入通道。输入通道的信号处理包括数字量输入信号处理和模拟量输入信号处理。

1. 数字量输入信号处理

计算机不能直接接收生产现场的状态量（如开关、电平高低、脉冲量等），因此，必须通过输入通道将状态信号转变为数字量送入计算机。

典型的开关量输入通道通常由信号变换电路、整形电路、电平变换电路和接口电路等几部分组成。信号变换电路将过程的非电开关量转换为电压或电流的高低逻辑值。整形电路将混有干扰毛刺的输入高低逻辑信号或其信号前后沿不合要求的输入信号整形为接近理想状态的方波或矩形波，然后再根据系统要求变换为相应形状的脉冲。电平变换电路将输入的高低逻辑电平转换为与 CPU 兼容的逻辑电平。接口电路协调通道的同步工作，向 CPU 传递状态信息。

过程开关量（数字量）大致可分为三种形式：机械有触点开关量、电子无触点开关量和非电量开关量。不同的开关量要采用不同的变换方法。

开关量输入模件接收由现场输入的开关量信号，对其进行预处理后，将反映开关量状态变化的数字量信号经 I/O 总线送往处理器模件。

开关量输入模件由输入隔离电路、阈值判别电路、控制逻辑电路、模件状态监测电路、I/O 总线接口等部分组成。

脉冲量输入模件的作用是将来自生产过程中的脉冲量信号进行处理，存储并通过 I/O 总线传送给处理器模件。一个脉冲量输入模件可以接收多个脉冲量输入信号。

脉冲量输入模件有三种工作方式：积算方式、频率方式和周期方式。其中积算方式用于累积脉冲的总数，一般用于流量或电量的积算。频率方式用于测量脉冲的频率，也就是单位时间内脉冲的个数，其典型应用是转速的测量。周期方式是测量两个脉冲之间的时间间隔，事实上周期是频率的倒数，当脉冲的频率很低时，为了提高测量精度，常常采用测周期的方式。

2. 模拟量输入信号处理

模拟量输入信号的采集必须通过模拟量输入通道。模拟量输入通道一般由传感器、变送器、多路转换开关、放大器、采样保持器、A/D 转换器以及接口电路等组成。典型的模拟量输入通道的结构如图 1-4 所示。

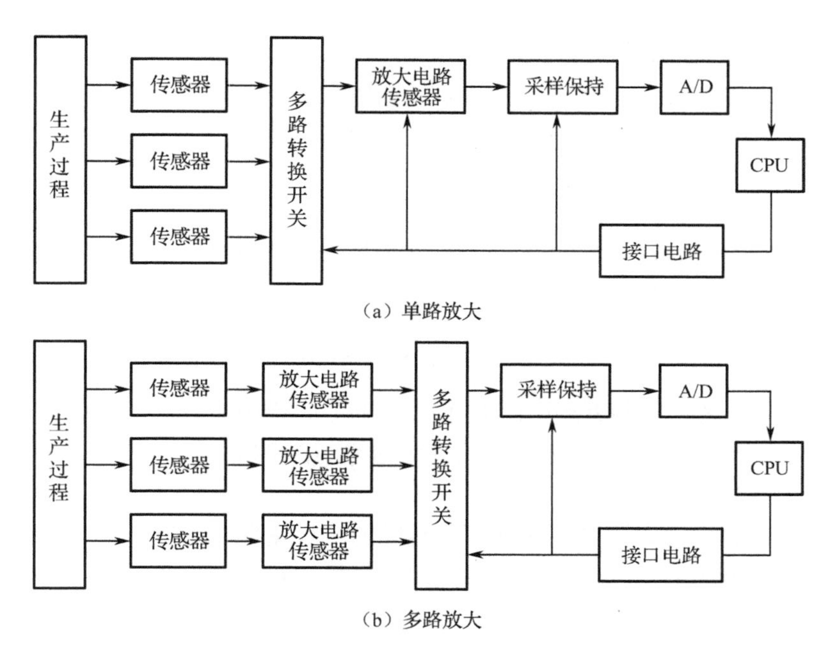

图 1-4 模拟输入通道的结构

在模拟量输入通道中，传感器用来检测各种非电量过程变量，并将其转换为电信号。多路转换开关用来将多路模拟信号按要求分时输出。放大器将传感器输出的微弱电信号放大到 A/D 转换器所需要的电平。采样保持器对模拟信号进行采样，在 A/D 转换期间对采样信号进行保持。一方面，保证 A/D 转换过程中被转换的模拟量保持不变，以提高转换精度；另一方面，可将多个相关的检测点在同一时刻的状态量保持下来，以供分时转换和处理，确保各检测值在时间上的一致性。A/D 转换器将模拟信号转换为二进制数字信号。接口电路提供模拟量输入通道与计算机之间的控制信号和数据传送通路。

3．模拟量输入信号采样过程

计算机对某个随时间变化的模拟量进行采样，是利用定时器控制的开关，每隔一定时间使开关闭合而完成一次采样。开关重复闭合的时间间隔 T 称为采样周期，其倒数 $f_s=1/T$ 称为采样频率。所谓采样过程，是指将一个连续的输入信号经开关采样后，转变为发生在采样开关闭合瞬时 $0,T,2T,\cdots,nT$ 的一连串脉冲输出信号 $f^*(t)$，如图 1-5 所示。

$$f^*(t)=\sum_{k=0}^{\infty}f(kT)\delta(t-kT) \tag{1-1}$$

式中，$f^*(t)$为输出脉冲序列；$f(kT)$为输出脉冲数值序列；$\delta(t-kT)$为发生在 $t=kT$ 时刻上的单位脉冲。

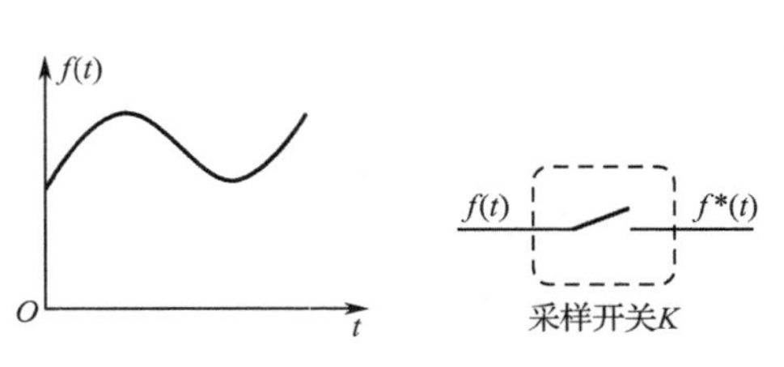

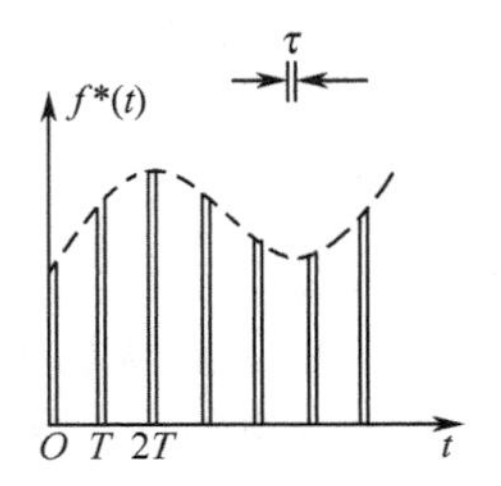

图 1-5 采样过程

单位脉冲函数的定义为

$$\left.\begin{aligned}&\delta(t-kT)=\begin{cases}\infty, t=kt\\0, t\neq kt\end{cases}\\&\int_{-\infty}^{+\infty}\delta(t-kT)\mathrm{d}t=1\end{aligned}\right\}\qquad(1\text{-}2)$$

根据理想单位脉冲函数的定义式（1-2），在采样开关闭合时，$f(kT)$与 $f(t)$的瞬时值相等，式（1-1）还可改写成如下形式：

$$f^*(t)=f(t)\sum_{t=0}^{\infty}\delta(t-kT)\qquad(1\text{-}3)$$

式（1-3）说明，数字控制系统中的采样过程可以理解为脉冲调制过程。在这里，采样开关只起着理想脉冲发生器的作用，通过它将连续信号 $f(t)$调制成脉冲序列 $f^*(t)$。

4．香农采样定理

一个连续时间信号 $f(t)$，设其频带宽度是有限的，其最高频率为 f_{max}，如果在等间隔点上对该信号 $f(t)$进行连续采样，为了使采样后的离散信号 $f^*(t)$能包含原信号 $f(t)$的全部信息量，则采样频率只有满足下面的关系：

$$f_s \geqslant 2f_{max}\qquad(1\text{-}4)$$

采样后的离散信号 $f^*(t)$才能够无失真地复现 $f(t)$。式中，f_s 为采样频率，f_{max} 为 $f(t)$最高频率。

采样定理表明，采样频率 f_s 的选择至少要比 f_{max} 高两倍，对于连续模拟信号 $f(t)$，我们并不需要有无限多个连续的时间点上的瞬时值来决定其变化规律，而只需要有各个等间隔点上的离散抽样值就够了。另外，在实际工程中采样频率的选择还跟采样回路数和采样时间有关，一般根据具体情况选用。

$$f_s \geqslant (5\sim10)f_{max}\qquad(1\text{-}5)$$

1.2.3　数字滤波

在计算机控制系统的过程输入信号中，常常包含着各种各样的干扰信号。为了准确地进行测量和控制，必须设法消除这些干扰。对高频干扰，可采用 RC 低通滤波网络进行模拟滤波，而对于中低频干扰分量（包括周期性、脉冲性和随机性的）采用数字滤波是一种有效方法。数字滤波是通过编制一定的计算或判断程序，减少干扰在有用信号中的比重，提高信号真实性的滤波方法。与模拟滤波方法相比，数字滤波具有以下优点。

① 数字滤波是用程序实现的，不需要硬件设备，所以可靠性高、稳定性好。

② 数字滤波可以滤除频率很低的干扰，这一点是模拟滤波难以实现的。

③ 数字滤波可以根据不同的信号采用不同的滤波方法，使用灵活、方便。

常用的数字滤波方法有：程序判断滤波、中位值法滤波、递推平均滤波、加权递推平均滤波和一阶惯性滤波等。

1．程序判断滤波

在控制系统中，由于在现场采样，幅值较大的随机干扰或由变送器故障所造成的失真，将引起输入信号的大幅度跳码，从而导致计算机控制系统的误动作。为此，通常采用编制判断程序的方法来去伪存真，实现程序判断滤波。

程序判断滤波的具体方法是通过比较相邻的两个采样值，如果它们的差值过大，超出了变量可能的变化范围，则认为后一次采样值是虚假的，应予以废除，而用前一次采样值送入计算机。判断式为：

当 $|y(n)-y(n-1)|\leqslant b$ 时，则取 $y(n)$输入计算机。

当 $|y(n)-y(n-1)|>b$ 时，则取到 $y(n-1)$输入计算机。

式中，$y(n)$为第 n 次采样值，$y(n-1)$为第 $n-1$ 次的采样值。b 为给定的常数值。

应用这种方法，关键在于 b 值的选择。而 b 值的选择主要取决于对象被测变量的变化速度，例如，一个加热炉温度的变化速度总比一般的压力或流量的变化速度要缓慢些，因此可以按照该变量在两次采样的时间间隔内可能的最大变化范围作为 b 值。

2．中位值法滤波

中位值法滤波就是将某个被测变量在轮到它采样的时刻，连续采 3 次（或 3 次以上）值，从中选择大小居中的那个值作为有效测量信号。

中位值法对消除脉冲干扰和机器不稳定造成的跳码现象相当有效，但对流量对象这种快速过程不宜采用。

3．递推平均滤波

管道中的流量、压力或沸腾状液面的上下波动，会使其变送器输出信号出现频繁的振荡现象。若将此信号直接送入计算机，会导致控制算式输出紊乱，造成控制动作极其频繁。甚至执行器根本来不及响应，还会使控制阀因过分磨损而影响使用寿命，严重影响控制品质。

上下频繁波动的信号有一个特点，即它始终在平均值附近变化，如图 1-6 所示。

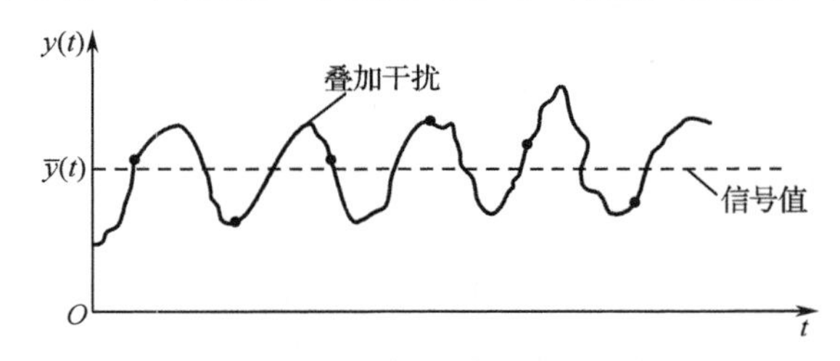

图 1-6　上下频繁波动的信号

图中的黑点表示各个采样值。对于这类信号，仅仅依靠一次采样值作为控制依据是不正确的，通常采用递推平均的方法，即第 n 次采样的 N 项递推平均值是 $n,(n-1),\cdots,(n-N+1)$次采样值的算术平均。递推平均算式为：

$$\overline{y}(n)=\frac{1}{N}\sum_{i=0}^{N-1}y(n-i) \qquad (1\text{-}6)$$

式中，$\overline{y}(n)$ 为第 n 次 N 项的递推平均值；$y(n-i)$ 为往前递推第 i 项的测量值；N 为递推平均的项数。

也就是说，第 n 次采样的 N 项递推平均值的计算，应该由 n 次采样往前递推$(N-1)$项。

N 值的选择对采样平均值的平滑程度与反应灵敏度均有影响。在实际应用中，可通过观察不同 N 值下递推平均的输出响应来决定 N 值的大小。目前在工程上，流量常用 12 项平均，压力取 4 项平均，温度没有显著噪声时可以不加平均。

4．加权递推平均滤波

递推平均滤波法的每一次采样值，在结果中的比重是均等的，这对时变信号会引入滞后。为增加当前采样值在结果中所占的比重，提高系统对本次采样的灵敏度，可采用加权递推平均方法。一个 N 项加权递推平均算式为：

$$\bar{y}(n)=\frac{1}{N}\sum_{i=0}^{N-1}C_i y(n-i) \quad (1\text{-}7)$$

式中，C_i 为加权系数，各项系数应满足下列关系：

$$0\leqslant C_i\leqslant 1 \quad 且 \quad \sum_{i=0}^{N-1}C_i=1$$

5．一阶惯性滤波

一阶惯性滤波器的动态方程式为：

$$T\frac{\mathrm{d}\bar{y}(t)}{\mathrm{d}(t)}+\bar{y}(t)=y(t) \quad (1\text{-}8)$$

式中，T 为滤波时间常数；$\bar{y}(t)$ 为输出值；$y(t)$ 为输入值。

令 $\mathrm{d}\bar{y}(t)=\bar{y}(n)-\bar{y}(n-1)$，$\mathrm{d}(t)=T_\mathrm{S}$（采样周期），$\bar{y}(t)=\bar{y}(n)$，$y(t)=y(n)$

有 $\frac{T}{T_\mathrm{S}}\left[\bar{y}(n)-\bar{y}(n-1)\right]+\bar{y}(n)=y(n)$

$$\frac{T+T_\mathrm{S}}{T_\mathrm{S}}\bar{y}(n)=y(n)+\frac{T}{T_\mathrm{S}}\bar{y}(n-1) \quad (1\text{-}9)$$

$$\bar{y}(n)=\frac{T_\mathrm{S}}{T+T_\mathrm{S}}y(n)+\frac{T}{T+T_\mathrm{S}}\bar{y}(n-1) \quad (1\text{-}10)$$

令 $a=\frac{T}{T+T_\mathrm{S}}$，则有

$$\bar{y}(n)=(1-a)y(n)+a\bar{y}(n-1) \quad (1\text{-}11)$$

式中，a 为滤波常数，$0<a<1$；$\bar{y}(n)$ 为第 n 次滤波输出值，$\bar{y}(n-1)$ 为第 n-1 次滤波输出值，$y(n)$ 为第 n 次滤波输入值。

一阶惯性滤波对周期性干扰具有良好的抑制作用，适用于波动频繁的变量滤波。

在实际应用上述几种数字滤波方法时，往往先对采样信号进行程序判断滤波，然后再用递推平均、加权递推平均或一阶惯性滤波等方法处理，以保持采样的真实性和平滑度。

1.2.4　输出信号处理

经过计算机运算处理后的各种数字控制信号也要变换成适合于对生产过程或装置进行控制的信号。因此，在计算机和执行器之间必须设置信息传递和变换的装置，这种装置就称为过程输出通道。

1．数字输出信号的处理

数字信号的输出必须通过数字量输出通道。数字量输出通道的任务是根据计算机输出的数字信号去控制接点的通、断或数字式执行器的启、停等，简称 DO（Digital Output）通道。根据被控对象的不同，其输出的数字控制信号的形态及相应的配置也不相同。其中最为常用的

数字控制信号是开关量和脉冲量信号，图 1-7 所示为开关量输出通道的结构图。

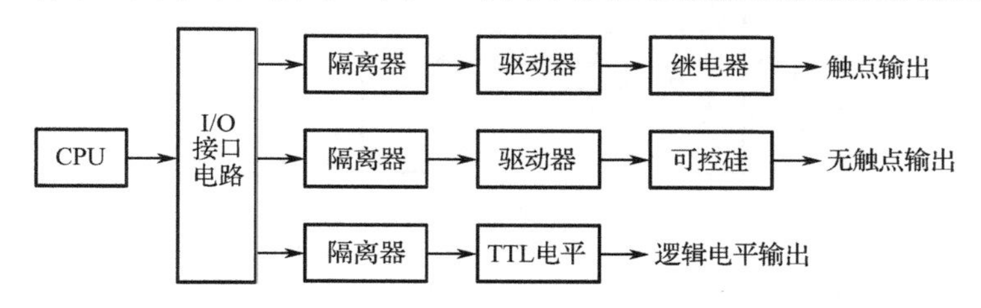

图 1-7 开关量输出通道的结构图

隔离器一般采用光电隔离器，如 TLP521 系列；输出驱动器将计算机输出的信号进行功率放大，以满足被控对象要求；继电器、晶闸管（或大功率晶体管）、TTL 电平输出等为需要开关量控制信号的执行机构，通过这些开关器件的通、断去控制被控对象。

在应用中，有些执行器需要按一定的时间顺序来启动和关闭，这类元件需采用一系列电脉冲来控制，这种将计算机发出的控制指令转变成一系列按时间关系连续变化的开关动作脉冲信号的电路称为输出通道。它一般具有可编程和定时中断等功能。

开关量输出模件通过 I/O 总线接收处理器模件输出的开关量信号，经该模件输出，以便控制现场的开关量控制设备。

开关量输出模件由输出寄存器、输出选择器、输出驱动电路、状态缓存器、故障控制逻辑、故障状态寄存器、总线故障监测电路等部分组成。

2. 模拟输出信号的处理

模拟信号的输出必须通过模拟量输出通道来完成。模拟量输出通道是计算机控制系统实现控制的关键。它的任务是把计算机输出的数字量转换成模拟电压或电流信号，以便驱动相应的执行机构、达到控制的目的。模拟量输出通道一般由输出接口电路、D/A 转换器、V/I 变换等组成。

① 一个通路设置一个 D/A 转换器。微处理器和通路之间通过独立的接口缓冲器传送信息，这是一种数字保持的方案，如图 1-8 所示。它的优点是转换速度快、工作可靠，即使某一路 D/A 转换器有故障也不会影响其他通路的工作。缺点是使用硬件较多，成本高。但随着大规模集成电路技术的发展，这个缺点正在逐步得到克服。这种方案较易实现。

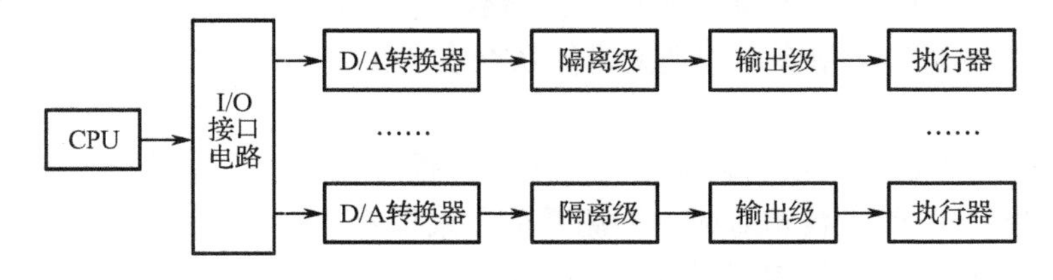

图 1-8 独立的多通道 D/A 转换器

② 多个通路共用一个 D/A 转换器的形式。图 1-9 所示为多路信号共用一个 D/A 转换器，因此它必须在微型机控制下分时工作。即依次把 D/A 转换器转换成的模拟电压（或电流），通过多路模拟开关传送到下一级电路。这种结构节省了 D/A 转换器，但因是分时工作，只适用于通路数量多且速度要求不高的场合。因为多路共用一个 D/A 转换器，所以可靠性较差。

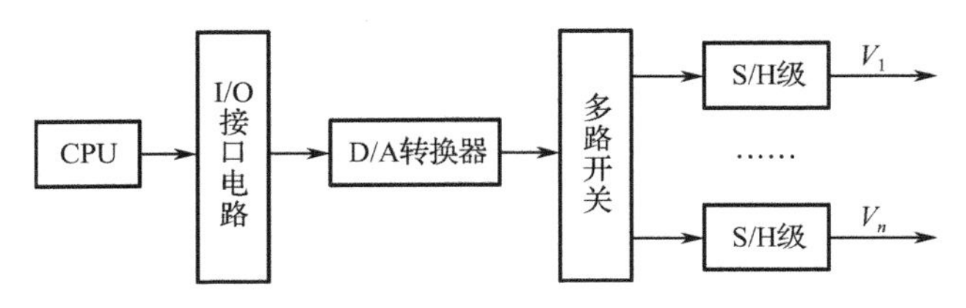

图 1-9　多路信号共用一个 D/A 转换器

1.2.5　报警处理

集散控制系统具有完备的报警功能，使操作管理人员能得到及时、准确又简洁的报警信息，从而保证了安全操作。DCS 的报警可选择各种报警类型、报警限值和报警优先级。

1．报警类型

报警类型通常可分为仪表异常报警、绝对值报警、偏差报警、速率报警以及累计值报警等。

① 仪表异常报警。仪表异常报警是指当测量信号超过测量范围上限或下限的规定值（如超过上限 110%，超过下限-10%）时，可认为检出元件或变送器出现断线等故障，发出报警信号。

② 绝对值报警。当变量的测量值或控制输出值超过上限、下限报警设定值时，发出报警信号。

③ 偏差报警。当测量值与报警设定值之差超过偏差设定值时，发出报警信号。

④ 速率报警。为了监视过程变化的平稳情况，设置了“显著变化率报警”。当测量值或控制输出值的变化率（一定时间间隔的变化量）超过速率设定值时，发出报警信号。

⑤ 累计值报警。对要求累加的输入脉冲信号进行当前值累计，并每次与累计值报警设定值相比较，超限时即发出报警信号。

2．报警限值

为了实现预报警，DCS 中通常还设置了多重报警限值，如上限、上上限、下限、下下限等。

3．报警优先级

常用的报警优先级控制参数有报警优先级参数、报警链中断参数和最高报警选择参数等。设置这些参数，主要是为了使操作管理人员能从众多的报警信息中分出轻重缓急，便于按报警信号进行管理和操作。

① 报警优先级参数。表示当超限报警发生时，报警信号的优先级别。它与过程变量的重要程度有关，与报警限值参数相对应，如测量值上限报警优先级、偏差值上限报警优先级等。

报警优先级由高到低依次是危险级、高级、低级、报表级和不需要报警。危险级的报警信号在所有的报警总貌画面中都显示。高级的报警信号在区域报警画面和单元报警画面中显示。低级的报警信号只在单元报警画面中显示。报表级的报警信号只在报表中记录，并不送往操作站。不需要报警这一级，连报表都不予打印。对前三级的报警信号，操作站会以不同的声响、灯光进行报警。

② 报警链中断参数。用于给出顺序事件的主要报警源。当某一关键过程变量首先报警而引发出一系列后继报警时，为了使操作管理人员能及时找准首先发生的报警源，做出正确处理。

报警链中断参数及时切断一系列次要的后继报警信号，为操作管理人员提供准确的关键报警信息。例如，某反应器由于进料量的猛增，超出报警限值，不仅使液面升高，同时因反应加剧，温度升高、釜压升高；也就是说由于进料流量的报警，引发了液面、温度、压力等一系列的报警，如果全部报警必然使操作管理人员眼花缭乱。采用报警链中断参数，可以把引发的一系列后继报警都切断，只给操作管理人员提供首先发生的流量报警信号，使报警信号简洁明了。在信息管理中，被切断的那些报警信息，仍可在报警日志中记录和显示。

③ 最高报警选择参数。当某个数据点的几个报警变量同时处于报警状态时，最高报警选择参数会确定最危险的那一个报警变量，并在报警画面中显示。这种情况常见于同时组态了 PV 绝对值报警、 PV 变化率报警、 PV 坏值报警的场合。

1.2.6 PID 控制算法

1. 理想 PID 控制算法

按偏差的比例、积分和微分控制（以下简称 PID 控制），是控制系统中应用最广泛的一种控制规律。在系统中引入偏差的比例控制，以保证系统的快速性，引入偏差的积分控制以提高控制精度，引入偏差的微分控制来消除系统惯性的影响。其控制结构如图 1-10 所示。

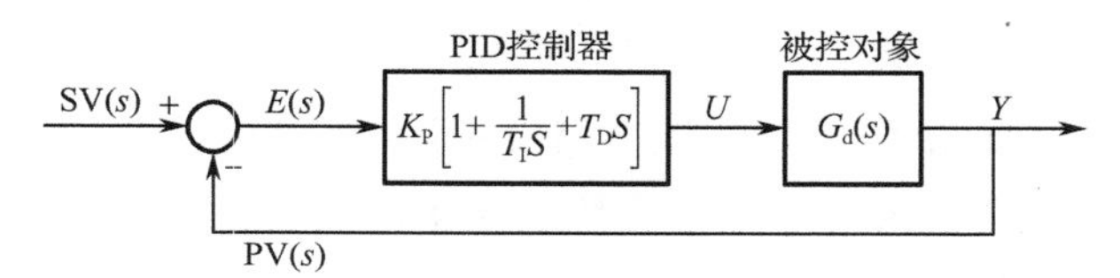

图 1-10　理想 PID 控制结构图

在 PID 控制系统中，控制器将根据偏差 e=sv−pv（设定值 sv 与测量值 pv 之差），给出控制信号 $u(t)$。在时间连续的情况下，理想 PID 常用以下形式表示：

$$u(t)=K_p\left[e(t)+\frac{1}{T_I}\int e(t)\mathrm{d}t+T_D\frac{\mathrm{d}e(t)}{\mathrm{d}t}\right] \tag{1-12}$$

$$U(s)=K_pE(s)\left[1+\frac{1}{T_Is}+T_Ds\right] \tag{1-13}$$

式中， K_p 为控制器比例增益； T_I 为积分时间； T_D 为微分时间。

由于在计算机控制系统中，计算机只能每隔一定的时间（采样周期 T）才能完成一次检测、计算并输出控制，因此必须将原来的 PID 微分方程经过差分处理后变成相应的差分方程。

$$\begin{aligned}\Delta u(n)&=u(n)-u(n-1)\\&=K_p\left\{e(n)-e(n-1)+\frac{T}{T_I}e(n)+\frac{T_D}{T}[e(n)-2e(n-1)+e(n-2)]\right\}\end{aligned} \tag{1-14}$$

输出采用增量算式时，控制量可按下式计算

$$u(n)=u(n-1)+\Delta u(n) \tag{1-15}$$

2. 理想 PID 控制算法的改进应用

（1）积分分离

在一般的 PID 控制中，当启动、停车或大幅度改变给定值时，由于在短时间内产生很大的偏差，往往会产生严重的积分饱和现象，以致造成很大的超调和长时间的振荡。为了克服这个缺点，可采用积分分离方法，即在被控制量开始跟踪时，偏差大于某个设定值 B 时，取消积分作用；而当被控制量接近给定值时，偏差小于某个设定值 B 时才将积分作用投入以消除静差。

$$\Delta u(n)=\begin{cases}K_{\mathrm{P}}\left\{e(n)-e(n-1)+\dfrac{T_{\mathrm{D}}}{T}[e(n)-2e(n-1)+e(n-2)]\right\} & |e(n)|\geqslant B\\ K_{\mathrm{P}}\left\{e(n)-e(n-1)+\dfrac{T}{T_{\mathrm{I}}}e(n)+\dfrac{T_{D}}{T}[e(n)-2e(n-1)+e(n-2)]\right\} & |e(n)|<B\end{cases} \tag{1-16}$$

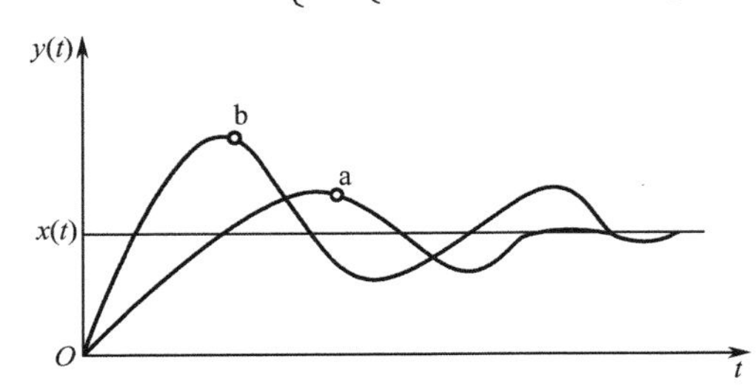

a-积分分离式的 PID 控制过程；b-普通的 PID 控制过程

图 1-11　两种控制效果比较

在单位阶跃信号的作用下，将积分分离式的 PID 控制与普通的 PID 控制响应结果进行比较，如图 1-11 所示。可以发现，前者超调小，过渡时间短。

（2）微分先行

微分先行是只对被控变量求导，而不对设定值求导。这样，在改变设定值时，输出不会突变，而被控变量的变化，通常总是比较和缓的。此时控制算法为：

$$\Delta u_{\mathrm{d}}(k)=-K_{\mathrm{D}}[y(k)-2y(k-1)+y(k-2)] \tag{1-17}$$

微分先行的控制算法明显改善了随动系统的动态特性，而静态特性不会产生影响，所以这种控制算法在模拟式控制器中也在采用。

与常规 PID 运算（见图 1-12）相比较，微分先行 PID 运算规律（见图 1-13）中，PV 值经微分运算，而 SV 只经 PI 运算。

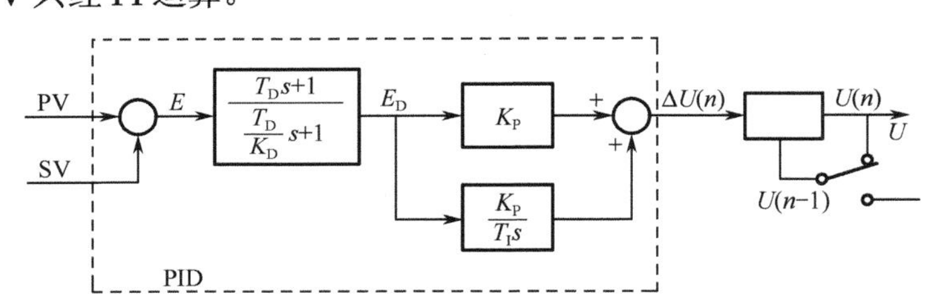

图 1-12　常规 PID 运算方框图

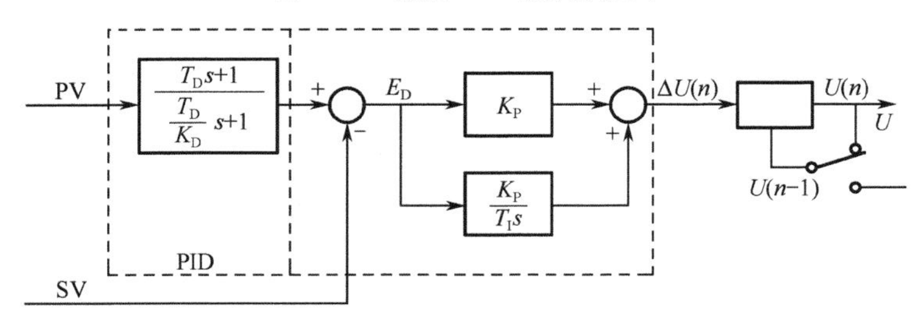

图 1-13　微分先行 PID 运算方框图

控制器输出 $U(S)$可用下式表示：

$$U(s)=K_{\mathrm{P}}\left(1+\frac{1}{T_{\mathrm{I}}s}\right)E_{\mathrm{D}}(s) \tag{1-18}$$

$$E_{\mathrm{D}}(s)=\left[\frac{T_{\mathrm{D}}s+1}{\frac{T_{\mathrm{D}}}{K_{\mathrm{D}}}s+1}\right]\mathrm{PV}-\mathrm{SV}$$

而

$$U(s)=\left[\frac{T_{\mathrm{D}}s+1}{\frac{T_{\mathrm{D}}}{K_{\mathrm{D}}}s+1}\right]\left(1+\frac{1}{T_{\mathrm{I}}s}\right)K_{\mathrm{P}}\mathrm{PV}(s)-\left(1+\frac{1}{T_{\mathrm{I}}s}K_{\mathrm{P}}\mathrm{SV}(s)\right) \tag{1-19}$$

由上式可见 SV 项无微分作用，当人工改变 SV 值时不会给控制系统带来附加扰动。

练 习 题

简答题

1．计算机控制系统输入通道有什么作用？
2．计算机控制系统输出通道有什么作用？
3．香农采样定理主要解决什么问题？
4．数字滤波有哪几种？
5．数字滤波各有什么特点？
6．简述 DCS 报警功能。
7．DCS 报警有几种类型？
8．列写出常规 PID 算法的增量公式。
9．什么叫积分分离？
10．什么叫微分先行？

1.3 集散控制系统的数据通信系统

学习内容	1．数据通信相关概念。
	2．通信网络。
	3．通信设备。
	4．实际应用的网络协议。
	5．IP 地址相关概念。
	6．IP 地址设置方法。
操作技能	1．通信网络安装。
	2．DCS 中 IP 地址设置操作。

1.3.1 数据通信技术

通信系统是 DCS 的主干，决定着系统的基本特性。通信系统引入局部网络技术后，促进了 DCS 的更新换代，增强了全系统的功能。

数据通信是计算机或其他数字装置与通信介质相结合，实现对数据信息的传输、转换、存储和处理的通信技术。在 DCS 中，各单元之间的数据信息传输就是通过数据通信系统完成的。

通信是指用特定的方法，通过某种介质将信息从一处传输到另一处的过程。数据通信系统由信号、发送装置、接收装置、信道和通信协议等部分组成，如图 1-14 所示。

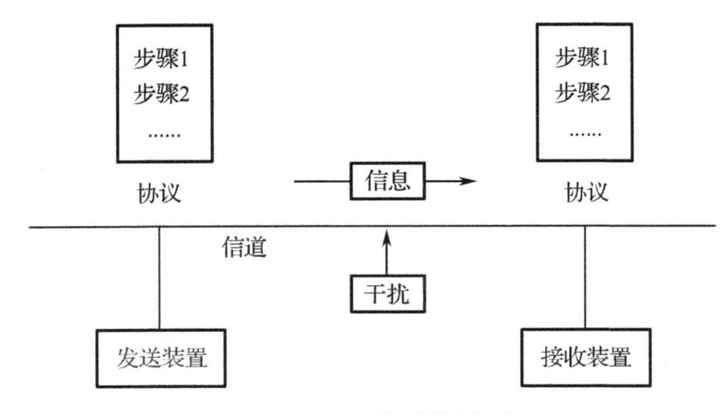

图 1-14 通信系统模型

1. 通信类型

信号按其是连续变化还是离散变化，分为模拟信号和数字信号，通信也分为模拟通信和数字通信两大类。

模拟通信是以连续模拟信号传输信息的通信方式。例如，在模拟仪表控制系统中，采用 0～10mA DC 或 4～20mA DC 电流信号传输信息。数字通信是将数字信号进行传输的通信方式。

2. 传输方式

信息按其在信道中的传输方向分为单工、半双工和全双工三种传输方式，如图 1-15 所示。

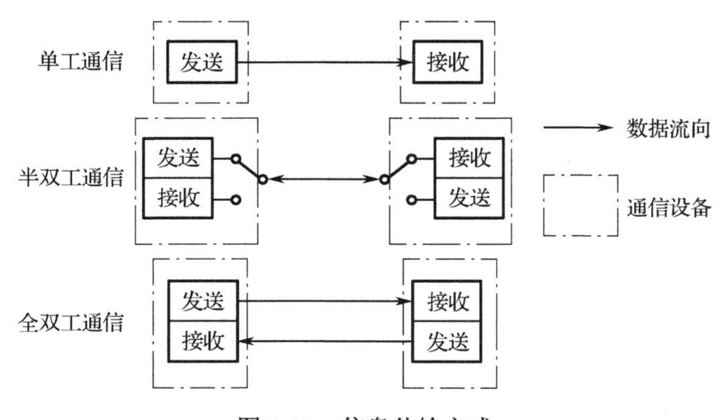

图 1-15 信息传输方式

① 单工方式。信息只能沿一个方向传输，而不能沿相反方向传输的通信方式称为单工方式。

② 半双工方式。信息可以沿着两个方向传输，但在指定时刻，信息只能沿一个方向传输的通信方式称为半双工方式。

③ 全双工方式。信息可以同时沿着两个方向传输的通信方向称为全双工方式。

3. 串行传输与并行传输

① 串行传输是把数据逐位依次在信道上进行传输的方式，如图1-16（a）所示。

② 并行传输是把数据多位同时在信道上进行传输的方式，如图1-16 （b）所示。

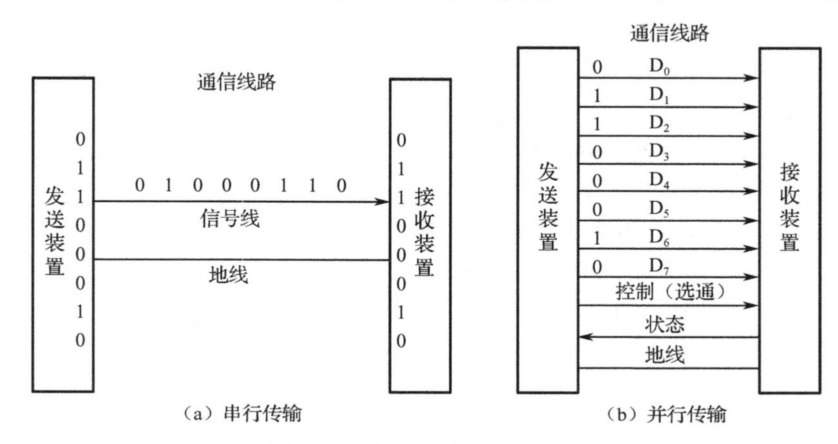

图1-16 串行传输与并行传输

在DCS中，数据通信网络几乎全部采用串行传输方式。

4. 基带传输与宽带传输

计算机中的信息是以二进制数字（0或1）形式存在的，这些二进制信息可以用一系列的脉冲（方波）信号来表示。

（1）基带传输。所谓基带，是指电信号所固有的频带。基带传输就是直接将代表数字信号的电脉冲信号原样进行传输。

（2）宽带传输。当传输距离较远时，需要用基带信号调制载波信号。

在信道上传输调制信号，就是载带传输。

如果要在一条信道上同时传送多路信号，各路信号可以以不同的载波频率加以区别，每路信号以载波频率为中心占据一定的频带宽度，而整个信道的带宽为各路载波信号所分享，实现多路信号同时传输，这就是宽带传输。

5. 异步传输与同步传输

常用的同步技术有两种，即异步传输和同步传输。

在异步传输中，信息以字符为单位进行传输，每个信息字符都具有自己的起始位和停止位，一个字符中的各个位是同步的，但字符与字符之间的时间间隔是不确定的。

在同步传输中，信息不是以字符而是以数据块为单位进行传输的。

6. 传输速率

信息传输速率又称为比特率，是指单位时间内通信系统所传输的信息量。一般以每秒所能够传输的比特数来表示，记为 R_b。其单位是比特/秒，记为bit/s或bps。

7. 信息编码

信息在通过通信介质进行传输前必须先转换为电磁信号。将信息转换为信号需要对信息进行编码。用模拟信号表示数字信息的编码称为数字-模拟编码。在模拟传输中，发送设备产生一个高频信号作为基波，来承载信息信号。将信息信号调制到载波信号上，这种形式的改变称为调制（移动键控），信息信号被称为调制信号。

数字信息是通过改变载波信号的一个或多个特性（振幅、频率或相位）来实现编码的。载波信号是正弦波信号，它有三个描述参数，即振幅、频率和相位，所以相应地也有三种调制方式，即调幅方式、调频方式和调相方式。常用编码方法是幅移键控（ASK）、频移键控（FSK）和相移键控（PSK），此外还有振幅与相位变化结合的正交调幅 （QAM）。

① 幅移键控法（Amplitude Shift Keying，ASK）。它是用调制信号的振幅变化来表示二进制数的，如用高振幅表 1，用低振幅表示 0。

② 频移键控法（Frequency Shift Keying，FSK）。它是用调制信号的频率变化来表示二进制数的，如用高频率表 1，用低频率表示 0。

③ 相移键控法（Phase Shift Keying，PSK）。它是用调制信号的相位变化来表示二进制数的，如用 0° 相位表示 0，用 180° 相位表示 1。

三种数据调制方式如图 1-17 所示。

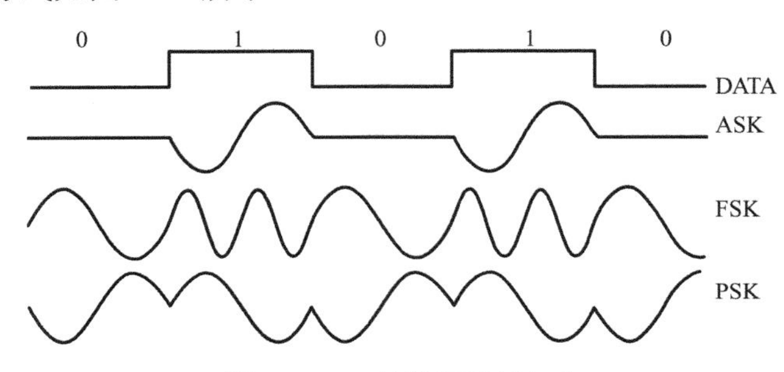

图 1-17　三种数据调制方式

8. 数据交换方式

在数据通信系统中，通常采用线路交换、报文交换、报文分组交换等三种数据交换方式。

① 线路交换方式。所谓线路交换方式是在需要通信的两个节点之间，事先建立起一条实际的物理连接，然后再在这条实际的物理连接上交换数据，数据交换完成之后再拆除物理连接。

② 报文交换方式。报文交换方式是经由中间节点的存储转发功能来实现数据交换。因此有时又将其称为存储转发方式。报文交换方式交换的基本数据单位是一个完整的报文，这个报文是由要发送的数据加上目的地址、源地址和控制信息所组成的。

③ 报文分组交换方式。这种方式交换的基本数据单位是一个报文分组。报文分组是一个完整的报文按顺序分割开来的比较短的数据组。由于报文分组比报文短得多，传输时比较灵活。特别是当传输出错需要重发时，只要重发出错的报文分组，而不必像报文交换方式那样重发整个报文。报文分组交换方式又分为虚电路和数据报两种交换方式。

报文交换方式和报文分组交换方式不需要事先建立实际的物理连接。

9. 多路复用技术

多路复用是指在同一传输介质上同时传输多个不同信号源发出的信号，并且信号之间互不影响，其目的是提高介质的利用率。

多路复用技术一共有以下几种。

① 频分多路复用技术 FDM（Frequency Division Multiplexing）把多个信号调制在不同的载波频率上，从而在同一介质上实现同时传送多路信号，即将信道的可用频带按频率分割多路信号的方法划分为若干互不交叠的频段，每路信号占据其中一个频段，从而形成许多个子信道；在接收端用适当的滤波器将多路信号分开，分别进行解调和终端处理的技术。

② 时分多路复用技术 TDM（Time Division Multiplexing）通过将传输周期划分成较小的时间片，将多路信号按一定的时间间隔传送在一条传输线上，实现"同时"传送多路信号的数据通信技术。

③ 波分多路复用技术 WDM（Wavelength Division Multiplexing）是将一系列载有信息、但波长不同的光信号合成一束，沿着单根光纤传输；在接收端再用某种方法，将各个不同波长的光信号分开的通信技术。

④ 码分多路复用技术 CDMA（Code Division Multiple Access）多用于移动通信，不同的移动台（或手机）可以使用同一个频率，但是每个移动台（或手机）都被分配带有一个独特的"码序列"，该序列码与所有别的"码序列"都不同，所以各个用户相互之间也没有干扰。因为是靠不同的"码序列"来区分不同的移动台（或手机），所以又称为"码分多址"技术。

⑤ 空分多路复用技术 SDM（Space Division Multiplexing）让同一个频段在不同的空间内得到重复利用，称为空分复用。在移动通信中，能实现空间分割的基本技术就是采用自适应阵列天线，在不同的用户方向上形成不同的波束，也称为 SDM。

1.3.2 通信网络结构

计算机网络是把分布在不同地点且具有独立功能的多个计算机系统通过通信设备和介质连接起来，在功能完善的网络软件和协议的管理下，以实现网络中资源共享为目标的系统。

1. 局部区域网络的概念

局部区域网络（Local Area Network，LAN），简称局部网络或局域网，是一种分布在有限区域内的计算机网络，是利用通信介质将分布在不同地理位置上的多个具有独立工作能力的计算机系统连接起来，并配置了网络软件的一种网络，用户能够共享网络中的所有硬件、软件和数据等资源。

2. 局部区域网络拓扑结构

在通信网络中，拓扑一词是指网络中节点或工作站相互连接的方法。网络拓扑结构就是网络节点互连的方法。拓扑结构决定了一对节点之间可以使用的数据通路，或称链路。通信网络的拓扑结构主要是星状、环状、总线、树状和菊花链状。

① 星状拓扑结构。星状拓扑结构如图 1-18 所示。在星状拓扑结构中，每一个节点都通过一条链路连接到一个中央节点上。任何两个节点之间的通信都要经过中央节点。在中央节点中，有一个"智能"开关装置，用来接通两个节点之间的通信路径。因此，中央节点的构造是比较复杂的，一旦发生故障，整个通信系统就要瘫痪。

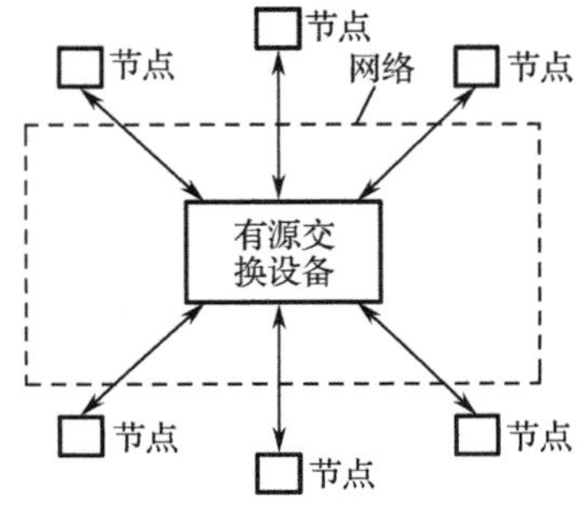

图 1-18 星状拓扑结构

② 环状拓扑结构。环状拓扑结构如图 1-19 所示。在环状拓扑结构中，所有的节点通过链路组成一个封闭的环路。需要发送信息的节点将信息送到环上，信息在环上只能按某一个确定的方

向传输。当信息到达接收节点时，该节点识别信息中的目的地址，若与自己的地址相同，就将信息取出，并加上确认标记，以便由发送节点清除。这种环状结构易于用光缆作为网络传输介质，而光纤的高速度和高抗干扰能力，使环状网络性能提高。

③ 总线拓扑结构。总线拓扑结构如图 1-20 所示。这时的通信网络仅仅是一种传输介质，所有的站都通过相应的硬件接口直接接到总线上。由于所有的节点都共享一条公用的传输线路，所以每次只能由一个节点发送信息，信息由发送它的节点向两端扩散，这就如同广播电台发射的信号向空间扩散一样。因此，这种结构的网络又称为广播式网络。总线拓扑结构突出的特点是结构简单，便于扩充。总线拓扑结构对总线的电气性能要求很高，对总线的长度也有一定的限制。因此，它的通信距离不可能太长。

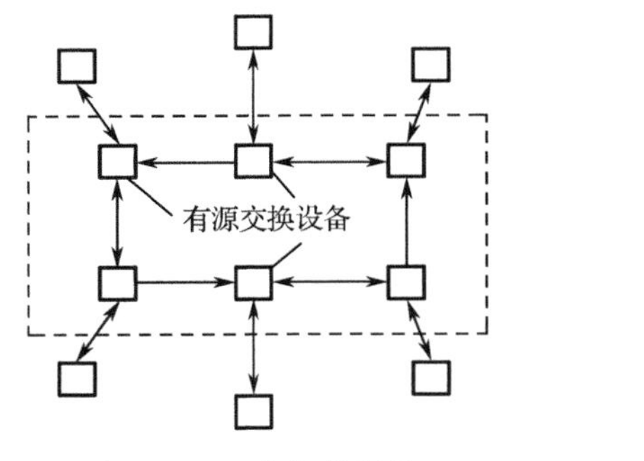

图 1-19　环状拓扑结构

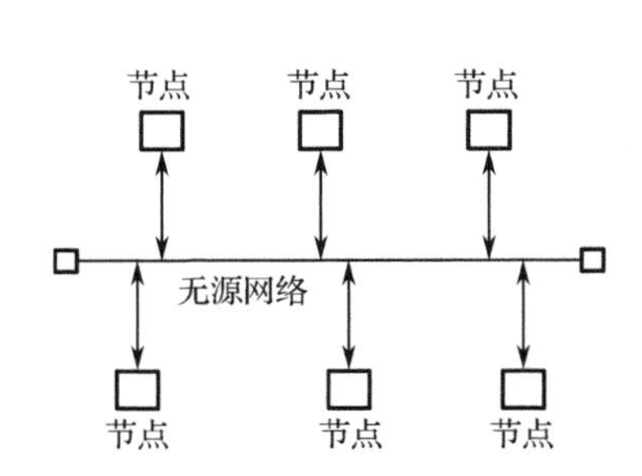

图 1-20　总线拓扑结构

④ 树状拓扑结构。树状拓扑是从总线拓扑演变来的，形状像一棵倒置的树，顶端有一个带分支的根，每个分支还可延伸出子分支。图 1-21 所示就是这种树状拓扑结构。

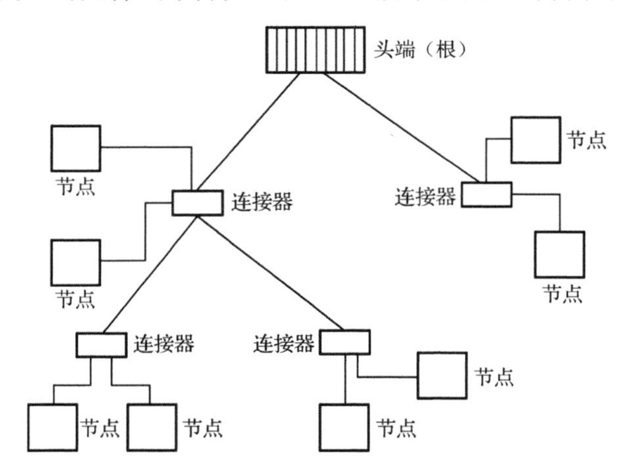

图 1-21　树状拓扑结构

这种拓扑和带有几个段的总线拓扑的主要区别在于根（也称头端）的存在。当节点发送信息时，根接收该信息，然后再重新广播发送到全网。这种结构不需要中继器。

⑤ 菊花链状拓扑结构。菊花链状也称链状拓扑结构，如图 1-22 所示。这种拓扑结构是用一个网段分别连接两个节点的连接器，多个节点的连接器依次互连，从而形成一个链状通信网络。

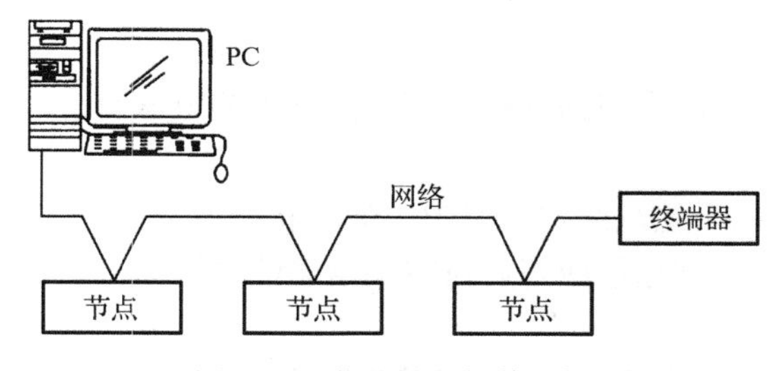

图 1-22　菊花链状拓扑结构

3．传输介质

传输介质是通信网络的物质基础，分有形和无形两类。常见有形的传输介质主要有双绞线、同轴电缆和光缆三种，如图 1-23 所示。

① 双绞线。双绞线是由两条相互绝缘的导体绞合而成的线对。在线对的外面常有金属箔组成的屏蔽层和专用的屏蔽线，如图 1-23（a）所示。双绞线的成本比较低，当传输距离比较远时，其传输速率受到限制，一般不超过 10Mbps。

② 同轴电缆。同轴电缆由内导体、中间绝缘层、外导体和外绝缘层构成，如图 1-23（b）所示。

③ 光缆。光缆的结构如图 1-23（c）所示，它的内芯是由二氧化硅拉制成的光导纤维，外面敷有一层玻璃或聚丙烯材料制成的覆层。由于内芯和覆层的折射率不同，以一定角度进入内芯的光线能够通过覆层折射回去，沿着内芯向前传播以减少信号的损失。如果光的入射角足够大，就会出现如图 1-24 所示的全反射，光也就从输入端传到了输出端。因为光缆中的信息是以光的形式传播的，电磁干扰对它几乎毫无影响，所以光缆具有良好的抗干扰性能。

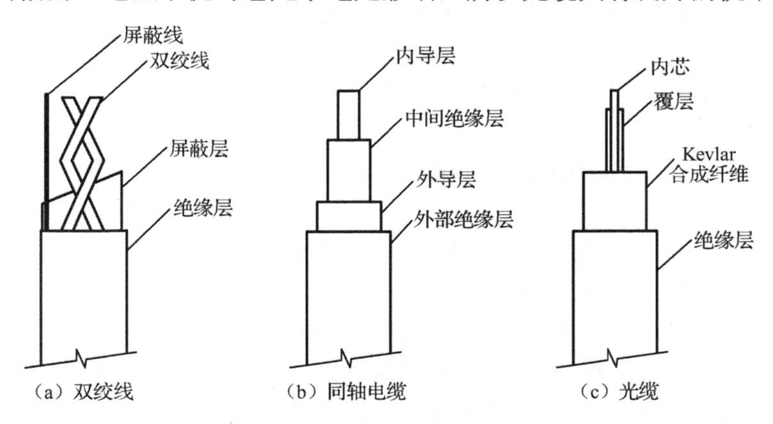

图 1-23　传输介质

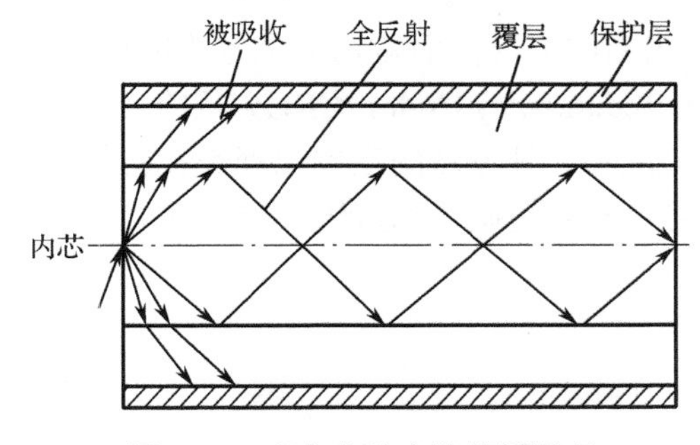

图 1-24　光在内芯中的传播原理

4. 网络控制方法

网络控制方法与所使用的网络拓扑结构有关，常用的方法有查询、令牌传送、自由竞争、存储转发等。

① 查询式。查询式用于主从结构网络中，如星状网络或具有主站的总线网络。主站依次询问各站是否需要通信，收到通信应答后再控制信息的发送与接收。当多个从站要求通信时，按站的优先级安排发送。

② 自由竞争式。在这种方式中，网络上各站是平等的，任何一个站在任何时刻均可以向网上广播要发送的信息。自由竞争采取的控制策略是：竞争发送、广播式传输、载体侦听、冲突检测、冲突时退回、再试发送。

③ 令牌传送式。这种方式中，有一个称为令牌（Token）的信息段在网络中各节点之间依次传递。令牌有空、忙两种状态，开始时为空。节点只有得到空令牌时才具有信息发送权，同时将令牌置为忙。令牌沿网络而行，当信息被目标节点取走后，令牌被重新置为空。

令牌传送既适合于环状网，也适合于总线网。在总线网的情况下，各站被赋予一个逻辑位置，所有站形成一个逻辑环。令牌传送效率高，信息吞吐量大，实时性好。

令牌传送与 CSMA/CD 相比，重载时响应时间较短，实时性较好。而 CSMA/CD 在网络重载时将不断地发生冲突，因此响应时间较长，实时性变差。但令牌方式控制较复杂，网络扩展时必须重新初始化。

④ 存储转发式。存储转发式的信息传送过程为：源节点发送信息，到达它的相邻节点；相邻节点将信息存储起来，等到自己的信息发送完，再转发这个信息，直到把此信息送到目的节点；目的节点加上确认信息（正确）或否认信息（出错），向下发送直至源站；源节点根据返回信息决定下一步动作，如取消信息或重新发送。存储转发式不需要通信指挥器，允许有多个节点在发送和接收信息，信息延时小，带宽利用率高。

5. 差错控制技术

差错控制技术主要完成差错控制、传输错误及可靠性指标、反馈重发纠错方式（ARQ）工作。

其中 ARQ 方式中另一个关键问题是检错编码问题。检错编码的方法有很多，常用的有奇偶校验码和循环冗余校验码（CRC）。

① 奇偶检验。奇偶检验是在传递字节后附加一位校验位。该校验位根据字节内容取 1 或 0。奇校验时传送字节与校验位中“1”的数目为奇数，偶校验时传送字节与校验位中“1”的数目为偶数。接收端按同样的校验方式对收到的信息进行校验。如发送时规定为奇校验时，若收到的字符及校验位中“1”的数目为奇数，则认为传输正确，否则，认为传输错误。奇偶校验只能检测出奇数个信息位出错的情况，而差错的位置不能确定。

② 循环冗余码（Cyclic Redundancy Code，CRC）校验。在所传输的信息中附加冗余度的方法是一种常用的差错控制方法。这种方法的基本原理是在传输的信息中按照规定附加一定数量的冗余位。在 DCS 中应用较多的是循环冗余码校验方法。

1.3.3 通信协议

1. 通信协议的概念

网络通信功能包括数据传输和通信控制两大部分。将通信的全过程称为通信体系结构，

一组组通信控制功能应当遵守通信双方共同约定的规则，并受这些规则的约束。在计算机通信网络中，对数据传输过程进行管理的规则称为协议。

通信协议不仅规定了通信过程，还规定了报文的格式及所使用的命令的含义等。通信协议有语法、语义和时序这三个关键要素。

2．开放系统互连参考模型

开放系统互连参考模型（OSI）是将开放系统的通信功能分为七层，描述了分层的意义及各层的命名和功能。

国际标准化组织选择的结构化技术是分层（Layering）。在分层结构中，每一层执行部分通信功能，它依靠相邻的低一层完成较原始的功能，并和该层的具体细节分离，同样，它为相邻的高一层提供服务。

两个相互通信的系统都有共同的层次结构，一个系统的 N 层与另一个系统的 N 层之间的相互通信遵循一套“协议”，如图 1-25 所示。

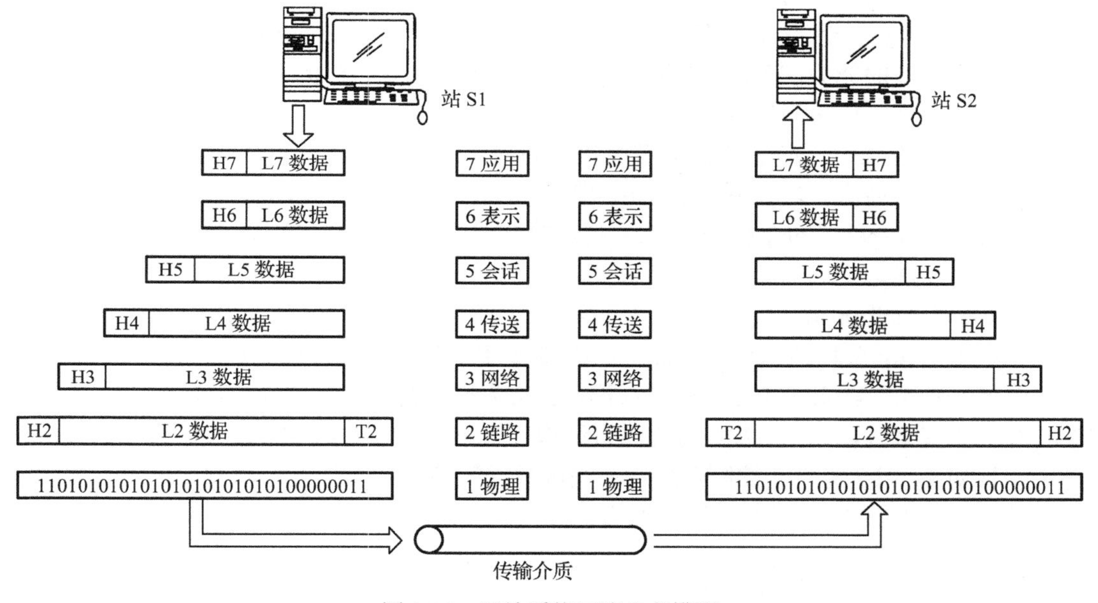

图 1-25　开放系统互连参考模型

① 物理层。物理层用来提供通信设备的机械特性、电气特性、功能特性和过程特性，并在物理线路上传输数据位流。集线器工作在此层。

② 链路层。链路层负责将被传送的数据按帧结构格式化，从一个站无差错地传送到下一个站。网桥工作在此层。

③ 网络层。网络层负责将数据通过多种网络从源地址发送到目的地址，并负责多路径下的路径选择和拥挤控制。路由器工作在此层。网关工作在网络层以上。

④ 传送层。传送层负责源端到目的端完整数据的传送，在这一点上与网络层是有区别的，网络层只负责数据包的传送，它并不关心数据包之间的关系。

⑤ 会话层。会话层为网络的会话控制器，负责通信设备间交互作用的建立、维护与同步，同时还负责每一个会话的正常关闭，即不会造成会话的突然中断。

⑥ 表示层。表示层使数据格式不同的设备之间可以进行通信，如设备分别采用不同的编

码，表示层具有代码翻译功能，使设备间能够互相理解。

⑦ 应用层。应用层为用户提供访问网络的手段，包括提供界面及各种服务，如电子邮件、文件存取、数据库管理等。

总之，下面三层主要解决网络通信的细节，并为上层用户服务。上面四层解决端对端的通信，并不涉及实现传输的具体细节。

1.3.4 常用网络协议

DCS 是微机技术和通信技术高度发展并相结合的产物，其通信网络使系统的资源在控制上分散的同时而实现集中监视、统一管理和资源共享。计算机通信网络连接了过程控制单元、监视操作单元和系统管理单元。当上述单元分布在一个局部区域时，连接它们的网络成为局域网络（LAN）。局域网技术的发展，促进了分散系统的发展。工业控制的通信系统具有快速实时响应能力，其响应时间为 0.01～0.5s；采用双网备份方式具有极高的可靠性，通信信号采用调制技术，以减少低频干扰，采用光电隔离技术，以避免雷击或地电位差干扰的影响，因此具有适应恶劣环境的能力；通信网络具有分层结构，每一层有自己的网络系统，分为现场总线、车间级网络系统及工厂级网络系统。

在集散控制系统中，通信的实现需要相应的网络协议。在物理层和链路层，常用的网络协议是以太网的网络协议，在网络层采用 IP（Interconnection Protocol）的网际协议，在传送层采用 TCP（Transport Control Protocol）传送控制协议，而 IEEE 802 协议提供了局域网的最小基本通信的功能。

1. 以太网（Ethernet）

以太网由 Zilog 公司的网络发展而来，1980 年由 DEC、Intel、Xerox 三家公司联合宣布了以太网的技术规范，以太网是著名的总线网。在集散控制系统中，采用 CSMA/CD 方式传输数据的总线网大多采用以太网。以太网的网络结构分为三层：物理层、数据链路层和高层用户层，结构的实现如图 1-26 所示。控制器插件板完成数据链路层的功能，同轴电缆侧的收发器完成物理层的功能，如图 1-27 所示详细地说明了各层的功能。

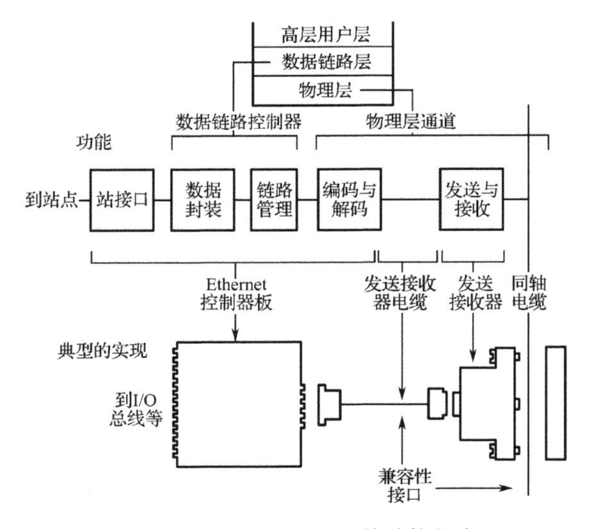

图 1-26 以太网的分层及其结构的实现

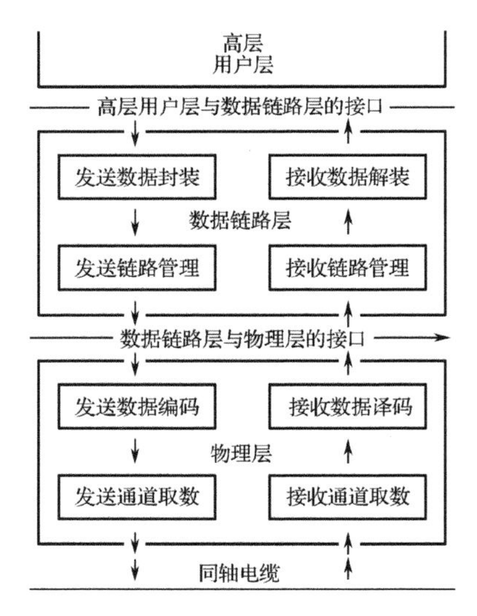

图 1-27 以太网各层的功能

2．IEEE 802.2 通信协议

IEEE 802.2 通信协议是逻辑链路层控制协议，如图 1-28 所示。逻辑链路控制层 LLC 是局域网结构中的最高层，它在 MAC 子层上，为 LLC 用户，如 TCP/IP 等提供数据交换手段。

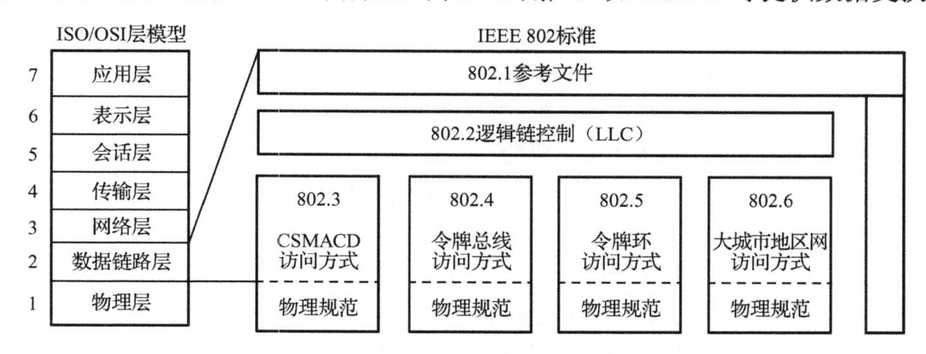

图 1-28　IEEE 802 协议方案

3．IEEE 802.3 通信协议

IEEE 802 的局域网标准规定了物理层、逻辑链路控制层和媒体存取控制层。设置逻辑链路控制 LLC 层的原因是在 OSI 参考模型的数据链路层中缺少对包含多个源和目的地址的链路进行访问管理所需的逻辑功能，为此，IEEE 802.2 对 LLC 做了规定。由于在同一 LLC 子层中，可以有多种媒体存取方式，采用单一的结构不能满足各种应用场合的需要，因此，IEEE 802 委员会分别对带有冲突检测的载波侦听多路存取、令牌总线、令牌环等三种媒体存取方式规定了相应的协议，即 IEEE 802.3、IEEE 802.4、IEEE 802.5。为此，OSI 参考模型的数据链路层分为 LLC 和 MAC 子层。

IEEE 802.3 协议是带有冲突检测的载波侦听多路存取控制协议，常缩写为 CSMA/CD。它是总线网、树状网最常用的媒体存取控制协议。这种协议属于随机访问型，即争用型协议。这表明，为了在一个多点共享的通信媒体上进行数据交换，采用让各个站以随机的方式发送信息，争用通信媒体。

4．IEEE 802.4 通信协议

IEEE 802.4 通信协议是总线网的令牌总线媒体存取控制协议。令牌总线网是一种较新的技术。它是从令牌环网借鉴而来。令牌传递式总线网的物理结构是用总线把各个通信站连接起来的网络。这些站被指定一个逻辑的顺序，在逻辑上这些站是环状连接的。各个站的逻辑顺序可以和它们的物理位置完全无关。

在令牌网中，媒体存取控制是通过传递一个称为令牌的特殊标志来实现的。令牌的传递是按照逻辑顺序，从第一个站开始，一直传到最后一个站，然后再传给第一个站。接到令牌的站在指定的一段时间内就掌握网络媒体存取权。它可以发送一个或多个信息帧，也可以探询其他站并得到响应。当这些工作完成或者指定的时间片用完时，它就把令牌传递给下一个逻辑顺序上的站。该下游站又重复上述动作。如此周而复始地在总线上进行着数据传输和令牌传递的交替动作。在总线上可以存在不使用令牌的站（无逻辑顺序号），它们只有在其他站对它探询或要求确认时才会响应。

5．IEEE 802.5 通信协议

IEEE 802.5 通信协议是令牌环状网络媒体存取控制协议。令牌环技术可能是最早的环控制

技术。在美国它已成为最普遍的环存取技术。在环状网络上，有一个叫令牌的信号（其格式为8位1）沿环运动。当令牌到达一个通信站时，若该站没有数据要发送，就把令牌转送到它的下游站，相当于发送了一个长度为0的帧。若该站要发送数据，则先把令牌信号转变成一个“连接标志”（它把令牌的最后一个“1”改为“0”），并把本站的数据帧接在它的后面发送出去。数据帧的长度不受限制。数据帧发完后再重新产生一个令牌接到数据帧后面，这相当于把令牌传到下游站。数据帧到达一个站时，环接口从地址段识别出以该站为目的地的数据帧，把其中的数据字段复制下来，若经校验无误，则把数据送主机。但它并不将该数据帧从环网上去除，去除数据帧是由发送站完成的。因为这样处理可以利用数据帧做捎带应答，并实现多址或广播通信。

为了使令牌环上只有一个令牌绕环运动，不允许有两个站同时发送数据。令牌环从其实质来看，是一个集中控制式的环，环上必须有一个中心控制站负责环网工作状态检测和管理。在集散控制系统的应用中，令牌环媒体存取方式在高层，如管理、优化级有所应用。

6. IEEE 802.11通信协议

无线网络协议是高速WLAN协议，使用5GHz频段。最高速率达54Mbps，实际使用速率为22～26Mbps。无线传感器网络多采用五层协议标准：应用层、传输层、网络层、数据链路层、物理层。与互联网协议栈的五层协议相对应。

802.11a协议是在1999年制定完成的，其主要工作在5GHz的频率下，数据传输速率可以达到54Mbps，传输距离在10～100m之间，采用了OFDM（正交频分多路复用）调制技术，可以支持语音、数据、图像的传输，不过与802.11b协议不兼容。由于其传输速度快，还因为使用了5GHz工作频率，所以受干扰比较少，也被应用于无线局域网。但是因为价格比较昂贵，且向下不兼容，所以目前市场上并不普及。

802.11b协议是由IEEE（电气电子工程师学会）于1999年9月批准的，该协议的无线网络工作在2.4GHz频率下，最大传输速率可以达到11Mbps，可以实现在1Mbps、2Mbps、5.5Mbps以及11Mbps之间自动切换。采用DSSS（直接序列展频技术）理论上在室内的最大传输距离可以达到100m，室外可以达到300m。目前称802.11b为Wi-Fi。802.11b协议凭借其价格低廉、高开放性的特点被广泛应用于无线局域网领域，是目前使用最多的无线局域网协议之一，在无线局域网中，802.11b协议主要支持Ad Hoc（点对点）和Infrastructure（基本结构）两种工作模式，前者可以在无线网卡之间实现无线连接，后者可以借助于无线AP，让所有的无线网卡与之无线连接。

802.11g协议于2003年6月正式推出，它是在802.11b协议的基础上改进的协议，支持2.4GHz工作频率以及DSSS技术，并结合了802.11a协议高速的特点以及OFDM技术，这样802.11g协议既可以实现11Mbps传输速率，保持对802.11b的兼容，又可以实现54Mbps高传输速率。随着人们对无线局域网数据传输的要求，802.11g协议也已经慢慢普及到无线局域网中，和802.11b协议的产品一起占据了无线局域网市场的大部分，而且部分加强型的802.11g产品已经步入无线百兆时代。

WEP协议全称Wired Equivalent Protocol（有线等效协议），是为了保证802.11b协议数据传输的安全性而推出的安全协议，该协议可以通过对传输的数据进行加密，这样可以保证无线局域网中数据传输的安全性。目前，在市场上一般的无线网络产品支持64/128位甚至256位WEP加密。

Wi-Fi 是一种允许电子设备连接到一个无线局域网（WLAN）的技术，通常使用 2.4G UHF 或 5G SHF ISM 射频频段。连接到无线局域网通常是有密码保护的，但也可是开放的，这样就允许任何在 WLAN 范围内的设备可以连接上，目的是改善基于 IEEE 802.11 标准的无线网路产品之间的互通性。Wi-Fi 系统是半双工的共享介质的配置，所有的站发送和接收在同一无线信道。

7．IP 网际通信协议

IP 是网际通信协议。在集散控制系统的应用中涉及不同局域网之间的互连和同类局域网之间的互连。不同局域网的用户进程之间进行通信为信息包交换，信息包要有数据与报头，形成数据报。到物理层再变成数据帧。数据帧先送到该网的网间连接器。数据帧是在两个网间连接器之间交换。

同类网的互连，由于它们具有相同的网络拓扑结构、相同的地址格式和数据帧格式，加上它们采用相同的系统结构和通信协议，因此，可以用连接同类局域网的装置，即网桥。它是网间连接器的特殊形式。

8．TCP 传输控制协议

TCP/IP 协议是两个最著名的 Internet 协议，它们常常被误认为是同一个协议。TCP 是传输控制协议，是对应传输层的协议，它保证数据可靠地被传送。IP 是网际协议，是对应网络层的协议，它用于提供数据传输的无连接服务。由于 TCP/IP 更注重数据发送的互连，因此已成为当前网际互连协议的最佳选择。

TCP/IP 协议包含四个功能层，即处理/应用层、网际层、网络访问层和主机到主机层。目前，集散控制系统的应用范围还只局限在一个较小的地域，当组成企业网或因特网时，通信的范围才较大。因此，在集散控制系统中的通信网一般局限于局域网。当集散控制系统需要与异种网进行大量的数据、报文的交换时，需要采用 TCP 传输控制协议。

9．现场总线通信协议

按 ISO 参考模型，现场总线采用开放系统互连参考模型的第一、二层和第七层，并把第二层和第七层合并称为通信栈。现场总线中的现场设备的组态与原在分散过程控制装置中的控制组态极为相似。

10．UDP（User Datagram Protocol，用户数据报协议）

UDP 是 OSI 参考模型中一种无连接的传输层协议，UDP 协议是 IP 协议与上层协议的接口，根据 OSI（开放系统互连）参考模型，UDP 和 TCP 都属于传输层协议。UDP 用来支持那些需要在计算机之间传输数据的应用，如网络视频会议系统在内的众多的客户/服务器模式的网络应用都需要使用 UDP 协议。JX-300XP 采用此协议。

UDP 协议的主要作用是将网络数据流量压缩成数据包的形式。一个典型的数据包就是一个二进制数据的传输单位。每一个数据包的前 8 个字节用来包含报头信息，剩余字节则用来包含具体的传输数据。

11．RS-232C 标准接口

在局域网的物理层，美国电子工业协会颁布的 EIA RS-232C 是最常用的标准接口。标准规定了 RS-232C 的机械的、电气的、功能的和过程的特性。RS-232C 通信协议规定，能产生或接收数据的任意一个设备称为数据终端设备（DTE），能将数据信号编码、解码、调制、解调，并能长距离传输数据信息信号的任意一个设备称为数据通信设备（DCE），RS-232C 采用

25 脚/9 脚的 D 型接插件作为通信设备之间的机械连接部件。

RS-232C 没有规定通信方式，实际应用时有三种通信方式：只能向一个方向传送数据的单工通信方式，可以在两个方向传送数据，但不能同时进行的半双工通信方式以及同时在两个方向传送数据的全双工通信方式。RS-232C 的数据传送采用串行数据的格式。数据位组由 5～8 位组成。数据位组前有一个启动位（逻辑“0”），数据位组的后面紧接一个奇偶校验位，然后是 1 位、1.5 位或 2 位的停止位（逻辑“1”）。数据位组根据使用的通信码决定采用几位，大多数集散控制系统的应用中采用 7 位 ASCII 码，并采用了 2 位停止位。

RS-232C 的引脚虽然有 25 个，但最简单的通信方式只需 3 根引线。最多可以用到 22 根引线。绝大多数的实际应用场合只需 9 根引线。由于 RS-232C 标准信号电平过高、采用非平衡发送和接收方式，因此其传输率小于 20kbps，传输距离短（小于 15m），没有规定连接器，使有些方案互不兼容，且因使用不平衡发送器、接收器，引入干扰，因此，EIA 相继制定了 RS-449（平衡传输）及 RS-485（采用二线与四线方式，实现多点双向通信，可接 32 台设备，最大传输距离达 1219m， 传输率达 10Mbps）。

1.3.5 IP 地址

1. IPV4 与 IPv6 概述

IPV4：就是给每一个连接在 Internet 上的设备分配一个在全世界范围是唯一的 32bit 地址，即有 $2^{32}-1$ 个地址。

IPv6 地址：IPv6 地址有 128 位长，极大地扩展了地址的可用空间，即有 $2^{128}-1$ 个地址。IPv6 位址表示法为 x:x:x:x:x:x:x:x，其中每一个 x 都是十六进位值，共 8 个 16 位元位址片段。IPv6 位址范围从 0000:0000:0000:0000:0000:0000:0000:0000 到 FFFF: FFFF : FFFF: FFFF: FFFF: FFFF: FFFF: FFFF。 IPv6 寻址模式分为三种，即单播地址、组播地址和泛播地址。

随着 Internet 应用范围的扩大，IPv4 有着很多不可克服的问题，必须通过新的协议来最终替代。从 IPv4 向 IPv6 的过渡需要一定的时间，由于 IPv6 中 IP 地址的长度为 128 位，这使得路由器能在路由表中用一条记录（Entry）表示一片子网，大大减小了路由器中路由表的长度，提高了路由器转发数据包的速度，增强了网络安全性。

2. IP 地址表示法

① 二进制表示法。

② 十进制表示法。

③ 英文表示法。

④ 中文表示法。

3. IPV4 地址的分类

Internet 的 IPV4 地址分成五类，分别用 A、B、C、D、E 表示，其中 A、B、C 为常用类，网络号字符和主机号字符都由两个字符组成，即 Network ID 和 Host ID，具体情况如表 1-1 所示。

4. 私有地址

私有地址是指没有经过注册的 IP 地址，直接到 Internet 上是不合法的 IP 地址，必须经过代理服务器翻译成公有 IP 地址才能在外网使用。

表 1-1 IPV4 地址规模

网络类别	最大网络数	第一个可用的网络号	最后一个可用的网络号	每一个网络中的最大主机数
A	126	1	126	16777214
B	16382	128.1	191.254	65534
C	2097150	192.0.1	223.255.254	254

私有地址有：

A 类 10.0.0.0～10.255.255.255

B 类 172.16.0.0～172.16.31.255

C 类 192.168.0.0～192.168.255.255

1.3.6 通信网络安装

对 JX-300XP 系统，网络安装主要分为操作站网卡安装、控制站主控制卡安装、通信网络连接三部分。操作站网卡采用 10BaseT 以太网接口卡，它既是 SCnetⅡ通信网与上位操作站的通信接口，又是 SCnetⅡ网的节点（两块互为冗余的网卡视为一个节点），完成操作站与 SCnetIⅡ通信网的连接。

与智能控制器的连接。智能控制器采用 RS-232、RS-485、以太网等通信方式，实现各仪表之间和仪表与系统之间的互连，广泛应用于各种场合的自动检测、监测和控制。JX-300 的 XP248 多串口通信接口卡支持 4 路串口的并发工作，每路串口支持 RS-232 和 RS-485 两种通信方式。4 个串口可同时运行不同的协议。每一串口可以挂接的设备数量由运行的协议决定，但最多不超过 32 个。通过相关模块组态设置后完成通信连接。

1. DCS 中 IP 地址设置方法

在 DCS 的 IP 地址设置中，硬件如卡件设备，一般采用拨号开关方式设置；DCS 中操作站、控制站，卡件等设备均需进行 IP 地址设置才能正确运行。外部采用 NAT 技术进行转换。

2. JX-300XP 站地址

在 JX-300XP 系统中，最多可组态控制站达 63 个，操作站达 72 个，其 TCP/IP 协议地址的系统约定如表 1-2 所示。

表 1-2 TCP/IP 协议地址的系统约定

类　别	地址范围		备　注
	网　络　码	主　机　码	
控制站地址	128.128.1	2～127	每个控制站包括两块互为冗余的主控制卡。每块主控制卡享用不同的网络码。IP 地址统一编排，相互不可重复。地址应与主控卡硬件上的跳线地址匹配
	128.128.2	2～127	
操作站地址	128.128.1	129～200	每个操作站包括两块互为冗余的网卡。两块网卡享用同一 IP 地址，但应设置不同的网络码。IP 地址统一编排，不可重复
	128.128.2	129～200	

表 1-2 中网络地址 128.128.1 和 128.128.2 代表两个互为冗余的网络，在主控制卡上分别对应 A 网口和 B 网口。

主控制卡的网络地址已固化在卡件中，无须手工设置。

现场总线 PROFIBUS-DP 支持主从方式、纯主方式、多主多从通信方式。主站对总线具有控制权，主站间通过传递令牌来传递对总线的控制权。取得控制权的主站，可向从站发送、获取信息。PROFIBUS－DP 用于分散外设间的高速数据传输，适合于加工自动化领域，配置通信卡件 SW239。

3．XP243X 主机地址设置

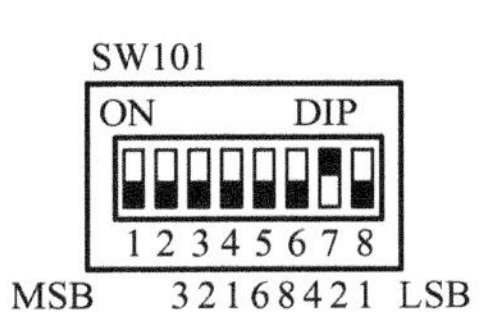

图 1-29　XP243X 主机地址设置

主控制卡 XP243X 上的地址拨码开关 SW1 用来设置主控制卡在 SCnet 网络中的主机地址，如图 1-29 所示。

SW1 拨码开关共有 8 位，分别用数字 1～8 表示。可设置地址范围为 2～127。地址采用二进制编码方式，“位 1”表示高位，“位 8”表示低位，开关拨成 ON 状态时代表该位二进制码为 1，开关拨成 OFF 状态时代表该位二进制码为 0。

XP243X 主机地址设置如表 1-3 所示。SW1 拨码开关的 1 位必须设置成 OFF 状态。

如果主控制卡按非冗余方式配置，即单主控制卡工作，卡件的网络地址（标记为 ADD）必须遵循以下格式：ADD 必须为偶数，且满足 2≤ADD<127，ADD+1 地址保留，不可作为其他节点地址使用。

如果主控制卡按冗余方式配置，互为冗余的两块主控制卡网络地址必须设置为以下格式：若起始地址为 ADD，则另一地址为 ADD+1，且 ADD 为偶数，满足 2≤ADD<127。

默认设置：位 7 拨为 ON 状态，其他各开关拨为 OFF 状态（即默认地址为 02）。

拨号开关的 1 位已被屏蔽。主控制卡的主机地址不可设置为 0 和 1。

表 1-3　XP243X 主机地址设置

地址选择 SW1							
2	3	4	5	6	7	8	地址
-							
-							
OFF	OFF	OFF	OFF	OFF	ON	OFF	02
OFF	OFF	OFF	OFF	OFF	ON	ON	03
OFF	OFF	OFF	OFF	ON	OFF	OFF	04
OFF	OFF	OFF	OFF	ON	OFF	ON	05
OFF	OFF	OFF	OFF	ON	ON	OFF	06
……							
ON	ON	ON	ON	OFF	ON	ON	123
ON	ON	ON	ON	ON	OFF	OFF	124
ON	ON	ON	ON	ON	OFF	ON	125
ON	ON	ON	ON	ON	ON	OFF	126
ON	ON	ON	ON	ON	ON	ON	127

1.3.7 网络设备

1．中继器

中继器是物理层的连接器，起信号放大的作用，目的是延长电缆或光缆的传输距离。

2．集线器

集线器是一种特殊的中继器，用于连接网段的转接设备。集线器是共享带宽的设备，可以实现多台计算机同时使用一个进线接口来上网或组成局域网，端口都共享一条带宽，只能工作在半双工模式下。集线器工作在局域网（LAN）环境，像网卡一样，应用于 OSI 参考模型第一层，因此又被称为物理层设备。集线器内部采用了电器互连，当维护 LAN 的环境是逻辑总线或环状结构时，完全可以用集线器建立一个物理上的星状或树状网络结构，集线器所起的作用相当于多端口的中继器。集线器实际上就是中继器的一种，其区别仅在于集线器能够提供更多的端口服务，所以集线器又叫多口中继器。集线器是一种广播模式，容易产生广播风暴。智能集线器除具有一般集线器的功能外，还具有网络管理及选择网络路径的功能。

3．交换机

交换机是从网桥发展而来的，属于 OSI 第二层即数据链路层设备。交换机是独享带宽的设备，可以实现多台计算机同时使用一个进线接口来上网或组成局域网。交换机的基本功能如下。

① 像集线器一样，交换机提供了大量可供线缆连接的端口，这样可以采用星状拓扑布线。

② 像中继器、集线器和网桥那样，当它转发帧时，交换机会重新产生一个不失真的方形电信号。

③ 交换机在每个端口上都使用相同的转发或过滤逻辑。交换机将局域网分为多个冲突域，每个冲突域都是有独立的宽带，因此大大提高了局域网的带宽。

④ 除了具有网桥、集线器和中继器的功能外，交换机还提供了更先进的功能，如虚拟局域网（VLAN）和更高的性能。

交换机每个端口都有一条独占的带宽，不但可以工作在半双工模式下，而且可以工作在全双工模式下。交换机能够隔离冲突域并有效地抑制广播风暴的产生。

4．路由器

路由器（Router）又称网关设备（Gateway），是用于连接多个逻辑上分开的网络，所谓逻辑网络是代表一个单独的网络或一个子网。路由器将信息帧在网络层进行存储转发，具有更强的路径选择和隔离能力，用于异种子网之间的数据传输。当数据从一个子网传输到另一个子网时，可通过路由器的路由功能来完成。因此，路由器具有判断网络地址和选择 IP 路径的功能，它能在多网络互连环境中建立灵活的连接，可用完全不同的数据分组和介质访问方法连接各种子网。路由器只接受源站或其他路由器的信息，属网络层的一种互连设备。路由器不做任何设置时，就是一个交换机，进行设置的话，可以有很多功能，如路由、拨号、防火墙、DHCP 服务器等。

5．网桥

网桥（Bridge）是一个局域网与另一个局域网之间建立连接的桥梁，网桥是属于网络层的一种设备，它的作用是扩展网络和通信手段，在各种传输介质中转发数据信号，扩展网络的距离，同时又有选择地将有地址的信号从一个传输介质发送到另一个传输介质，并能有效地限制两个介质系统中无关紧要的通信。网桥可分为本地网桥和远程网桥。本地网桥是指在传输介质允许长度范围内互连网络的网桥；远程网桥是指连接的距离超过网络的常规范围时使用的远程桥，通过远程桥互连的局域网将成为城域网或广域网。如果使用远程网桥，则远程桥必须成对出现。

6. 网关

网关又称协议转换器，连接两个或更多个管理上的相异的网络/子网的节点，网关实质上是一个网络通向其他网络的 IP 地址。网关是用于传输层及传输层以上的转换的协议变换器，用以实现不同通信协议的网络之间、包括使用不同网络操作系统的网络之间的互连，如连接内部网与 Internet。

1.3.8 ping 命令使用方法

ping 命令是我们在判断网络故障、检查网络是否通畅或者判断网络连接速度的命令。其工作原理：网络上的机器都有唯一确定的 IP 地址，我们给目标 IP 地址发送一个数据包，对方就要返回一个同样大小的数据包，根据返回的数据包我们可以确定目标主机是否存在，可以初步判断目标主机的操作系统等信息。

首先进入 DOS 窗口，按 Windows+R，或在 Windows 运行窗口中输入 cmd 并回车后进入 DOS 命令窗口。在 DOS 窗口中输入：ping /?并回车，出现如图 1-30 所示的帮助画面。

```
D:\>ping /?

Usage: ping [-t] [-a] [-n count] [-l size] [-f] [-i TTL] [-v TOS]
            [-r count] [-s count] [[-j host-list] | [-k host-list]]
            [-w timeout] target_name

Options:
    -t             Ping the specified host until stopped.
                   To see statistics and continue - type Control-Break;
                   To stop - type Control-C.
    -a             Resolve addresses to hostnames.
    -n count       Number of echo requests to send.
    -l size        Send buffer size.
    -f             Set Don't Fragment flag in packet.
    -i TTL         Time To Live.
    -v TOS         Type Of Service.
    -r count       Record route for count hops.
    -s count       Timestamp for count hops.
    -j host-list   Loose source route along host-list.
    -k host-list   Strict source route along host-list.
    -w timeout     Timeout in milliseconds to wait for each reply.
```

图 1-30　ping 命令使用说明

其中，-t 表示将不间断向目标 IP 发送数据包，直到我们强迫其停止。-l 定义发送数据包的大小，默认为 32 字节。-n 定义向目标 IP 发送数据包的次数，默认为 3 次。如果-t 参数和 -n 参数一起使用，ping 命令就以放在后面的参数为标准，如“ping IP -t -n 3”，虽然使用了-t 参数，而只是 ping 3 次。另外，ping 命令可以直接 ping 主机域名，这样即可得到主机的 IP。

在图 1-31 中，time=2ms 表示从发出数据包到接收到返回数据包所用的时间是 2ms，可以判断网络连接速度的大小。TTL=32 的返回值可以初步判断被 ping 主机的操作系统可能是 Windows 98 以上。

```
D:\>ping 192.168.0.7 -l 65500 -t

Pinging 192.168.0.7 with 65500 bytes of data:

Reply from 192.168.0.7: bytes=65500 time=2ms TTL=32
Reply from 192.168.0.7: bytes=65500 time=2ms TTL=32
Reply from 192.168.0.7: bytes=65500 time=2ms TTL=32
Reply from 192.168.0.7: bytes=65500 time=2ms TTL=32
Reply from 192.168.0.7: bytes=65500 time=2ms TTL=32
Reply from 192.168.0.7: bytes=65500 time=2ms TTL=32
Reply from 192.168.0.7: bytes=65500 time=2ms TTL=32
```

图 1-31　ping 命令使用界面

对 ping 后返回信息的说明如下。

① Request timed out：表示对方已关机，或者网络上根本没有这个地址，或者对方与自己不在同一网段内，或者对方确实存在，但设置了 ICMP 数据包过滤。

② Destination host Unreachable：对方与自己不在同一网段内，而自己又未设置默认的路由，或者网线出了故障。

③ Bad IP address：这个信息表示您可能没有连接到 DNS 服务器，所以无法解析这个 IP 地址，也可能是 IP 地址不存在。

④ Source quench received：表示对方或中途的服务器繁忙无法回应。

⑤ Unknown host：不知主机名，该远程主机的名字不能被域名服务器（DNS）转换成 IP 地址。故障原因可能是域名服务器有故障，或者其名字不正确，或者网络管理员的系统与远程主机之间的通信线路有故障。

⑥ Ping 127.0.0.1：127.0.0.1 是本地循环地址，如果本地址无法 ping 通，则表明本地机 TCP/IP 协议不能正常工作。如果测试不通，应该检查本台计算机的 TCP/IP 协议是否安装。同理也可以检查网关设备是否正常。

⑦ no rout to host：网卡工作不正常。

⑧ transmit failed，error code：10043 网卡驱动不正常。

1.3.9　水晶头制作

1．双绞线的标准做法

双绞线做法有两种国际标准，分别是 EIA/TIA 568A 和 EIA/TIA 568B。实际上标准接法 EIA/TIA 568A 和 EIA/TIA 568B 两者并没有本质的区别，只是颜色上的区别，用户需要注意的只是在连接两个水晶头时必须保证：1、2 线对是一个绕对；3、6 线对是一个绕对；4、5 线对是一个绕对；7、8 线对是一个绕对。双绞线中 4/5，7/8 这四根线没有定义。通常双绞线的两种常用的连接方法是直通线缆和交叉线缆。

① 直通线缆。水晶头两端都是遵循 568A 或 568B 标准，双绞线的每组绕线是一一对应的。直通线缆适用场合如下。

交换机（或集线器）UPLINK 口——交换机（或集线器）普通端口。

交换机（或集线器）普通端口——计算机（终端）网卡。

② 交叉线缆。水晶头一端遵循 568A，而另一端遵循 568B 标准，即两个水晶头的连线交叉连接，A 水晶头的 1、2 对应 B 水晶头的 3、6；而 A 水晶头的 3、6 对应 B 水晶头的 1、2。交叉线缆适用于交换机（或集线器）普通端口——交换机（或集线器）普通端口、计算机网卡

（终端）——计算机网卡（终端）等场合。

2．制作

① 剥网线外表皮。网线一般是 8 根芯，是两两缠绕在一起的，外面包裹着一层绝缘皮。首先要使用压线钳把外表皮剥掉，把网线放到压线钳的卡扣处，拿着网线转动 360° 后用力一拉把表皮剥去。过程中注意不要把内部的线芯剪断。网线水晶头制作材料与工具如图 1-32 所示。

② 线芯顺序排布。先把扭在一起的 8 根线芯分开，线的排序分为 568A 标准或 568B 标准，一般最常用的 568B 标准，其网线接头顺序分别为：橙白、橙、绿白、蓝、蓝白、绿、棕白、棕。排好了以后，在离表皮约 1.5cm 处用压线钳齐切断。

③ 把线芯插到水晶头里。将排序好的网线齐切后放到水晶头里面。放置时，水晶头的金属片部分面向自己（小扣子朝下），慢慢伸到水晶头里面去，确保无误以后就可以钳紧水晶头。把水晶头对准钳上的位置放进去，放到位以后，右手用力下压到底部即可。用同样的方法压好另一端。

图 1-32　网线水晶头制作材料与工具

3．检查

把钳制好的网线插好到测试器上面后，测试器拨到测试挡，如果网线正常，两排的指示灯都是依次同步亮的；如果有灯没有同步亮，则证明该线芯连接有问题，应重新制作，如图 1-33 所示。

图 1-33　水晶头检查

一、选择题（多选）

1．根据信号的类型，通信模块可分为（　　）。

A．模拟量　　B．控制量　　C．数字量　　D．脉冲量

2．按通信媒体上传输的信号可分为（　　）。

A．基带网　　B．互联网　　C．局域网　　D．宽带网

3．按数据传输速率分类，局域网络可分为（　　）。

A．高速局部网络　　B．局域网络　　C．宽带网　　D．计算机交换分机

4．数据传输信号在传输线上可以传送的方式有（　　）。

A．双工通信　　B．多工通信　　C．单工通信　　D．全工通信

5．为保证信号能正确地在接收端接收并复现原信号，可采用同步技术，常用的同步技术有（　　）。

A．同步通信　　B．模拟通信　　C．异步通信　　D．冗余通信

6．数字数据常用的编码方式是（　　）。

A．不归零编码　　B．曼彻斯特编码

C．微分曼彻斯特编码　　D．积分曼彻斯特编码

7．双绞线可用于传输（　　）信号。

A．数字信号　　B．无线信号　　C．模拟信号　　D．红外信号

8．令牌环状网络媒体存取控制协议是（　　）。

A．IEEE 802.5　　B．IEE 802.4　　C．IEEE 802.3　　D．IEEE 802.6

9．总线网的令牌总线媒体存取控制协议是（　　）。

A．IEEE 802.5　　B．IEEE 802.4　　C．IEEE 802.6　　D．IEEE 802.3

10．（　　）工作在应用层的网络设备。

A．集线器　　B．网桥　　C．路由器　　D．网关

11．常用的通信交换技术有（　　）。

A．电路交换　　B．光路交换　　C．报文交换　　D．分组交换

12．通信协议的关键成分是（　　）。

A．语法　　B．结构　　C．语义　　D．时序

13．以太网的网络结构分为（　　）。

A．物理层　　B．数据链接层　　C．用户层　　D．高层用户层

14．集散控制系统的分散结构体现在（　　）。

A．组织人事的分散　　B．地域分散　　C．功能分散　　D．负荷分散

15．（　　）串行接口具有多点、双向通信的能力。

A．RS-232　　B．RS-422　　C．RS-423　　D．RS-485

二、填空题

1．TCP 协议建立连接阶段采用（　　）次握手连接方案。

2．TCP 协议传送数据阶段，数据以（　　）传送。

3．TCP 协议拆除连接，一为 CLOSE，另一为（　　）。

4．现场总线采用了 OSI 模型中的三个典型层为物理层、数据链接层和（　　）。

5．PROFIBUS-DP 采用（　　）的通信服务模式。

6．工控实时通信网络所处理的数据流主要分为（　　）、（　　）。

7．RS-232C 接口可用于最远距离不超过（　　）米。

8．PLC 与 PC 通信必须约定采用一致的数据格式和（　　）。

9．PC 发出通信请求的 ASC11 代码是（　　）。

10．TCP 协议操作分为延时连接、传送数据、（　　）三个阶段。

三、判断题

1．功能参数表示功能模块与外部连接的关系。（ ）
2．路由器是一个工作在物理层的网络设备。（ ）
3．网关是一个工作在网络层的网络设备。（ ）
4．控制管理级主要是实施生产过程的优化控制。（ ）
5．交换机是一个工作在物理层的网络设备。（ ）
6．VME 总线采用针式插座，抗震性能优良。（ ）
7．网桥是一个工作在数据链路层的网络设备。（ ）

四、简答题

1．数据通信系统是由哪些部分组成的？
2．工业通信网络有几种拓扑结构？
3．什么是通信协议？
4．常用几种 IP 地址表示方法是什么？
5．OSI 七层参考模型是指哪七层？
6．DCS 系统中各设备 IPV4 地址分配原则是什么？
7．网络不通时如何检查？如何排除故障？
8．简述 DCS 系统中设备 IP 设置操作方法。
9．RS-232C 接口有何特点？
10．如何使用 Wi-Fi？
11．多路复用技术有几种？
12．常用通信介质有哪些？各有什么特点？
13．星状网络拓扑结构有何特点？
14．总线网络拓扑结构有何特点？
15．在现代无人工厂中，如何实现远程仪表设备监控？

第2章 现场总线技术及应用

学习内容	1．现场总线的定义。
	2．现场总线的特点。
	3．典型的现场总线。
	4．现场总线的应用。
操作技能	1．现场总线控制系统设计。
	2．Delta V 的应用。
	3．现场总线回路的测试。

2.1 现场总线概述

现场总线是连接现场智能设备和自动化控制设备的双向、串行、数字式、多节点的通信网络，称为现场底层设备控制网络（Intranet）。现场总线可以支持各种工业领域的信息处理、监视和控制系统，可以与工厂自动化控制设备互连，实现现场传感器、执行器和本地控制器之间的低级通信。

1．现场总线的国际标准

现场总线的关键技术是通信协议。IEC（国际电工委员会）等国际标准化组织，为了统一现场总线通信协议，做了许多工作，通过了十几种总线标准的折中方案。

2．现场总线通信模型

ISO/OSI 参考模型定义了一个七层的开放系统通信结构。现场总线系统根据现场环境的要求，对模型进行了优化，除去了实时性不强的中间层，并增加了用户层，这样构成了现场总线通信系统模型。

3．现场总线控制系统构成原理

现场总线控制系统如图 2-1 所示。

4．现场总线控制系统发展概况

随着现场总线技术的出现和成熟，促使了控制系统由集散控制系统（DCS）向现场总线控制系统（FCS）过渡。在 FCS 系统中，遵循一定现场总线协议的现场仪表可以组成控制回路，使控制站的部分控制功能下移分散到各个现场仪表中，从而减轻了控制站的负担，使得控制站可以专职于执行复杂的高层次的控制算法。对于简单的控制应用，甚至可以把控制站取消，用连接现场总线作用的网桥和集线器来代替控制站，操作站直接与现场仪表相连，构成分布式控制系统。

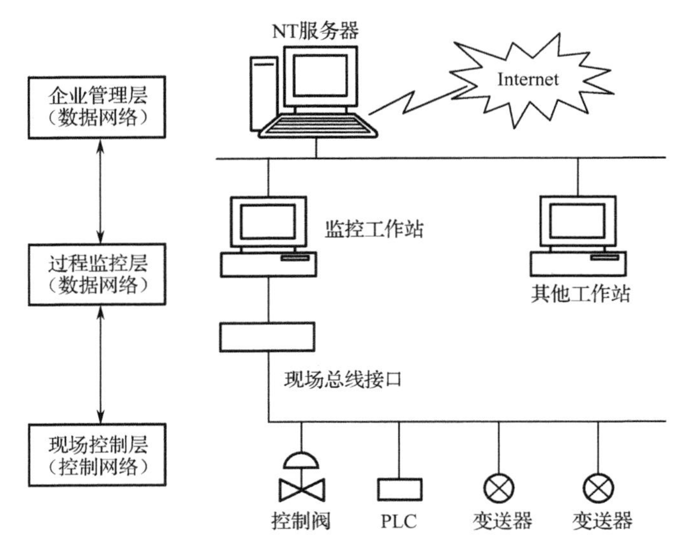

图 2-1　现场总线控制系统

FCS 系统比 DCS 系统更好地体现了“信息集中，控制分散”的思想。FCS 是在 DCS 的基础上发展起来的，FCS 顺应了自动控制系统的发展潮流，FCS 系统具有高度的分散性，它可以由现场设备组成自治的控制回路。现场仪表或设备具有高度的智能化与功能自主性，可完成控制的基本功能，并可以随时诊断设备的运行情况。FCS 的结构比 DCS 简化，使 FCS 的可靠性得到提高。

（1）现场总线系统具有开放性

通信协议一致公开，各不同厂家的设备之间可实现信息交换，通过现场总线可构筑自动化领域的开放互连系统。系统的开放性决定了它具有互操作性和互用性。互操作性是指互连设备间、系统间信息传送与沟通；互用则意味着不同生产厂家的性能类似的设备可实现相互替换。作为工厂网络底层的现场总线还对现场环境有较强的适应性，它支持双绞线、同轴电缆、光缆、无线和电力线等，具有较强的抗干扰能力。

（2）由于结构上的改变，FCS 比 DCS 更节约硬件设备

使用 FCS 可以大量减少隔离器、端子柜、I/O 卡及 I/O 端口，这样就节省了 I/O 装置及装置室的空间，同时减少了大量电缆，可以极大地节省安装费用。由于免去了 D/A 与 A/D 变换，使仪表精度得到极大的提高，如通过将 PID 功能植入到相应的智能传感器中去，使控制周期大为缩短。目前 FCS 可以从 DCS 的每秒调节 2～5 次增加到每秒调节 10～20 次，改善了调节性能。

由于现场总线系统结构的简化，使其从设计、安装、投运到正常生产运行及检修维护，都体现出了优越性，使用 FCS 可以减少大量的隔离器、端子柜、I/O 卡及 I/O 端口，这样就节省了 I/O 装置及装置室的空间；同时减少了大量电缆，可以极大地节省安装费用。它不仅节省了硬件数量与投资，节省了安装费用，而且系统的维护开销也大大降低。现场总线控制系统不仅精确度与可靠性高，在方便使用和维护性方面，FCS 也比 DCS 有优势。FCS 使用统一的组态方式，安装、运行、维修简便；利用智能化现场仪表，使维修预报（Predicted Maintenance）

成为可能；由于系统具有互操作性和互用性，用户可以自由选择不同品牌的设备达到最佳的系统集成，在设备出现故障时，可以自由选择替换的设备，保障用户的高度系统集成主动权。此外，它还具有设计简单、易于重构等特点。

（3）发展趋势

传统的集散控制系统（DCS）具有集中监控、分散控制、操作方便的特点。但是DCS的结构存在一些不足之处，如控制不能做到彻底分散，危险仍然相对集中；由于系统的不够开放性，DCS 成为一个个“自动化孤岛”，不同厂家的产品不能互换、互连，限制了用户的选择范围。利用现场总线技术，开发FCS的目标是针对现存的DCS的某些不足，改进控制系统的结构，提高其性能和通用性。

FCS想要在实际中取代DCS，既要具备DCS所有的功能，又要能克服DCS的缺点。FCS由于采用了现场总线技术，在开放性、控制分散等方面优于传统的 DCS。但由于它是一种新技术，目前连标准本身都还没有统一制定，因此FCS与成熟的DCS相比，还存在下列一些欠缺。

① 由于现场总线标准本身尚在发展中，从而给产品的开发和测试带来难度，这在一定程度上造成产品开发商、生产商少，产品品种单一而且价格昂贵。

② FCS用数字通信代替4～20mA模拟传输技术，DCS适用于较慢的数据传输速率；FCS则更适用于较快的数据传输速率，以及更灵活地处理数据。FF采用了ISO的参考模型中的3层（物理层、数据链路层和应用层），其低速总线H1的传输速度为31.25kbps，高速总线H2的传输速度为1Mbps或2.5Mbps，当数据量超过一定值时，如果同层的设备过于独立，则很容易导致数据网络的堵塞。由于以太网支持几乎所有流行的网络协议，具有传输速度高、低耗、易于安装和兼容性好等方面的优势，可以考虑采用改进的具有传输速度为100Mbps或在工业以太网协议中加入实时功能，以太网络通信速率。

③ 在某些场合中，FCS还无法提供DCS已有的控制功能。由于软件、硬件水平的限制，其功能块的功能还不是很强，品种也不够齐全；用现场仪表还只能组成一般的控制回路，如单回路、串级、比例控制等，对于复杂的、先进的控制算法还无法在仪表中实现，对于单回路内有多输入、多输出的情况缺乏好的解决方案。

FCS取代DCS将是一个渐进的过程，如在DCS中以FCS取代DCS中的某些子系统，所有现场模块必须具备自我诊断、数据采集、数据交换、PID控制运算等功能。用户将现场总线设备连接到独立的现场总线网络服务器，服务器配有DCS中连接操作站的上层网络接口，与操作站直接通信，通信协议的认可、总线设备地址的辨识、误码的智能判断及相应错误的纠正等。在DCS的软件系统中可增添相应的通信与管理软件，这样不需要对原有控制系统进行结构上的重大变动。

④ 各种形式的现场总线协议并存于控制领域。在楼宇自控领域，Lonworks和CAN网络具有一定的优势；在过程自动化领域，HART协议得到广泛支持的FF现场总线协议以及同样较有竞争力的PROFIBUS协议。HART协议将是目前智能化仪表的主要通信协议；基金会现场总线是过程自动化领域中的一种现场总线，得到许多自动化仪表设备厂商的支持；由于Lonworks技术的开放性，国内出现了利用它开发控制系统的许多开发商。考虑到统一的开放式现场总线协议标准制定的长期性和艰巨性，传统DCS的退出将是一个渐进过程。在一段时期内，会出现几种现场总线共存、同一生产现场有几种异构网络互连通信的局面。但是，发展共同遵从的统一的标准规范，真正形成开放式互连系统，是大势所趋。

（4）PLC 与 DCS、FCS 比较

PLC 是由早期继电器逻辑控制系统与微型计算机技术相结合而发展起来的，它是以微处理器为主的一种工业控制仪表，它融计算机技术、控制技术和通信技术于一体，集顺序控制、过程控制和数据处理于一身，可靠性高、功能强大、控制灵活、操作维护简单。近几年来，可编程序控制器及组成系统在我国冶金、电厂、轻工石化、矿业、水处理等行业更是到了广泛的应用。

由于工业生产过程是一个分散系统，工作人员需要了解、控制整个控制系统。如电厂生产原料是煤、水，而制成品是电，因此生产过程控制（PCS）的方式最好是分散进行的，而监视、操作和最佳化管理应以集中为好。随着工业生产规模不断扩大，控制管理的要求不断提高，过程参数日益增多，控制回路越加复杂，在 20 世纪 70 年代中期产生了集散控制系统 DCS。DCS 是集计算机技术、控制技术、网络通信技术和图形显示技术于一体的系统。PLC 就其现状和发展趋势，更接近 PCS 系统所要求的 FCS 控制系统。

 2.2 几种典型的现场总线

1. 基金会现场总线（FF）

1994 年 6 月，WorldFIP 和 ISP 联合成立了 FF 现场总线基金会，致力于开发出国际上统一的现场总线协议，它包括了世界上几乎所有的著名控制仪表厂商在内的 100 多个成员单位。基金会现场总线是在过程自动化领域得到广泛支持和具有良好发展前景的一种技术。

基金会现场总线以 ISO/OSI 开放系统互连模型为基础，取其物理层、数据链路层、应用层为 FF 通信模型的相应层次，并在应用层上增加了用户层。用户层主要针对自动化测控应用的需要，定义了信息存取的统一规则，采用设备描述语言规定了通用的功能块集。基金会现场总线包括 FF 通信协议，ISO 模型中的 2～7 层通信协议的通栈，用于描述设备特性及操作接口的 DDL 设备描述语言、设备描述字典，用于实现测量、控制、工程量转换的应用功能块，实现系统组态管理功能的系统软件技术以及构筑集成自动化系统、网络系统的系统集成技术，如图 2-2 所示。

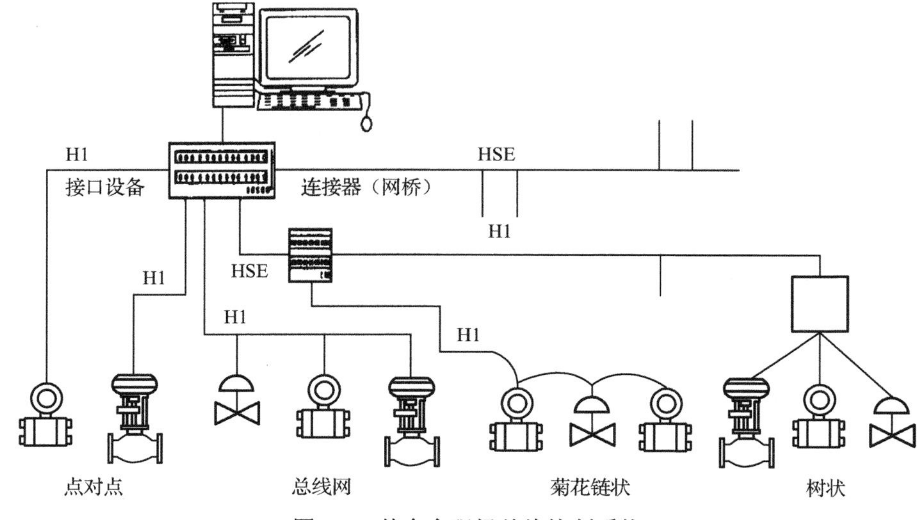

图 2-2 基金会现场总线控制系统

基金会现场总线分高速、低速两种规范。低速总线H1的传输速率为31.25kbps，通信距离可达1.9km。低速现场总线H1支持点对点连接、总线网、菊花链状、树状拓扑结构，可支持总线供电和本质安全防暴环境；H2高速总线HSE只支持总线网拓扑结构，传输速度为1Mbps和2.5Mbps两种，通信距离为750m和500m。物理传输介质可为双绞线、光缆和无线，其传输信号采用曼彻斯特编码。FF系统的开放性与互操作性，把从多个厂商购买部件而集成系统的权利交给用户。

2．CAN总线

CAN总线最早是由德国Bosch（博世）公司推出的，用于汽车内部测量与执行部件之间的一种串行数据通信协议，它是一种多主总线，通信介质可以是双绞线、同轴电缆或光导纤维，通信速率可达1Mbps。其总线规范已被ISO国际标准组织制定为国际标准，并且广泛应用于离散控制领域。它也是基于OSI模型，但进行了优化，采用了其中的物理层、数据链路层、应用层，提高了实时性。其节点有优先级设定，支持点对点、一点对多点、广播模式通信。各节点可随时发送消息，通信速率与总线长度有关。CAN总线采用短消息报文，每一帧有效字节数为8个；当节点出错时，可自动关闭，抗干扰能力强，可靠性高。

3．LonWorks总线

LonWorks（Local Operation Network）局部操作网络技术是美国Echelon（埃施朗）公司开发，并与Motorola和东芝公司共同倡导的现场总线技术。它采用了OSI参考模型全部的七层协议结构。LonWorks技术的核心是具备通信和控制功能的Neuron芯片。Neuron芯片实现完整的LonWorks的LonTalk通信协议。其上集成有三个8位CPU：一个CPU完成OSI模型第一层和第二层的功能，称为介质访问处理器；一个CPU是应用处理器，运行操作系统与用户代码；还有一个CPU为网络处理器，作为前两者的中介，它进行网络变量寻址、更新、路径选择、网络通信管理等。由神经芯片构成的节点之间可以进行对等通信。LonWorks支持多种物理介质并支持多种拓扑结构，组网方式灵活，其本安物理通道使得它可以应用于危险区域。LonWorks应用范围主要包括楼宇自动化、工业控制等，在组建分布式监控网络方面有较优越的性能。

LonWorks支持多种物理介质，有双绞线、光纤、同轴电缆、电力线载波、无线电等；并支持多种拓扑结构，组网形式灵活。在LonTalk的全部七层协议中，介质访问方式为P-P CSMA（预测P坚持载波监听多路复用），采用网络逻辑地址寻址方式，优先级机制保证了通信的实时性，安全机制采用证实方式，因此能构建大型网络控制系统。其IS-78本安物理通道使得它可以应用于易燃易爆危险区域。

4．PROFIBUS总线

德国的PROFIBUS是符合德国国家标准DIN 19245和欧洲标准EN 50179的现场总线，包括PROFIBUS-DP、PROFIBUS-FMS、PROFIBUS-PA三部分。它也只采用了OSI模型的物理层、数据链路层、应用层。PROFIBUS支持主从方式、纯主方式、多主多从通信方式。主站对总线具有控制权，主站间通过传递令牌来传递对总线的控制权。取得控制权的主站，可向从站发送、获取信息。PROFIBUS－DP用于分散外设间的高速数据传输，适合于加工自动化领域。FMS型适用于纺织、楼宇自动化、可编程控制器、低压开关等。PA型则是用于过程自动化的总线类型。

5．HART 总线

德国的 HART 协议是由 Rosemount 公司于 1986 年提出的通信协议，它是用于现场智能仪表和控制室设备间通信的一种协议。它包括 ISO/OSI 模型的物理层、数据链路层和应用层。HART 通信可以有点对点或多点连接模式。这种协议是可寻址远程传感器高速通道的开放通信协议，其特点是在现有模拟信号传输线上实现数字信号通信，属于模拟系统向数字系统转变过程中的过渡产品，因此在当前的过渡时期具有较强的市场竞争力，在智能仪表市场上占有很大的份额。

HART（Highway Addressable Remote Transducer）是可寻址远程传感器总线的简称，其最重要的特点是保持了模拟的 4～20mA DC 信号，数字通信可以叠加在两根相同的双绞线上，而不干扰模拟电流回路。

① HART 编码。HART 采用基于 Bell 202 标准的频移键控（FSK）技术，将 0.5mA 的音频数字信号作为交流信号叠加在 4～20mA 的直流信号上，进行双向数字通信，数据传输率为 1.2Mbps，如图 2-3 所示。“0”和“1”对应的位分别被编码为 2200Hz 和 1200Hz 的正弦波，如图 2-4 所示。传送时将信息比特转换为相应频率的正弦波，接收时将一定频率的正弦波转换回对应状态的信息比特。

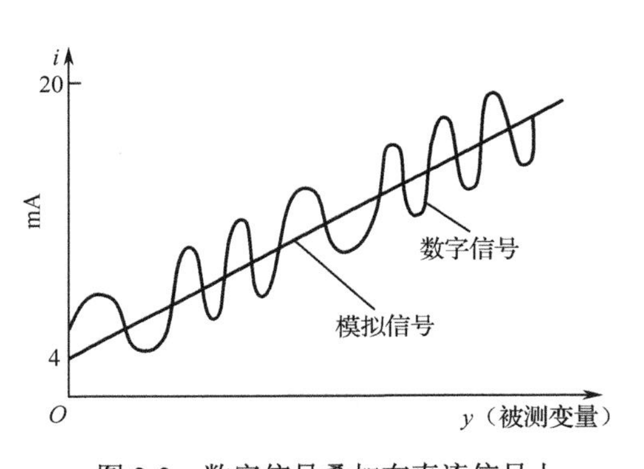

图 2-3　数字信号叠加在直流信号上

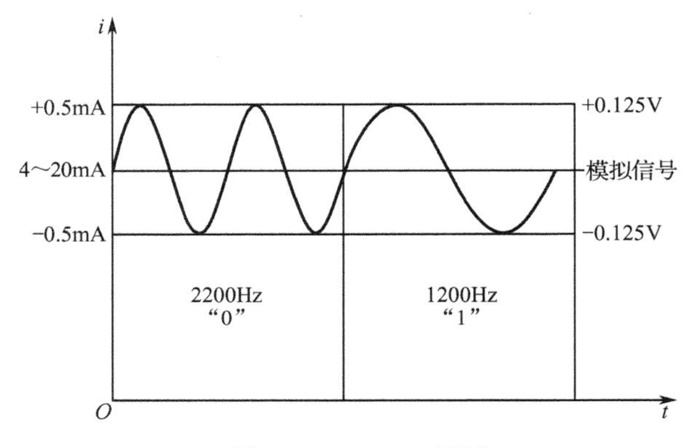

图 2-4　Bell 202 波形

② HART 信号传输。FSK 信号的传输是在电流回路上调制一个幅值大约为 0.5mA 的交流信号。被动的设备（如多数现场仪表）是通过改变它们的电流来实现信号调制的。主动设备（像手持编程器）则可以直接发送信号。

HART 网络必须在设备和供电之间连接一个电阻。位于主站（Host）输入模板上的电阻一般为 250Ω。它有两个作用：一是防止直流电源将交流信号短路；二是作为通信信号的负载。当 FSK 电流通过这个电阻时，产生了一个 0.125V 的交流压降。网络上所有设备接收这个交流电压，并应对其有足够的敏感度，即使在线路上有信号衰减时也能够接收到。换句话说，通过电流实现信息发送，通过电压实现信息接收。如果在回路中没有足够大的电阻，那么电压将会小到难以检测，并导致通信失败。

HART 通信采用的是半双工的通信方式，HART 协议是主从式通信协议和多点广播方式，变送器作为从设备应答主设备的询问，连接模式有一台主机对一台变送器或一台主机对多台变送器。当一对一，即点对点通信时，智能变送器处于模拟信号与数字信号兼容状态。当多点通信时，4～20mA DC 信号作废，只有数字信号，每台变送器的工作电流均为 4mA DC。

③ HART 字符。HART 使用一个异步模式来通信，这意味着数据的传输不依赖于一个时钟信号。为了保持发送和接收设备的同步，数据一次一个字节地被传送。字符从一个起始位“0”开始，其后是 8 个真实数据位、一个奇校验位以及一个停止位“1”，如图 2-5 所示。

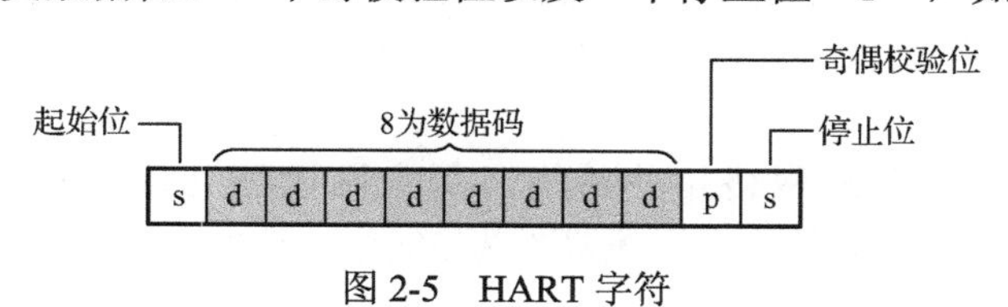

图 2-5 HART 字符

校验位被设置为“0”或 “1”，使得包括数据和校验位在内的“1”的个数为奇数。校验位通过检查接收到的字节中“1”的数目是否确实为奇数，来检测传输是否出错，而确保传输的数据完整性。

6. ControlNet 现场总线

控制网络（Control Net）总线是设备级现场总线，它是用于 PLC 和计算机之间、逻辑控制和过程控制系统之间的通信网络，已成为 IEC 61158 标准子集 2，1995 年由 Rockwell Automation 公司推出。它是基于生产者/消费者（Producer/Consumer）模式的网络，是高度确定性、可重复性的网络。确定性是预见数据何时能够可靠传输到目标的能力；可重复性是数据传输时间不受网络节点添加/删除操作或网络繁忙状况影响而保持恒定的能力。在逻辑控制和过程控制领域，ControlNet 总线也被用于连接输入/输出设备和人机界面。

ControlNet 现场总线采用并行时间域多路存取 CTDMA（Concurrent Time Domain Multiple Access）技术，它不采用主从式通信，而采用广播或一点到多点的通信方式，使多个节点可精确同步获得发送方数据。通信报文分显式报文（含通信协议信息的报文）和隐式报文（不含通信协议信息的报文），其传输特点如下。

① 网络带宽的利用率高。采用 CTDMA 技术，数据一旦发送到网络，网络上的其他节点就可同时接收，因此，与主从式传输技术比较，不需要重复发送同样的信息到不同的从站，从而减少在网络上的通信量。

② 同步性好。由于在网络上的数据可同时被多个节点接收，与主从式传输方式比较，各节点可同时接收数据，因此同步性好。

③ 实时性好。采用在预留时间段的确定时间内周期重复发送，保证有实时要求的数据能够正确发送，并且可根据实时性要求，设置时间片的大小，进行预留，从而保证实时性。

④ 避免数据访问的冲突。采用虚拟令牌，只有获得令牌的节点可发送数据，避免了数据访问的冲突现象，提高了传输效率。

⑤ 高吞吐量。传输速率 5Mbps 时，网络刷新速率为 2ms。

该总线可寻址节点数达 99 个，传输速率 5Mbps，采用同轴电缆和标准连接头的传输距离可达 1km，采用光缆的传输距离可达 25km。

针对控制网络数据传输的特点，该总线采用时间分片的方式对数据通信进行调度。重要的数据（如过程输入/输出数据的更新、PLC 之间的互锁等）采用预留时间片中确定的时间段进行周期通信，而对无严格时间要求的数据（如组态数据和诊断数据等）采用预留时间片外的非周期通信方式。此外，对时间的分配还预留用于维护的时间片，用于节点的同步和网络的维护，例如，用于增删节点，发布网络链路参数等。

7．DeviceNet 总线

设备网络（DeviceNet）总线是基于 CAN 总线技术的设备级现场总线，它由嵌入 CAN 通信控制器芯片的设备组成，是用于低压电器和离散控制领域的现场设备，例如，开关、温度控制器、机器人、伺服电动机、变频器等设备之间通信的现场总线。它已成为 IEC 62026 标准子集。

DeviceNet 总线采用总线网络拓扑结构，每个网段可连接 64 个节点，传输速率有 125kbps、250kbps 和 500kbps 等。主干线最长为 500m，支线为 6m。支持总线供电和单独供电，供电电压为 24V。

该总线采用基于连接的通信方式，因此节点之间的通信必须先建立通信连接，然后才能进行通信。报文的发送可以是周期或状态切换，采用生产者/消费者的网络模式。通信连接有输入/输出连接和显式连接两种。输入/输出连接用于对实时性要求较高的输入/输出数据的通信，采用点对点或点对多点的数据连接方式，接收方不必对接收报文做出应答。显式连接用于组态数据、控制命令等数据的通信，采用点对点的数据连接方式，接收方必须对接收报文做出是否正确的应答。

8．Modbus 总线

Modbus（ModiconBus）是 MODICON 公司为其生产的 PLC 设计的一种通信协议，从功能上看，可以认为是一种现场总线。Modbus 协议定义了消息域格式和内容的公共格式，使控制器能认识和使用消息结构，而无须考虑通信网络的拓扑结构。它描述了一个控制器访问其他设备的过程，当采用 Modbus 协议通信时，此协议规定每个控制器需要知道自己的设备地址，识别按地址发来的消息，如何响应来自其他设备的请求，如何侦测错误并记录。

控制器通信采用主从轮询技术，只有主设备能发出查询，从设备响应消息。主设备可单独和从设备通信，从设备返回一个消息。如果采用广播方式（地址为零）查询，从设备不做任何回应。

Modbus 通信有 ASCII 和 RTU（Remote Terminal Unit）两种模式，一个 Modbus 通信系统中只能选择其中的一种模式，不允许两种模式混合使用。采用 RTU 模式，消息的起始位以至少 3.5 个字符传输时间的停顿开始（一般采用 4 个），在传输完最后一个字符后，有一个至少 3.5 个字符传输时间的停顿来标识结束。一个新的消息可以在此停顿后开始。在接收期间，如果等待接收下一个字符的时间超过 1.5 个字符传输时间，则认为是下一个消息的开始。校验码采用 CRC-16 方式，只对设备地址、功能代码和数据段进行。整个消息帧必须作为一个连续的流传输，传输速率较 ASCII 模式高。

Modbus 可能的从设备地址是 0～247（十进制），单个设备的地址范围是 1～247。可能的功能代码范围是 1～255（十进制）。其中有些代码适用于所有的控制器，有些是针对某种 MODICON 控制器的，有些是为用户保留或备用的。

9．CC-Link 总线

CC-Link 是 Control & Communication Link（控制与通信链路系统）的简称。1996 年 11 月，以三菱电机为主导的多家公司，第一次正式向市场推出了以“多厂家设备环境、多性能、省配线”理念开发的全新的 CC-Link 现场总线。CC-Link 是允许在工业系统中，将控制和信息数据同时以 10Mbps 的高速传输的现场总线。作为开放式现场总线，CC-Link 是唯一起源于亚洲地区的总线系统，它的技术特点更适应亚洲人的思维习惯。2000 年 11 月，CC-Link 协会

（CC-Link Partner Association，CLPA）成立；到 2002 年 4 月底，CLPA 在全球拥有 250 多个会员公司。随着 CLPA 在全球进行 CC-Link 成功的推广，CC-Link 本身也在不断进步。到目前为止，CC-Link 已经包括了 CC-Link、CC-Link/LT、CC-Link V2.0 等 3 种有针对性的协议，构成 CC-Link 家族的比较全面的工业现场网络体系。

CC-Link 是一个高速、稳定的通信网络，其最大通信速度可以达到 10Mbps，最大通信距离可以达到 1200m（加中继器可以达到 13.2km）。当 CC-Link 连接 64 个站、以 10Mbps 的速度进行通信时，扫描时间不超过 4ms。CC-Link 的优异性能来源于其合理的通信方式。CC-Link 以 ISO/OSI 模型为基础，取其物理层、数据链路层和应用层，并增加了用户服务层。它的底层通信协议遵循 RS-485，采用 3 芯屏蔽绞线，拓扑结构为总线网。CC-Link 采用的是主从通信方式，一个 CC-Link 系统必须有一个主站而且也只能有一个主站，主站控制着整个网络的运行。但是为了防止主站出故障而导致整个系统的瘫痪，CC-Link 可以设置备用主站，这样当主站故障时，自动切换到备用主站。CC-Link 提供循环传输和瞬间传输两种通信方式。在通常情况下，CC-Link 主要采用广播轮信（循环传输）的方式进行通信。

10. DDE 技术

DDE 是英文 Dynamic Data Exchange 的缩写，意为动态数据交换，该技术基于消息机制，采用程序间通信方式，可用于控制系统的多数据实时通信，但当通信数据量较大时通信效率低下。目前大多数监控软件仍在使用该项技术，考虑到各方的利益，仍对 DDE 技术给予兼容和支持。

11. OPC 技术

OPC 是一个开放的工业接口标准，其实质上是允许任何设备与其他设备自由通信的一种机制，是一种过程实时数据交换的工业标准。管理这个标准的国际组织是 OPC 基金会，包括世界上所有主要的自动化控制系统、仪器仪表及过程控制系统的公司。它基于微软公司的 OLE（Active X）、COM（部件对象模型）和 DCOM（分布式部件对象模型）技术。OPC 包括一整套接口、属性和方法的标准集，用于过程控制和制造业自动化系统。

12. ODBC 技术

ODBC 是开放式数据库互连（Open Database Connectivity）的英文缩写。实时数据库 RTDB（Real-Time Database）是数据和事务与时间特性相关的数据库，实时数据库实时采集生产装置的运行数据并保存。由微软公司开发的 ODBC 技术是数据库之间的接口技术之一，通过它能较容易地创建与各种数据库进行交互的程序。使用 ODBC 技术为系统集成创造了便利条件，尤其是动态服务器网页（ASP）技术和 ActiveX 技术的出现，使得在服务器端执行程序变得更加方便，是目前国际互联网上大量采用的技术。

2.3 现场总线控制系统构成原理

1. 现场总线控制系统硬件

现场总线控制系统的主要特点是在现场层即可构成基本控制系统。现场仪表不仅能传输测量、控制等重要信号，而且能将设备标识、运行状态、故障诊断等信息送到监控计算机，以实现管控一体化的综合自动化功能。现场总线控制系统主要由硬件和软件两部分组成。

现场总线控制系统的硬件主要由测量系统、控制系统、管理系统和通信系统等部分组成，系统结构如图 2-6 所示。

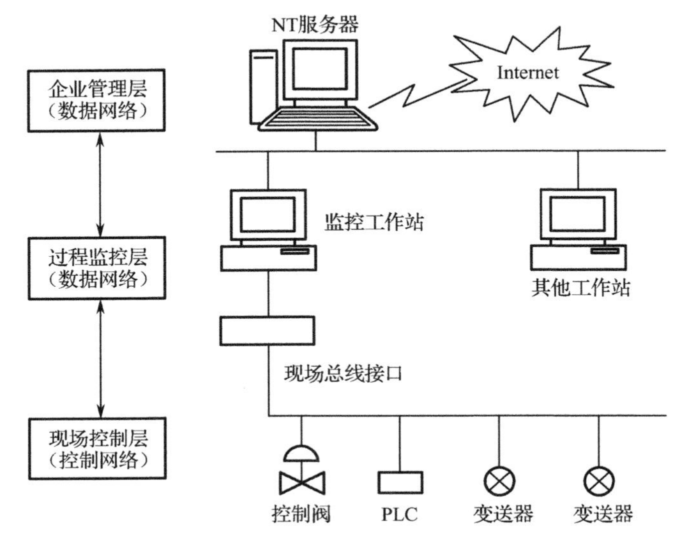

图 2-6　现场总线控制系统结构

（1）测量系统

利用现场总线及其接口，将网络上的监控计算机和现场总线单元设备（如智能变送器和智能控制阀等）连接起来，构成最底层的 Infranet 控制网络（即现场总线控制网络）。控制网络提供了一个经济、可靠、能根据控制需要优化的、灵活的设备联网平台。网络拓扑结构任意，可为总线、星状、环状等，通信介质不受限制，可用双绞线、电源线、光纤、无线电、红外线等多种形式。现场总线技术使控制系统向着分散化、智能化、网络化方向发展，使控制技术、计算机技术及网络技术的结合更为紧密。基于开放通信协议标准的现场总线，为控制网络与信息网络的连接提供了方便，因此对控制网络与信息网络的融合和集成起到了积极的促进作用。当传统的控制系统逐步走向现场总线控制网络时，便为完整信息基础结构（即 Infranet-Intranet-Internet 网络结构）集成为一个协调统一的整体铺平了道路。

（2）控制系统

现场总线控制系统将各种控制功能下放到现场，由现场仪表来实现测量、计算、控制和通信等功能，从而构成了一种彻底分散式的控制系统体系结构。现场仪表主要有智能变送器、智能执行器及可编程控制仪表等。

① 智能变送器。近年来，国际上著名的仪表厂商相继推出了一系列的智能变送器，有压力、差压、流量、物位、温度变送器等。它们具有许多传统仪表所不具有的功能，如测量精度高，检测、变换、零点与增益校正和非线性补偿等，还经常嵌有 PID 控制和各种运算功能。同时还具有仪表设备的状态信息，可以对处理过程进行调整。另外智能变送器既可以是模拟信号（4～20mA DC）输出，也可以是数字信号输出，并且符合总线要求的通信协议。

② 智能控制阀。常用的现场总线控制阀有电动式和气动式两大类，主要是指带有智能阀门定位器或阀门控制器的控制阀。它除具有驱动和执行两种基本功能外，还具有控制器输出特性补偿、PID 控制与运算以及对阀门的特性进行自诊断等功能。

③ 可编程控制器。现代的可编程控制器（PLC）均具有通信功能，而且通信标准也越来

越开放。近年来推出的符合 IEC 61158 国际标准协议的 PLC，能方便地连接流行的现场总线，与其他现场仪表实现互操作，并可与监控计算机进行数据通信。

（3）管理系统

管理系统可以提供设备自身及过程的诊断信息、管理信息、设备运行状态信息、厂商提供的设备制造信息等。如 Fisher-Rosemount 公司，推出 AMS 管理系统，它安装在主计算机内，由它完成管理功能，可以构成一个现场设备的综合管理系统信息库，在此基础上实现设备的可靠性分析以及预测性维护。将被动的管理模式改变为可预测性的管理维护模式。在现场服务器上支撑模块化，功能丰富的应用软件为用户提供一个图形化界面。

（4）通信系统

通信网络中的硬件包括系统管理主机、服务器、网关、协议变换器、集线器，用户计算机及底层智能化仪表等。由现场总线控制系统形成的 Infranet 控制网很容易与 Intranet（企业管理信息网）和 Internet（全球信息互联网）连接，构成一个完整的企业网络三级体系结构。

网络通信设备是现场总线之间及总线与节点之间的连接桥梁。监控计算机与现场总线之间可用通信接口卡或通信控制器连接，现场总线一般可连接多个智能节点或多条通信链路。

为了组成符合实际需要的现场总线控制系统，将具有相同或不同现场总线的设备连接起来，还需要采用一些网间互连设备，如中继器（Repeater）、集线器（Hub）、网桥（ Bridge）、路由器（Router）、网关（Gateway）等。

（5）网络服务

客户机/服务器模式是目前较为流行的网络计算机服务模式。服务器表示数据源（提供者），客户机则表示数据使用者，它从数据源获取数据，并进行进一步处理。客户机运行在 PC 或工作站上。服务器运行在小型机或大型机上，它使用双方的智能、资源、数据来完成任务。

（6）数据库

数据库能有组织、动态地存储大量的有关数据与应用程序，实现数据的充分共享、交叉访问，具有高度独立性。工业设备在运行过程中变量连续变化，数据量大，操作与控制的实时性要求很高。因此就形成了一个可以互访操作的分布关系及实时性的数据库系统。较成熟的供选用的如关系数据库中的 Oracle、Sybas、Informix、SQL Server；实时数据库中的 Infoplus、PI、ONSPEC 等。

现场总线模件为现场的智能装置提供了一条数字通信通道，在一条被称为现场总线的通信线路上，可以并联多达 32 个符合现场总线通信协议的智能设备。这些智能设备以全数字方式传递过程变量、控制变量、状态信息、管理信息等内容。有些系统中的现场总线模件支持数/模混合通信，在这些系统中，以 4～20mA 的模拟量信号传输过程变量信号，其他信号的数字量调制信号叠加在模拟量信号上传输。现场总线模件是现场总线与集散型控制系统之间的一个接口。

2．现场总线控制系统软件

现场总线控制系统的软件包括操作系统、网络管理、通信软件和监控组态软件等。

（1）操作系统

操作系统一般使用 Windows NT、Windows CE 或实时操作软件 VxWorks 等。

（2）网络管理软件

网络管理软件的作用是实现网络各节点的安装、删除、测试，以及对网络数据库的创建、维护等功能。例如，基金会现场总线采用网络管理代理（NMA）、网络管理者（NMgr）工作模式。网络管理者实体在相应的网络管理代理的协同下，实现网络的通信管理。

网络管理代理（NMA）是基金会现场总线中很重要的一部分，它对整个系统的网络进行管理、协调。NMA 通过层管理实体（LME）来访问不同子层的管理信息，并且把整个通信栈作为一个整体进行维护。

网络管理者（NMgr）维护网络操作，执行系统管理器制定的策略，处理 NMA 报告的信息，直到 NMA 执行所需要的服务，这些服务要借助于 FMS。层管理实体管理各层协议的功能，提供 NMA 访问管理对象的内部接口。NMA 提供网络管理器访问管理对象的 FMS 接口。

（3）通信软件

通信软件的作用是实现监控计算机与现场仪表之间的信息交换，通常使用 DDE 或 OPC 技术来完成数据交换任务。

（4）组态软件

组态软件是用户应用程序的开发工具，它具有实时多任务、接口开放、功能多样、组态灵活方便、运行可靠等特点。这类软件一般都提供能生成图形、画面、实时数据库的组态工具，简单实用的编程语言，不同功能的控制组件，以及多种 I/O 设备的驱动程序，使用户能方便地设计人机界面，形象生动地显示系统运行状况。

由组态软件开发的应用程序可完成数据采集与输出、数据处理与算法实现、图形显示与人机对话、报警与事件处理、实时数据存储与查询、报表生成与打印、实时通信以及安全管理等任务。

个人计算机硬件和软件技术的发展，为组态软件的开发使用提供了良好的条件。现场总线技术的成熟，进一步促进了组态软件的应用。工控系统中使用较多的组态软件有 Wonderware 公司的 Intouch，Intellution 公司的 Fix 和 iFix，国内有三维科技有限公司的力控软件，亚控科技发展有限公司的组态王软件等，它们都具有 OPC 开放接口。

2.4 Delta V 现场总线控制系统

1．系统概述

Emerson 公司推出的 Delta V DCS 系统，它充分发挥众多 DCS 的优势，如系统的安全性、冗余功能、集成的用户界面、信息集成等，同时克服传统 DCS 的不足，具有规模灵活可变、使用简单、维护方便的特点，是代表现场总线控制系统（FCS）发展趋势的新一代控制系统。

与其他现场总线控制系统相比，Delta V 系统具有以下技术特点。

① 系统数据结构符合 FF 总线标准，在具备 DCS 基本功能的同时，完全支持 FF 功能的现场总线设备。Delta V 系统可在接受 4～20mA DC、1～5V DC、热电阻、热电偶、mV、HART 数字信号、开关量等信号的同时，可处理 FF 智能仪表的所有信息。

② 采用 OPC 技术。OPC 技术的采用可以将 Delta V 系统与工厂管理网络连接，避免在建立工厂管理网络时进行二次接口开发的工作。通过 OPC 技术可实现各工段、车间及全厂在网络上共享所有信息与数据，大大提高过程生产效率与管理质量。同时，通过 OPC 技术可以使 Delta V 系统和其他支持 OPC 的系统之间无缝集成，为工厂以后的 CIMS 等更高层次的工作打下坚实的基础。

③ 系统规模变更灵活。Delta V 系统规模可变，可以为全厂的各种工艺、各种装置提供相同的硬件与软件平台，更好、更灵活地满足企业生产规模不断扩大的要求。

④ 硬件插卡即插即用。Delta V 系统具有自动识别系统硬件的功能，大大降低了系统安装、组态及维护的工作量。

⑤ 采用智能设备管理系统。Delta V 系统的控制器和卡件具有智能性，内置的智能设备管理系统（AMS）对所有智能设备都能进行远程诊断和预维护，减少了生产装置因仪表、阀门等故障引起的非计划停车，增加了连续生产周期，保证了生产的平稳性。

⑥ 安全管理机制加强。Delta V 工作站的安全管理机制，使得 Delta V 接收 NT 的安全管理权限，可以使操作员在灵活、严格限制的权限内对系统进行操作，而不需要担心操作员对职责范围以外的任务的访问。

⑦ 提供远程服务。Delta V 系统的远程工作站，可以使用户通过局域网监视甚至控制生产过程，从而满足用户对过程的远程组态、操作、诊断、维护等要求。

⑧ 流程图组态更加方便。Delta V 系统的流程图组态软件采用 Intellution 公司的最新控制软件 iFix，并支持 VB 编程，使用户随心所欲开发最出色的流程画面。

⑨ 用户在任何地方均可访问系统。Web Server 可以使用户在任何地方，通过 Internet 远程对 Delta V 系统进行访问、诊断和监视。

⑩ 提供多种总线接口。强大的集成功能，提供 PLC 的集成接口，提供 Profibus、A-SI 等总线接口。

基于 Delta V 系统的先进控制（APC）组件，使用户能方便地实现各种先进控制。功能块的实现方式，使用户的 APC 实现如同简单控制回路的实现一样容易。

2. Delta V 系统的构成

Delta V 系统由冗余的控制网络，工作站及控制器与 I/O 接口等部分构成，如图 2-7 所示。

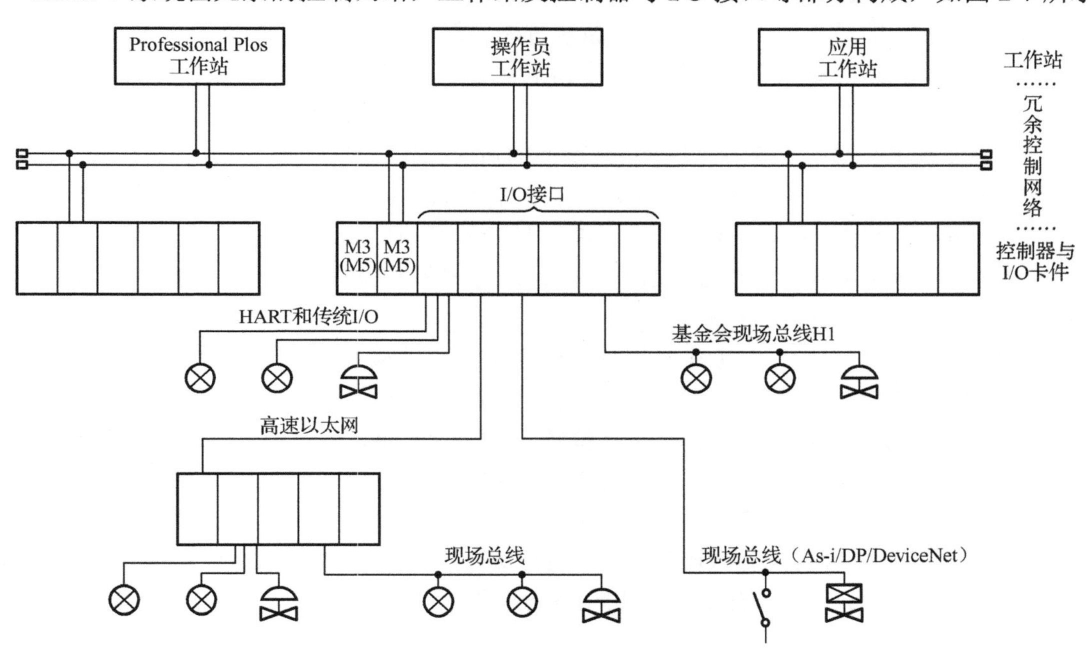

图 2-7 Delta V 系统构成

（1）控制网络

Delta V系统的控制网络是以10Mbps/100Mbps以太网为基础的冗余的局域网。系统的所有节点（工作站及控制器）均直接连接到控制网络上，不需要增加额外的中间接口设备。网络结构可支持就地和远程操作站及控制设备。网络的冗余设计提供了通信的安全性。通过两个不同的网络集线器及连接的电缆，建立了两条完全独立的网络，分别接入工作站和控制器的主副两个网口。Delta V系统的工作站和控制器都配有冗余的以太网口。为保证系统的可靠性和功能的执行，控制网络专用于Delta V系统，而与其他工厂网络的通信通过使用集成工作站来实现。每套Delta V系统可支持最多120个节点，100个（不冗余）或100对（冗余）控制器，60个工作站，80个远程工作站。它支持的区域可达到100个，使用户安全管理更灵活。

（2）Delta V系统工作站

Delta V系统工作站是Delta V系统的人机界面，通过这些工作站，操作人员、工程管理人员及经营管理人员可随时了解、管理并控制整个企业的生产及计划。所有工作站采用最新的Intel芯片及32位Windows NT操作系统，21 in高分辨率的监视器。Delta V系统的所有应用软件均为面向对象的32位操作软件，满足系统组态、操作、维护及集成的需求。还可以快速调出Delta V系统Web方式Books-on-line（在线帮助手册），随时提供有用的系统帮助信息。Delta V工作站上的Configure Assistant给出了用户具体的组态步骤，用户只要运行它并按照提示进行操作，则很快就可以使用户掌握组态方法。Delta V系统工作站分为以下四种。

① Professional Plus工作站。每个每套Delta V系统有且仅有一个Professional Plus工作站。该工作站包含Delta V系统的全部数据库。系统的所有位号和控制策略被映像到Delta V系统的每个节点设备。Professional Plus配置了系统组态、控制及维护的所有工具，包括IEC 1131图形标准的组态环境、 OPC 、图形和历史组态工具等。 用户管理工作也在这里完成，如设置系统许可和安全口令。Professional Plus工作站具有全局数据库、规模可变的结构体系、强大的管理能力、友好的操作界面、内置的诊断和智能通信等功能特点。即使Professional Plus工作站出现故障，也不会影响整个系统的操作和正常运行。

② Professional工作站。Professional工作站即工程师站。整个应用系统的组态可以在Professional工作站上进行，应用Microsoft特性的窗口操作，如图形、拖放、剪切和粘贴等，会使系统的组态工作更容易。Professional工作站有完整的图形库和相关的控制策略，常用的过程控制方案已预组态，如前馈串级控制回路、复杂的发动机控制算法、常用的图形、符号等，只要将这些控制策略或图形、符号拖放到实际控制方案和流程图中即可。每套Delta V系统最多可以有10台Professional工作站。

③ 操作员工作站。操作员工作站具有对过程变量进行操作、显示、报警、历史趋势记录、历史报表打印等功能，操作界面友好，操作方便简捷，可以用鼠标完成各项操作。

④ 应用工作站。应用工作站用于支持该系统与其他网络的通信，如工厂管理局域网（LAN）之间的连接。应用工作站可以运行第三方软件包，并将第三方应用软件的数据库连连到Delta V系统中，可以作为整个系统的历史库和批量执行器。它具有OPC服务器，可以提供OPC接口与其他系统实现无缝连接，因此Delta V系统的应用工作站可以提供迅速、可靠的信息集成。每套Delta V系统最多可以有10台应用工作站。

（3）I/O接口

Delta V提供各种I/O接口卡件，包括冗余AI卡、冗余AO卡、MV信号卡、冗余DI卡、冗余 DO 卡和不冗余 AI 卡等。I/O 卡可以带有 HART 协议功能，直接与现场 HART 设备通信。SI 卡为串行通信卡，支持 RS-422、RS-485、RS-232 接口，通信方式可以为全双工或半双工。所有 I/O 卡件与控制器通过底板连接。

（4）系统软件

Delta V 系统最主要的应用程序包括工程师应用程序和操作员应用程序等。

工程师应用程序包括 Delta V Explorer（浏览器，类似于 NT Explorer，可浏览整个系统的结构）、Control Studio（控制策略组态软件）、User Manager（用户管理器）、Graphics Studio（流程图制作软件）、Database Administrator（数据库管理器）、Batch Application（批处理应用程序）等。

操作员应用程序包括 Operator Interface（操作员界面）、Process History View（历史数据访问界面）、Diagnosics（系统诊断软件）等。

其他软件包有 OPC 镜像软件包、数据应用软件包、报表软件包（Sytech Report Manager）等。

下面主要就常用的 Delta V Explorer、Control Studio 和 Graphics Studio 软件进行简单介绍。

① Delta V Explorer 软件。Delta V 浏览器是系统组态的主要导航工具，在这里可以定义系统组成（如区域、节点等），并可以查看系统整体结构和完成系统布局。为了使不同用户可以操作不同的控制点，预先要将这些点分在不同的区域，在 Control Strategies 里添加所需要的区域（Area），必须注意系统默认的 Area-A 不能删除但可以更名。为日后维护方便起见，建议按控制器分区。在 Physical Network 下的 Control Network 中添加新硬件，增加相应的控制器。这时的控制器只是一个代表符号，需要系统在线时将控制器挂进去才能生效，展开控制器名称，可定义 I/O 卡件的地址及型号，同时进行 I/O 通道的定义、组态。增加操作台，每增加一个操作台就会相应生成一个新的 TCP/IP 地址，用于投用前该操作台的安装。

② Control Studio 软件。在 Control Studio 软件中，可以完成控制策略组态。Control Studio 软件是以图形方式组态和修改控制策略的功能块。控制工作室将每个位号（模块）视为单独的实体，允许只对特定模块进行操作而不影响同一控制器中运行的其他模块。由于控制语言是图形化的，因此，组态中见到的控制策略图就是真正执行的控制策略，不需要再另外编辑。同时，Control Studio 软件还提供了在线检查控制器执行结果的功能。

③ Graphics Studio 软件　利用 Graphics Studio 软件，可以完成用户流程图组态，操作人员可以通过操作员界面进行过程监控。它提供了图形化组态工具，并有系统图形库，用户也可以自己生成图形库，使用灵活方便，与 Control Studio 生成的 Module 动态数据连接，就完成了动态流程图。该软件也支持画立体效果流程图。

3. Delta V 的应用

某公司年产 30 万吨聚丙烯装置挤压风送单元采用 Delta V 现场总线控制系统。该系统共使用 2 个现场总线网段，采用 Emerson 公司的温度变送器 848T 来检测风机轴承温度，8 台风机共 64 个温度监控点。

（1）系统结构

聚丙烯装置挤压风送单元共有 8 台风机，每台风机有 8 个电动机绕组及轴承温度需要在操作站上显示并报警。一旦某台风机轴承温度超过 120℃，联锁系统将动作而使某台风机停车。系统的第 7 个控制器的第 24 卡设置为 H1 卡，并设两个冗余网段，每个网段配置 4 个 848T，每个 848T 带 8 个温度点，系统的构成如图 2-8 所示。

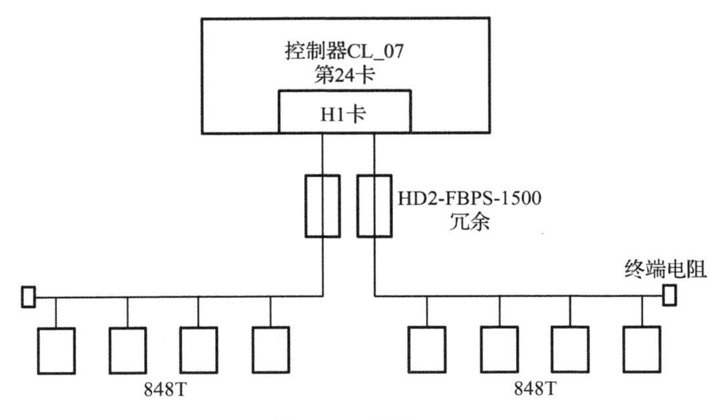

图 2-8　系统构成

图 2-8 中 H1 卡为现场总线通信卡，符合基金会现场总线标准，H1 卡下带有 2 个 Port（端口），每个端口带一个网段，即 2 个网段（Segment），通过冗余的 P+F 安全栅模块（HD2-FBPS-1500）与现场总线仪表连接。848T 是安装在现场的基于基金会现场总线的 8 通道温度变送器，其工作环境温度为-40～85℃。每个 848T 占用 FF 总线网段上的一个站点地址，在一个网段上可以连接多个 848T，也可以混合连接其他现场总线仪表、阀门。

（2）现场总线控制系统设计

① 硬件方面。

FF 现场总线网段的设计应考虑网段总的电流负荷、电缆型号、干线长度、支线长度、仪表耗电量、网络拓扑和现场设备数量等。H1 总线网段上可以挂的设备最大数量受到设备之间的通信量、电源的容量、总线可分配的地址、每段电缆的阻抗等因素的影响。设计时可以使用 Emerson 过程管理公司提供的“现场总线网段设计工具”来检查。

➢ 总线网段上 FF 设备数量规定。每个总线网段上最多安装 12 台 FF 现场总线设备。工程设计时，一般按每个总线网段上连接 9 台 FF 现场总线设备考虑（每个总线网段上留有可再安装 3 台现场总线设备的裕量）。当总线设备为阀门定位器时，一个网段最多可挂 4～8 台阀门定位器。

➢ 总线电缆长度规定。每根总线电缆长度（干线加支线总长度之和）不应超过 1.2km，单根支线长度不应超过 1.2km。支线电缆长度应尽量短，这和总线上挂有多少现场总线设备有关。例如，设供电配电能力为 24V DC/400mA，FF 总线变送器耗电量为 9V/17.5mA，FF 总线阀门定位器耗电量为 9V/26mA，FF 现场总线 A 型电缆分布电阻为 44Ω/km。假定总线上挂接 8 台变送器和 8 台阀门定位器，则现场总线仪表耗电量总额为（8×17.5mA）+（8×26mA）=348mA。允许总线电缆的压降为 24V−9V=15V，允许电缆总电阻为 15V/348mA=43.1Ω，电缆长度为 43.1/44=0.98km。这样，就可以计算出总线上挂接 8 台变送器及 8 台阀门定位器时电缆长度最多可达 980m，但为了使总线能够稳定运行，设计时一般会将电压提高 2V 的余量来计算，即计算允许压降为 15V，实际按 13V 考虑，计算实际设计电缆长度最多为 847m。

➢ 总线网段电源的规定。主配电源和 FF 电源调整器，均为冗余设计，能够热插拔，不影响正常通信。电源装置中带有故障信号接点，用硬接线将报警信号送至操作站。

➢ 总线电缆连接的规定。表 2-1 所示列出了几种常见现场总线电缆的技术性能。一般选用#18AWG 电缆。

表 2-1　几种常见现场总线电缆的技术性能

类　型	描　述	尺寸/mm^2	最大理论长度/m
1	屏蔽双绞线	#18AWG（0.8）	1900
2	多芯屏蔽双绞线	#22AWG（0.32）	1200
3	多芯双绞无屏蔽	#26AWG（0.13）	400
4	屏蔽多芯非双绞线	#16AWG（1.25）	200

② 软件方面。

首先要限制一个现场总线网段上的通信量。设计时，1 个总线网段上的控制回路不宜超过 2 个，功能块总运行周期为 0.25s 的现场总线设备不宜超过 3 台。其次现场总线设备的功能由功能块的软件来执行，这些功能块嵌装在现场总线设备中，功能块的组态是由现场总线控制系统下装到现场总线设备中的。可以指定这些功能块是在现场总线设备中执行或在 DCS 控制器中执行。例如，可以将 AI 块、AO 块、PID 块等指定在现场总线设备中或 DCS 控制器中执行。

③ 现场总线回路的测试。

现场总线是通过频率信号传递信息的，为确保现场总线回路正常工作，在现场总线回路安装完毕之后应进行严格的测试。屏蔽电缆的正确连接、电缆的对地保持良好绝缘是十分重要的。

为检查、测试现场总线电缆电阻、电容及绝缘，应在电源模块的接线端子处，拆下现场总线的网段电缆（正、负信号导线和屏蔽线），各总线支线电缆不要连接在现场总线设备上。

➢ 检查绝缘电阻的要求。正负信号导线之间的电阻应大于 50kΩ（由于终端器 RC 电路和现场总线电容的充电影响，该数值有变化过程）。正负信号线和屏蔽线，信号线和仪表接地极，屏蔽线和仪表接地极之间的绝缘电阻应大于 20MΩ。

➢ 检查导线间的电容。正负信号导线之间的电容大约为 1μF（允许范围为 0.8～1.2μF）。正负信号线和屏蔽线，信号线和仪表接地极，屏蔽线和仪表接地极之间的电容应小于 300μF。

➢ 波形测试。完成干线电缆电阻、电容和绝缘测试后，将各现场总线设备逐个连接到总线分支电缆上进行波形测试，与带有 2 个终端器和 300m 电缆的波形进行对比。

练 习 题

一、简答题

1．现场总线的定义是什么？

2．工业上常见有几种现场总线？

3．现场总线有哪些技术特点？

4．现场总线与以往的模拟式控制系统、数字式控制系统及集散式控制系统相比有哪些优越性？

5．现场总线技术的实质精髓是什么？

6．什么是 HART 总线？HART 总线有什么特点？

7．举例说明如何实现智能仪表与 DCS 的通信联系？

8．简述现场总线控制系统的组成、特点。

9．简述 Delta V 系统的特点。

10．解释现场总线工作过程。

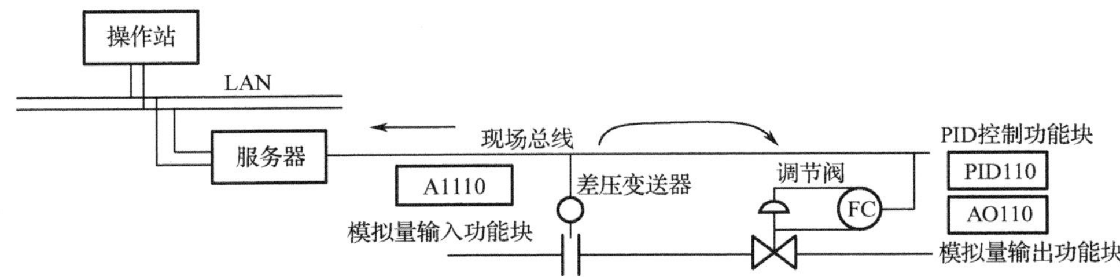

二、选择题

1．FCS 抛弃了 DCS 的（　　）单元，由现场仪表取而代之，把 DCS 控制站的功能化整为零，功能块分散地分配给现场总线上的数字仪表，实现彻底的分散控制。

A．I/O　　B．通信　　C．操作　　D．PLC

2．在施工及维护中，FCS 能降低系统工程成本表现在多个方面，下列那一项不是（　　）。

A．硬件数量与投资　　B．组态软件　　C．维护开销　　D．安装费用

3．现场总线应用的基础是（　　）。

A．双绞线　　B．光缆　　C．同轴电缆　　D．智能现场设备

4．现场总线通信的基本方式（　　）。

A．并行　　B．串行　　C．串行和并行　　D．单工

5．总线上的数据输入设备不包括（　　）。

A．信号灯　　B．接触器　　C．阀门　　D．传感器

三、判断题

1．FF 功能块是标准的自动化函数。许多控制系统功能块，如模拟输入、模拟输出、PID 控制等功能都可以通过使用功能块由现场设备完成。（　　）

2．现场总线允许多台设备挂接在一对电缆上。这样可以减少电缆的使用，减少安全栅的使用。（　　）

3．基金会现场总线技术包括三部分，即物理层、通信栈、用户层。（　　）

4．FF 的 H1 现场总线应在安全区域的电源和危险区域的本质安全设备之间加上本质安全栅。（　　）

5．现场总线的长度由通信速率、电缆类型、线径、总线供电选择和本质安全选择决定。（　　）

6．HART 采用频移键控信号，其平均值为 0，不影响传送给控制系统模拟信号的大小，保证了与现有模拟系统的兼容性。（　　）

7. HART 数据链路层规定了 HART 帧的格式，实现建立、维护、终结链路通信功能。（　　）

8．HART 协议根据冗余检错码信息，采用自动重复请求发送机制，消除由于线路噪声或其他干扰引起的数据通信出错，实现通信数据无差错传送。（　　）

9．HART 协议的主要优点是能兼容数字信号通信和模拟信号传输。（　　）

10．HART 手操器使用时，连接到这个回路的任意连接点都可进行通信。（　　）

第3章 JX-300XP集散控制系统

 3.1 JX-300XP系统结构与功能

学习内容	1．JX-300XP体系结构。
	2．JX-300XP各部分结构与功能。
	3．JX-300XP各卡件的结构与功能。
操作技能	1．JX-300XP各卡件的安装操作。
	2．JX-300XP各卡件的设置操作。

3.1.1 JX-300XP系统总体结构

JX-300XP集散控制系统是浙大中控技术有限公司于1997年在原有系统的基础上，吸收了最新的网络技术、微电子技术成果，充分应用了最新信号处理技术、高速网络通信技术、可靠的软件平台和软件设计技术以及现场总线技术，采用了高性能的微处理器和成熟的先进控制算法，全面提高了系统性能，运用新技术推出的新一代集散控制系统。使其兼具了高速可靠的数据输入、输出、运算、过程控制功能和PLC联锁逻辑控制功能，能适应更广泛更复杂的应用要求，成为一个全数字化、结构灵活、功能完善的新型开放式集散控制系统。

JX-300XP系统的基本组成包括工程师站（ES）、操作站（OS）、控制站（CS）和通信网络SCnet II。JX-300XP系统的整体结构如图3-1所示。

JX-300XP控制系统由控制节点（控制节点是控制站、通信接口等的统称）、操作节点（操作节点是工程师站、操作员站、服务器站、数据管理站等的统称）及通信网络（管理信息网、过程信息网、过程控制网、I/O总线）等构成。

JX-300XP具有大型集散控制系统的安全性、冗余功能、网络扩展功能、集成的用户界面及信息存取功能，除了具有模拟量信号输入/输出、数字量信号输入/输出、回路控制等常规DCS的功能外，还具有高速数字量处理、高速顺序事件记录（SOE为英文Sequence of Events的缩写，即事件顺序记录，SOE系统的输入信号全部为开关量信号，它以高分辨率来分辨各个信号的状态变化的先后顺序，有相应的卡件完成相应功能）、可编程逻辑控制等特殊功能，它不仅提供功能块图、梯形图等直观的图形组态工具，还提供开发复杂高级控制算法（如模糊

控制）的类C 语言编程环境SCX。系统规模变化灵活，可以实现从一个单元的过程控制，到全厂范围的自动化集成。

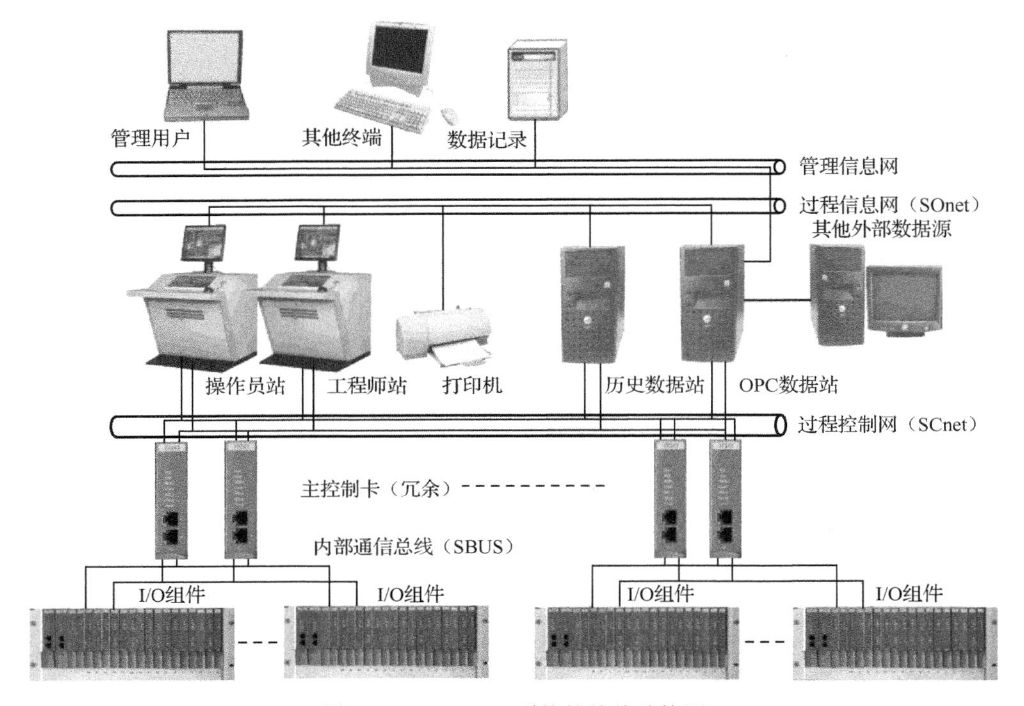

图 3-1　JX-300XP 系统的整体结构图

该系统主要特点如下。

① 全数字化，高速、可靠、开放的通信网络 SCnetⅡ，结构灵活。

② 分散、独立、功能强大的控制站。

③ 多功能的协议转换接口，有现场总线、PLC、OPC 等接入。

④ 全智能化卡件设计，可任意冗余配置。

⑤ 简单、易用的组态中文说明、手段和工具。

⑥ 丰富、实用、友好的实时监控界面。

⑦ 事件记录功能。

⑧ 与异构化系统的集成。

3.1.2　操作节点

1．操作员站

操作员站是由工业 PC、显示器、键盘、鼠标、打印机等组成的人机系统（Operator Station，OS），是操作人员完成过程监控管理任务的人机界面。高性能工控机、卓越的流程图机能、多窗口画面显示功能可以方便地实现生产过程信息的集中显示、集中操作和集中管理，功耗大约为 400W/台。

2．工程师站

工程师站是为专业工程技术人员设计的，内装有相应的组态平台、监控平台和系统维护

工具（Engineer Station，ES）。通过系统组态平台构建适合于生产工艺要求的应用系统，具体功能包括：系统生成、数据库结构定义、操作组态、流程图画面组态、报表制作等；通过监控平台可替代操作员站，实现生产过程的实时监控。系统的维护工具软件可实现过程控制网络调试、故障诊断、信号调校等。

3．服务器站

服务器站用于连接过程控制网和管理信息网，也作为采用 C/S 网络模式的过程信息网的服务器。当与管理信息网相连时，可与企业管理计算机网（ERP 或 MIS）交换信息，实现企业网络环境下的实时数据和历史数据采集，从而实现整个企业生产过程的管理、控制全集成综合自动化；当作为过程信息网的服务器时，客户端（操作员站）可通过其实现对实时数据和历史数据的查询。

4．数据管理站

数据管理站用于实现系统与外部数据源（异构系统）的通信，从而实现过程控制数据的统一管理。

5．通信接口单元

用于实现 JX-300XP 系统与其他计算机、各种智能控制设备（如 PLC）接口的硬件设备称为通信接口单元或通信管理站（Communication Interface Unit，CIU）。

6．多功能站（MFS）

用于工艺数据的实时统计、性能运算、优化控制、通信转发等特殊功能的工程设备统称为多功能站（Multi-function Station，MFS）。系统需向上兼容、连接不同网络版本的 JX 系列 DCS 系统时，采用 MFS 即可实现，并节省用户的投资成本。

3.1.3　控制节点

1．概述

JX-300XP 系统的机笼，提供 20 个卡件卡槽，2 个主控卡插槽，2 个数据装发卡插槽，16 个 I/O 卡插槽，一组系统拓展端子，4 个 SBUS-S2 网络接口（DB9 针形插座）、1 组电源接线端子和 16 个 I/O 端子接口插座。SBUS-S2 网络接口用于 SBUS-S2 互连，即机笼与机笼之间的互连；电源端子给机笼中所有的卡件提供 5V 和 24V 直流电源；I/O 端子接口配合可插拔端子板把 I/O 信号引至相应的卡件上。

（1）控制站（Control Station，CS）

控制站是系统中直接与工业现场进行信息交互的 I/O 处理装置，由主控制卡、数据转发卡、I/O 卡、接线端子板及内部 I/O 总线网络组成，用于完成整个工业过程的实时控制功能。控制站内部各部件可按用户要求冗余配置，确保系统可靠运行，功耗为 800W/台。

通过不同的硬件配置和软件设置可构成不同功能的控制站，包括数据采集站（DAS）、逻辑控制站（LCS）和过程控制站（PCS）三种类型。 数据采集站提供对模拟量和开关量信号的基本监视功能，一个数据采集站最多可处理 384 点模拟量信号（AI/AO）或 1024 点开关量信号（DI/DO），768KB 数据运算程序代码及 768KB 数据存储器。

主控制卡是控制站中关键的智能卡件，又叫 CPU 卡（或主机卡）。主控制卡以高性能微处理器为核心，能进行多种过程控制运算和数字逻辑运算，并能通过下一级通信总线获得各种 I/O 卡件的交换信息，而相应的下一级通信总线称为 SBUS。

控制站的子单元是由一定数量的I/O卡件（1～16个）构成的，可以安装在本地控制站内或无防爆要求的远方现场，分别称为IO单元（IOU）或远程IO单元（RIOU）。

（2）通信网络

JX-300X系统为了适应各种过程控制规模和现场要求，系统通信网络有四层：管理信息网、过程信息网、过程控制网（SCnet Ⅱ网络）和I/O总线（SBUS总线）。该系统网络结构如图3-2所示。

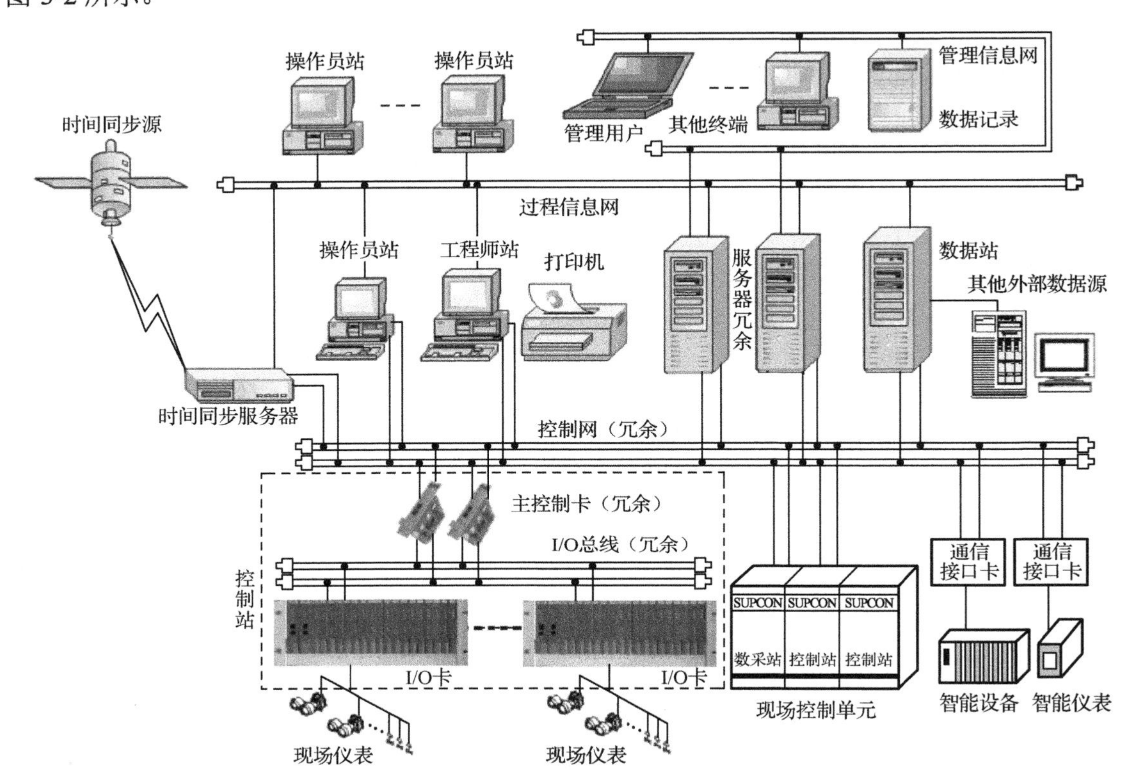

图3-2　JX-300XP系统网络结构

① 管理信息网。

管理信息网采用通用的以太网技术，连接各个控制装置的网桥和企业各类管理计算机，用于工厂级的信息传送和管理，是实现全厂综合管理的信息通道。该网络通过服务器站获取系统运行中的过程参数和运行信息，同时也向下传送上层管理计算机的调度指令和生产指导信息。管理信息网采用大型网络数据库，实现信息共享，并可将各个装置的控制系统连入企业信息管理网，实现工厂级的综合管理、调度、统计、决策等。

② 过程信息网。

过程信息网可采用C/S网络模式（对应SupView软件包）或对等C/S网络模式（对应AdvanTrol-Pro软件包）。在该过程信息网上可实现操作节点之间包括实时数据、实时报警、历史趋势、历史报警、操作日志等的实时数据通信和历史数据查询。

③ 过程控制网（SCnetII网）。

JX-300XP系统采用了双高速冗余工业以太网SCnet Ⅱ作为其过程控制网络。它直接连接了系统的控制站、操作站、工程师站、通信接口单元等，是传送过程控制实时信息的

通道，具有很高的实时性和可靠性。SCnet Ⅱ 采用冗余 10Mbps（局部可达 100Mbps）工业以太网。

④ I/O 总线（SBUS 总线）。

SBUS 总线是控制站各卡件之间进行信息交换的通道。主控制卡就是通过 SBUS 总线来管理分散于各个机笼的 I/O 卡件。SBUS 总线分为两层：第一层为双重化总线 SBUS-S2，它是系统的现场总线，物理上位于控制站所管辖的卡件机笼之间，连接了主控制卡和数据转发卡，用于两者的信息交换；第二层为 SBUS-S1 网络，物理上位于各卡件机笼内，连接了数据转发卡和各块 I/O 卡件，用于它们之间的信息交换。主控制卡通过 SBUS 来管理分散于各个机笼内的 I/O 卡件。

2. 系统规模

JX-300XP 系统过程控制网站点容量最高可达 63 个控制站（包括冗余）和 72 个操作节点，系统 I/O 点容量可达到 20 000 点。可根据 I/O 规模大小决定控制站数量，操作节点可根据用户操作的不同决定配置的数量与规格。

（1）控制站

控制站是控制系统中 I/O 数据采样、信息交互、控制运算、逻辑控制的核心装置，完成整个工业过程的实时控制功能。

控制站主要由机柜、机笼、供电单元、端子板和各类卡件（包括主控制卡、数据转发卡、通信接口部件和各种信号输入/输出卡）组成，XP313 卡件结构如图 3-3 所示。

图 3-3 XP313 卡件结构

通过软件设置和硬件的不同配置可构成不同功能的控制结构，如过程控制站、逻辑控制站、数据采集站。JX-300XP 系统控制站机柜正面部件安装布置图和机柜背面部件安装布置图如图 3-4 所示。

① 机柜。

机柜采用拼装结构，机柜最多可安装一个控制站的电源单元、6 个 I/O 单元（机笼）。由于机柜采用了拼装结构，可以通过拆卸各个机柜上的侧面板，形成互通的控制柜组，方便整个系统内部走线，如图 3-5 所示。

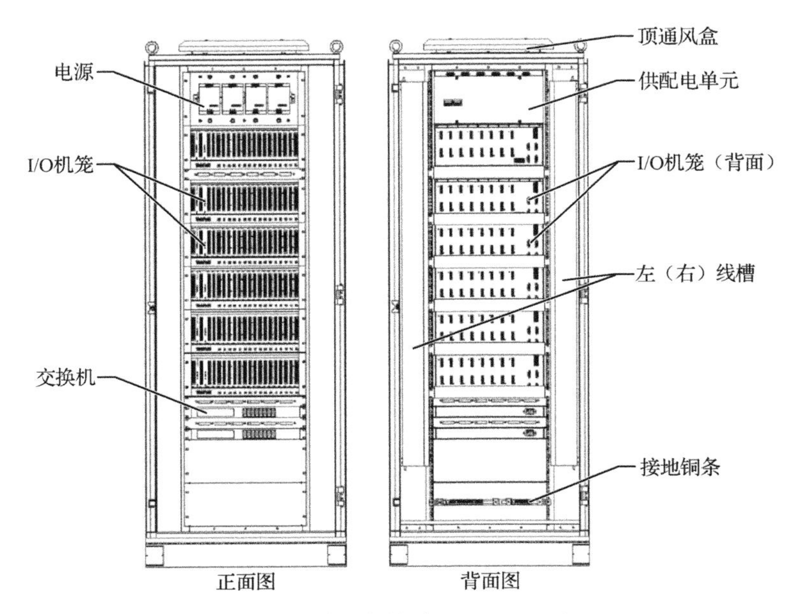

图 3-4　控制站机柜正面和反面

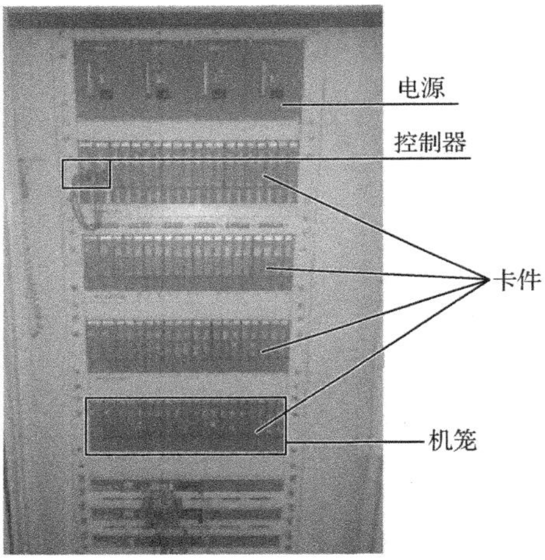

电源
控制器
卡件
机笼

图 3-5　控制柜外观

② 机笼。

JX-300XP 控制站内部以机笼为单位。机笼固定在机柜的多层机架上，每个机柜最多配置 7 个机笼，其中 1 个电源箱机笼、6 个一体化机笼（可配置控制站各类卡件）。

JX-300XP DCS 控制站机械结构设计符合硬件模块化的总线结构设计要求，采用了插拔卡件方便、容易扩展的带导轨的机笼框架结构。

机笼主体由金属框架和母板组成。机笼的背部固定有母板，其介质为印制电路板。母板上固定有欧式插座，通过欧式插座将机笼内的各个卡件在电气上实现连接。

母板为数据转发卡与I/O卡件间通信提供SBUS-S1级通信通道，对于主控制机笼而言，母板还提供主控制卡与数据转发卡间的 SBUS-S2 级的通信通道。

③ 机笼中的卡件。

机笼最多可以安装 20 块卡件，即除了配置一对互为冗余的主控制卡和一对互为冗余的数据转发卡外，还可以配置 16 块各类 I/O 卡件。

主控制卡是控制站软/硬件的核心，协调控制站内软/硬件关系和执行各项控制任务。主控制卡和数据转发卡必须安装在规定的位置。系统每个控制站规模适当的情况下，主控制卡使用 XP243X 网络规模如下：63 个控制站或者通信单元，即两者总和不可超过 63 个。

JX-300XP 系统的主控制卡型号为 XP243X。XP243X 安装在卡件机笼的前两个槽位，主控制卡与所在机笼的数据转发卡通信直接通过机笼母板的电气连接实现，不需要另外连

线。与其他机笼的数据转发卡的通信通过机笼母板背后的 SBUS-S2 端口及 RS-485 网络连线实现。

主控制卡通过系统内高速数据网络——SBUS 总线扩充各种功能，实现现场信号的输入/输出，自动完成过程控制中的数据采集、信息处理、控制运算、回路控制、顺序控制以及优化控制等各种控制算法，如图 3-6 所示。

图 3-6　主控制卡 XP243X 安装位置

数据转发卡 XP233 也是 JX-300XP 系统卡件机笼的核心单元，是主控制卡连接 I/O 卡件的中间环节，它一方面驱动 SBUS 总线，另一方面管理本机笼的 I/O 卡件。通过 XP233，一块主控制卡（XP243/XP243X）可扩展 1～8 个卡件机笼，即可以扩展 1～128 块不同功能的 I/O 卡件。

每个机笼在数据转发卡槽位可配置互为冗余的两块数据转发卡。数据转发卡是每个机笼必配的卡件，是连接 I/O 卡件和主控制卡的智能通道。如果数据转发卡件按非冗余方式配置，则数据转发卡件可插在这两个槽位的任何一个，空缺的一个槽位不可作为 I/O 槽位。

一块主控制卡最多能连接 8 对互为冗余的数据转发卡。在主控制卡冗余配置的情况，两块互为冗余的主控制卡作为一块主控制卡处理，最多也只能连接 16 块数据转发卡。

④ 电源。

电源配置可按照系统容量及对安全性的要求灵活选用单电源供电、冗余双电源供电等配电模式。控制站卡件要求供电电压为+5V 和+24V，由 220V 交流电经过电源转换，引出 5 根电源线，其中 2 根为+5V，1 根为+24V，2 根为 GND（直流地）。

⑤ 干接点和湿接点。

干接点（Dry Contact）及信号是无源开关，具有闭合和断开的 2 种状态，同时 2 个接点之间没有极性，可以互换。常见的干接点信号有各种开关（如限位开关、行程开关、脚踏开关、旋转开关、温度开关、液位开关等）、各种按键、各种传感器的输出（如水浸传感器、火灾报警传感器、玻璃破碎、振动、烟雾和凝结传感器等环境动力监控中的传感器）、继电器及干簧管的输出。

湿接点（Wet Contact）及信号是有源开关，具有有电和无电的 2 种状态，2 个接点之间有极性，不能反接。常见的湿接点信号如下。

➢ 把干接点信号接上电源，再跟电源的另外一极作为输出，就是湿接点信号；工业控制上，常用的湿接点的电压范围是 0～30V DC，比较标准的是 24V DC。

➢ 把 TTL 电平输出作为湿接点。一般情况下 TTL 电平需要带缓冲输出的，如 7407、244、

245 等与 VCC 等构成回路；244、245 也可以跟 GND 构成回路才能驱动远方的光耦；NPN 三极管的集电极输出和 VCC；达林顿管的集电极输出和 VCC；红外反射传感器和对射传感器的输出。

在工业控制领域中，采用干接点要远远多于湿接点，这是因为干接点没有极性，能够随便接入，降低了工程成本和工程人员要求，提高工程速度，所以在工程应用中，处理干接点开关数量较多。

（2）网络环境

通过过程控制网络（SCnet Ⅱ）与过程控制级（操作员站、工程师站）相连，接收上层的管理信息，并向上传递工艺装置的特性数据和采集到的实时数据；向下通过 SBUS 网络和数据转发卡通信，实现与 I/O 卡件的信息交换（现场信号的输入采样和输出控制），图 3-7 所示为 SBUS 的网络结构图。

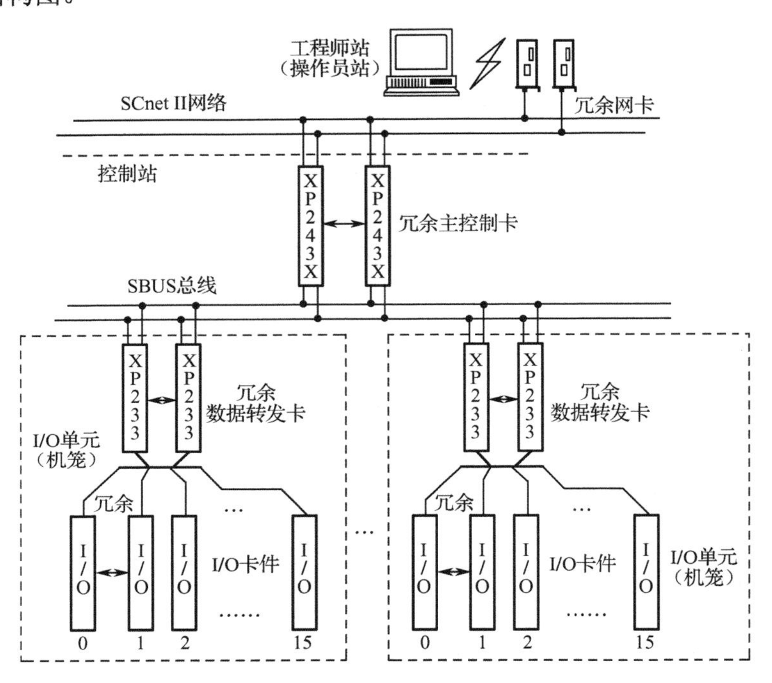

图 3-7　SBUS 网络结构图

（3）操作站

系统最大有 72 个操作员站、工程师站以及其他功能的计算站点。

3．系统性能

（1）主控制卡功能特性

① 配置 XP243X 主控制卡的 JX-300XP 系统可支持 63 个控制节点，72 个操作节点。

② 用户最大程序空间：1920KB；数据空间：1MB。

③ 支持梯形图、功能块图、顺控图等编程工具编制的控制方案。

④ 最大提供 192 个控制回路，包括 128 个自定义控制回路，64 个常规控制回路。

⑤ 最大支持 2048 个 DI、2048 个 DO、512 个 AI、192 个 AO。

⑥ 支持 4096 个自定义 1 字节变量（虚拟开关量）；2048 个自定义 2 字节变量（int、sfloat）；

512个自定义4字节变量（long、float）；256个自定义8字节变量（sum）。

⑦ 提供256个100ms定时器、256个秒定时器、256个分定时器。

⑧ 可与XP243X卡配套的I/O卡件有：XP313、XP313I、XP314、XP314I、XP316、XP316I、XP322、XP335、XP341、XP361、XP362、XP363、XP369、XP362（B）、XP363（B）、XP369（B）、XP422等。

（2）数据转发卡功能特性

① 具有 WDT 看门狗定时器复位功能。在卡件受到干扰而造成软件混乱时能自动复位CPU，使系统恢复正常运行。

② 支持冗余结构。

每个机笼可配置双 XP233卡，互为冗余。在运行过程中，如果工作卡出现故障可自动无扰动切换到备用卡，并可实现硬件故障情况下的软件切换和软件死机情况下的硬件切换，确保系统安全可靠地运行。

③ 可方便地扩展卡件机笼。XP233卡具有地址设置拨码开关，可设置本卡件在SBUS总线中的地址。在系统规模容许的条件下，只需增加XP233卡，就可扩展卡件机笼，但新增加的XP233卡地址与已有的XP233卡地址不可重复。

④ 可通过中继器实现总线节点的远程连接。

⑤ 通信方式：冗余高速 SBUS总线通信规约。

⑥ 卡件供电：5V DC，120mA。

⑦ 冗余方式：1∶1热备用。

⑧ 扩展方式：BCD码地址设置，0～15可选。

（3）系统整体功能

JX-300XP系统具有如下功能。

① 数据采集、控制运算、控制输出。

② 设备和状态监视、报警监视、远程通信、实时数据处理和显示、历史数据管理、日志记录等。

③ 事故顺序识别、事故追忆、图形显示、控制调节、报表打印、高级计算。

④ 上述所有信息的组态、调试、打印、下载、诊断等。

4．常用卡件介绍

JX-300XP系统的I/O卡件采用了全智能化设计，实现了控制站内部数据传递的数字化，并采用智能调理和先进信号前端处理技术，降低了信号调理的复杂性，减轻了主控制卡 CPU的负荷，加快系统的信号处理速度，提高了整个系统的可靠性。卡件内部采用专用的工业级、低功耗、低噪声微控制器，负责该卡件的控制、检测、运算、处理、传输以及故障诊断等工作。JX-300XP常用卡件如表3-1所示。

表3-1 JX-300XP常用卡件

序号	卡件名称	型号	说明
1	主控卡	XP243	冗余配置
2	数据转发卡	XP233	冗余配置
3	通信接口卡	XP244	冗余配置

续表

序号	卡件名称	型号	说明
4	电源卡	PW722	（24V DC，10A）
5	电源指示卡	XP221	电源指示
6	流信号输入卡	XP313	六路电流信号输入卡
7	电压信号输入卡	XP314	六路电压信号输入卡
8	热阻信号输入卡	XP316	四路热阻信号输入卡
9	脉冲量输入卡	XP335	四路脉冲量输入卡
10	PAT 卡	XP341	位置调整卡
11	电平型开关量输入卡	XP361	八路电平型开关量输入卡
12	开关量输入卡	XP363	七点卡输入
13	干触点型开关量输入卡	XP363（B）	八路触点型开关量输入卡
14	SOE 信号输入卡	XP369（B）	八路 SOE 信号输入卡
15	晶体管数字信号输出卡	XP362（B）	八路晶体管数字信号输出卡
16	多串口多协议通信卡	XP248	多串口多协议通信
17	Profibus-DP 接口卡	XP239	Profibus-DP 接口
18	模拟量输出卡	XP322	四路信号输出
19	开关量输出卡	XP362	七点卡输出
20	时间顺序记录卡	XP334	

5．其他设备

其他设备，如表 3-2 所示。

表 3-2　其他设备

名称	性能	型号
中控交换机	16 口，机架式	SUP-2118M
光纤模块	中控单口多模光纤模块	F-02
光纤模块	中控单口单模光纤模块	F-20
光纤接续盒	12 个 ST 接口	SUP-A-12
光纤接续盒	24 个 ST 接口	SUP-A-24
光纤中继器	远程 I/O 单元用	XP433M
研华 RS-232/485 转换模块		ADAM-4520
CISCO 交换机	24 个电口、2 个 SFP 光纤扩展端口	WS-C2918-24TC-L
CISCO 交换机	48 个电口、2 个 SFP 光纤扩展端口	WS-C2918-48TC-L
光纤模块	单口单模光纤模块	GLC-LH-SM
实时监控软件	操作站运行软件	PRO111
故障分析软件	维护软件	PRO153

续表

名　称	性　能	型　号
报表离线察看软件	维护软件	PRO154
中文 Windows 7	操作系统	标准版
故障隔离端子板		TB561
仿真器		FW246X

3.1.4 XP243X 主控制卡

主控制卡（又称控制站主机卡）是控制站的软/硬件的核心，它负责协调控制站内的所有软/硬件关系和各项控制任务。主控制卡的功能和性能将直接影响系统功能的可用性、实时性、可维护性和可靠性。JX-300XP 主控制卡的综合性能（处理能力、程序容量、运行速度等），除了增强系统控制功能外，还增强了卡件的可靠性，简化了维护和保养的工作量。

主控制卡采用双微处理器结构，即有两片 Philips 高性能工业级微处理器。主 CPU 和从 CPU 协同处理控制站的任务，功能更强，速度更快，其大负荷不大于 20%，内存满足复杂控制要求。同时，具有双重化 10Mbps 以太网标准通信控制器和驱动接口，互为冗余，使系统数据传输实时性、可靠性、网络开放性有了充分的保证，构成了完全独立双重化热冗余 SCnetⅡ，且支持在线下载。

对于主控制卡冗余或非冗余的系统配置而言，互为冗余的两个 CPU 卡件之间高速数据交换，使工作/备用卡件之间的运行状态同步，同步速度达 1Mbps。控制软件和算法模块采用模块化设计，核心程序固化在 CPU 卡的 EPROM 中。主控制卡还提供大容量的用户可组态的控制程序和数据区，为用户设计的复杂控制程序和数据区准备了充足的内存空间。XP243X 主控制卡还有以下特点。

① 实时诊断和状态信息可在本卡件的 LED 上显示，并向 SCnet Ⅱ上广播。

② 采样周期和控制速率从 50ms 到 5s 可选（固定）或根据程序运行自行决定。

③ 提供带算术、逻辑、控制算法库；支持 SCX 语言、梯形图、功能图、顺控等组态工具构造用户新的控制方案。

④ 软件支持冷、热启动等多种初始化模式。在冷启动模式下，可以调用用户算法的初始化程序。

⑤ 支持 1Mbps SBUS 接口；可带 16～128 块 I/O 卡，具有本卡或远程 I/O 功能，节省安装费用；综合诊断到 I/O 通道级。

⑥ 具有灵活的报警处理和信号质量码功能。过程点的传感器和高低限检查，过程点报警处理，增加了过程点质量标志，如“报警”“变送器故障”“自动/手动”“可疑”等。

⑦ 事件记录的分辨率达到 1ms。

⑧ 使用后备电池，以防主电源故障时丢失数据。在系统断电的情况下，能保护 SRAM 数据不丢失，后备电池长时间为 5 年左右；主控制卡供电情况：5V DC，300mA；24V DC，10mA；冗余方式：1∶1 热备用。

1. XP243X 卡件结构图

XP243X 主控制卡由底板、背板和面板等组成。XP243X 底板上装有主处理器、SBUS 通信处理器和掉电保护跳线等，底板结构如图 3-8 所示。

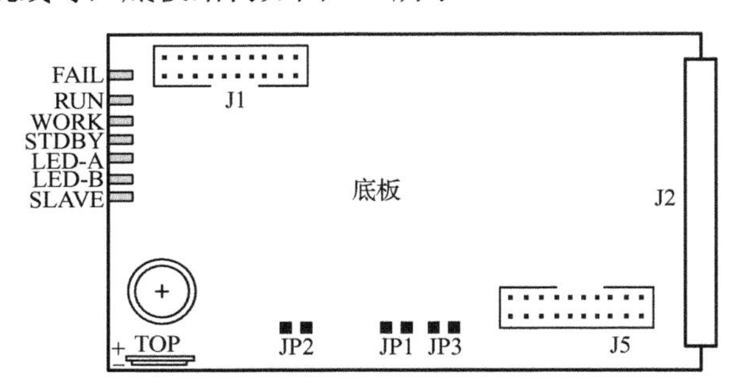

图 3-8　XP243X 主控制卡底板结构

J1：主处理器调试接口，禁止用户使用。J2：欧式插头，提供信息传输通道。J5：SBUS 处理器调试接口，禁止用户使用。JP1：外部看门狗跳线，默认为短路块插上，禁止用户更改。JP2：掉电保护跳线，默认为短路块插上。JP3：SBUS 复位跳线，默认为短路块插上，禁止用户更改。

XP243X 背板上装有 SCnet 通信处理器、SCnet 复位跳线和地址拨码开关等，其结构如图 3-9 所示。

J1：SCnet 调试接口，禁止用户使用。JP1：SCnet 复位跳线，默认为短路块插上，禁止用户使用。SW1：地址拨码开关，用于设置主控制卡在 SCnet 网中的主机地址。

在面板上 10 设置有 LED 指示灯、RJ45 网络连接端口等，如图 3-10 所示。

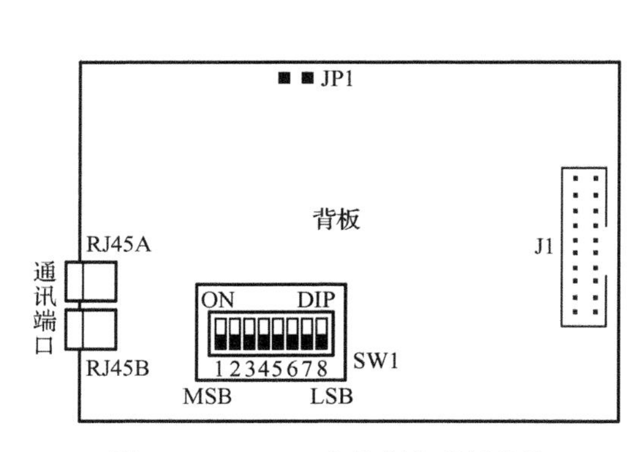

图 3-9　XP243X 主控制卡背板结构

图 3-10　XP243X 主控制卡面板

在主控制卡的前面板上有两个互为冗余的 SCnetⅡ网络端口，分别标志为 A 和 B。

A：SCnetⅡ通信端口 A，与冗余网络 SCnetⅡ的 A 网络相连；B：SCnetⅡ通信端口 B，与冗余网络 SCnetⅡ的 B 网络相连。

2. XP243X 面板指示灯状态说明

XP243X 面板指示灯状态说明如表 3-3 所示。通过面板上指示灯状态显示 XP243X 各部分工作状态，为故障维护工作提供依据。

表 3-3 XP243X 面板指示灯说明

<table>
<tr><th colspan="2" rowspan="2">指 示 灯</th><th rowspan="2">名 称</th><th rowspan="2">指示灯颜色</th><th rowspan="2">单卡上电启动</th><th rowspan="2">备用卡上电启动</th><th colspan="2">正 常 运 行</th></tr>
<tr><th>工 作 卡</th><th>备 用 卡</th></tr>
<tr><td colspan="2">FAIL</td><td>故障报警或复位指示</td><td>红</td><td>亮→暗→闪一下→暗</td><td>亮→暗</td><td>暗</td><td>暗</td></tr>
<tr><td colspan="2">RUN</td><td>运行指示</td><td>绿</td><td>暗→亮</td><td>与 STDBY 配合交替闪（上电复制）</td><td>闪（周期为采样周期的两倍）</td><td>暗</td></tr>
<tr><td colspan="2">WORK</td><td>工作/备用指示</td><td>绿</td><td>暗→亮</td><td>暗</td><td>亮</td><td>暗</td></tr>
<tr><td colspan="2">STDBY</td><td>准备就绪</td><td>绿</td><td>暗</td><td>与 RUN 配合交替闪（上电复制）</td><td>暗</td><td>闪（周期为采样周期的两倍）</td></tr>
<tr><td rowspan="2">通信</td><td>LED-A</td><td>A 网络通信指示</td><td>绿</td><td>暗</td><td>暗</td><td>闪</td><td>闪</td></tr>
<tr><td>LED-B</td><td>B 网络通信指示</td><td>绿</td><td>暗</td><td>暗</td><td>闪</td><td>闪</td></tr>
<tr><td colspan="2">SLAVE</td><td>SCnet 通信处理器运行状态</td><td>绿</td><td>暗</td><td>暗</td><td>闪</td><td>闪</td></tr>
</table>

3．主控制卡设置与安装

（1）安装步骤

第一步，通过地址拨码开关设置主控制卡在过程控制网中的地址。

第二步，安装掉电保护电池。

第三步，正确设置掉电保护电池跳线。

第四步，将卡件插入机笼的主控制卡槽位中。

第五步，网线连接。

（2）主控制卡 IP 地址设置

主控制卡在过程控制网 SCnet 中的 TCP/IP 协议地址采用如表 3-4 所示的系统约定设置，如 128.128.1.2。

表 3-4 TCP/IP 协议地址的系统约定

<table>
<tr><th rowspan="2">类 别</th><th colspan="2">地 址 范 围</th><th rowspan="2">备 注</th></tr>
<tr><th>网 络 地 址</th><th>主 机 地 址</th></tr>
<tr><td rowspan="2">主控制卡地址</td><td>128.128.1</td><td>2～127</td><td rowspan="2">每个控制站包括两块互为冗余主控制卡。同一块主控制卡享用相同的主机地址，两个网络码</td></tr>
<tr><td>128.128.2</td><td>2～127</td></tr>
</table>

（3）安装主控制卡

XP243X 主控制卡安装在机笼左侧起始的两个槽位（主控制卡槽位）中。安装时卡件对准插槽推进到底即可。

（4）过程控制网连接

XP243X 主控制卡安装在 I/O 机笼左侧起始的两个槽位中，主控制卡的 SCnet II 网络端口通过双绞线直接连接到机柜中的相应交换机上，实现与网络中其他节点的通信。其连接示意图如图 3-11 所示。

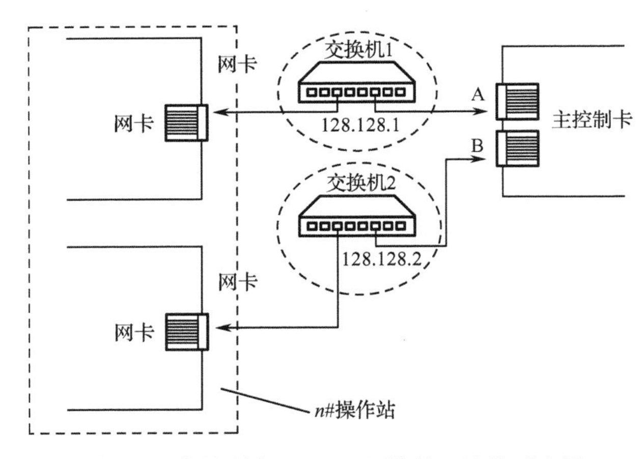

图 3-11　主控制卡 SCnet Ⅱ 网络端口连接示意图

（5）SBUS-S2 网络连接

主控制卡 XP243X 通过底板上的欧式插口 J2 连接到机笼母板上的 SBUS-S2 总线，实现与本机笼数据转发卡的连接；通过机笼母板上的 SBUS-S2 总线接口及 DB9 线实现与其他机笼数据转发卡的连接。

将一个机笼母板上任意一个 SBUS-S2 总线接口和另一个机笼母板上任意一个 SBUS-S2 总线接口用 DB9 通信线连接，均可达到两个机笼之间的通信连接效果。

3.1.5　数据转发卡

数据转发卡（XP233）是系统 I/O 机笼的核心单元，是主控制卡连接 I/O 卡件的中间环节，它一方面驱动 SBUS 总线，另一方面管理本机笼的 I/O 卡件。通过数据转发卡，一块控制卡（XP243X）可扩展 1～8 个 I/O 机笼，即可以扩展 16～128 块不同功能的 I/O 卡件。XP233 卡支持冗余结构，可按 1 : 1 热备用配置。每个机笼可配置双 XP233 卡，互为备份。当主控制卡与数据转发卡位于同一机笼内时，SBUS 总线不必外部连线；与扩展机笼的数据转发卡 XP233 卡连接时，SBUS 总线需要通过机笼背面的“SBUS”插头来连线外部设备。

XP233 卡件采用 XA-G3 作为 CPU，向上与 SBUS 相连，向下通过机笼内母板与 I/O 卡件相连。XP233 卡件板上具有 WDT 复位功能，在卡件受到干扰而造成软件混乱时能自动复位 CPU，使系统恢复正常运行。

每个数据转发卡具有完全独立的微处理器。这样，大量需要由主控制卡执行的任务就分散到 XP233 卡，而且是自动执行。任务包括 I/O 卡件信号采集、通信数据格式化、I/O 组态映象、信息处理和报警。所有内部功能如任务管理、存储器管理、I/O 服务和处理器的例行程序均在模块内部自动执行。

1．数据转发卡结构简图

数据转发卡的结构简图如图 3-12 所示。

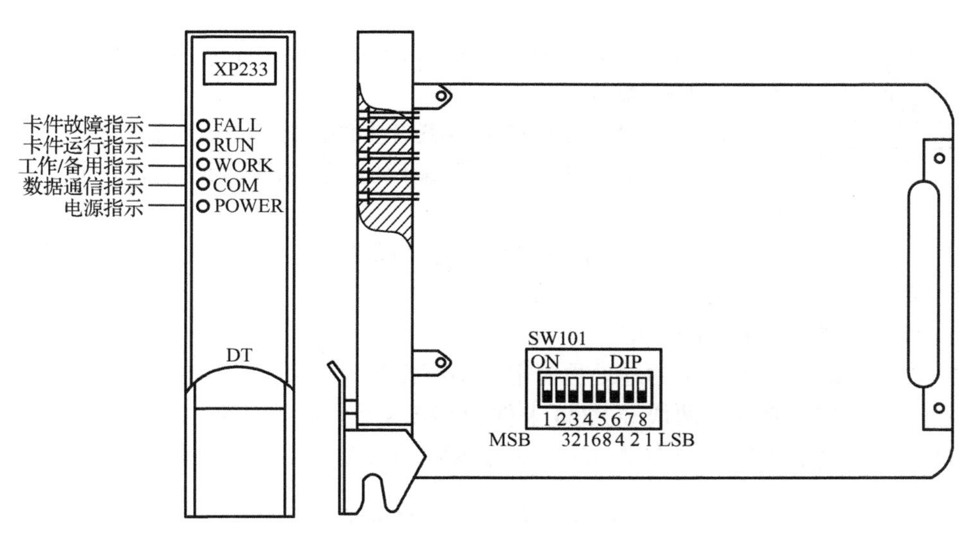

图 3-12　XP233 结构简图

2．XP233 卡件面板 LED 指示灯说明

XP233 卡件面板 LED 指示灯说明如表 3-5 所示。

表 3-5　XP233 卡件面板指示灯说明

指　示　灯	含　　义	状　　态	说　　明
		亮	模块可能存在以下故障： ● 地址冲突 ● I/O 通道故障 ● 一路 SBUS 故障 ● 两路 SBUS 均故障
RUN（绿）	运行指示	慢闪	正常
		快闪	地址冲突
WORK（绿）	工作/备用指示	亮	工作卡
		暗	备用卡
COM（绿）	数据通信指示	工作卡快闪	正常
		备用卡慢闪	正常
		暗	通信可能存在以下故障： ● 地址冲突 ● 两路 SBUS 均故障
POWER（绿）	电源指示	亮	正常
		暗	电源故障

3．XP233 地址（SBUS 总线）设置

XP233 卡件上有一组地址拨码开关 SW101，如图 3-13 所示，用于设置 XP233 在 SBUS 总线中的网络地址。其中 SW101-5～SW101-8 为地址设置拨码，SW101- 8 为低位（LSB），

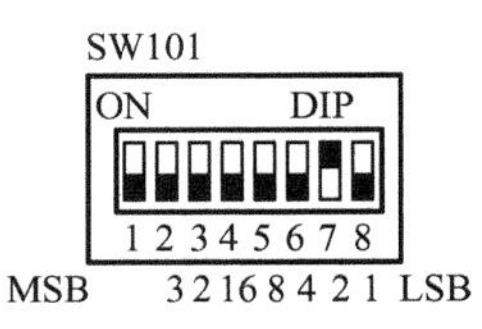

图 3-13　地址设置

SW101-5 为高位（MSB）。SW101-1～SW101-4 为系统资源预留，必须设置为 OFF 状态。

例如，此时 XP233 在 SBUS 上的网络地址为 02。

地址设置采用 BCD 码编码方式，范围为 0～15，具体设置方式如下。

① 按非冗余方式配置时（即单卡工作），XP233 卡件的 SBUS 地址 ADD 必须符合以下格式：

ADD 必须为偶数；0≤ADD<15。

在同一控制站内，ADD+1 的地址被占用，不可作为其他节点地址使用。

② 按冗余方式配置时，两块 XP233 卡件的 SBUS 地址必须符合以下格式：

ADD、ADD+1 互为冗余，且 ADD 必须为偶数；0≤ADD<15。具体情况如表 3-6 所示。

表 3-6　卡件节点地址设置

地址拨码选择				地址	地址拨码选择				地址
SW101-5	SW101-6	SW101-7	SW101-8		SW101-5	SW101-6	SW101-7	SW101-8	
OFF	OFF	OFF	OFF	00	ON	OFF	OFF	OFF	08
OFF	OFF	OFF	ON	01	ON	OFF	OFF	ON	09
OFF	OFF	ON	OFF	02	ON	OFF	ON	OFF	10
OFF	OFF	ON	ON	03	ON	OFF	ON	ON	11
OFF	ON	OFF	OFF	04	ON	ON	OFF	OFF	12
OFF	ON	OFF	ON	05	ON	ON	OFF	ON	13
OFF	ON	ON	OFF	06	ON	ON	ON	OFF	14
OFF	ON	ON	ON	07	ON	ON	ON	ON	15

3.1.6　通信接口卡

单串口通信接口卡 XP244 是通信接口单元的核心，它解决了 JX-300XP 系统与其他厂家的现场智能设备的互连问题，其作用是将用户智能系统的数据通过通信的方式接入 JX-300XP 系统中，通过 SCnet Ⅱ 网络实现数据在 JX-300XP 系统中的共享。

用于现场层的高速数据传送。主站周期地读取从站的输入信息并周期地向从站发送输出信息。总线循环时间必须比主站（PLC）程序循环时间短。除周期性用户数据传输外，PROFIBUS-DP 还提供智能化设备所需的非周期性通信以进行组态、诊断和报警处理。

PROFIBUS-DP 允许构成单主站或多主站系统。在同一总线上最多可连接 126 个站点。系统配置的描述包括站数、站地址、输入/输出地址、输入/输出数据格式、诊断信息格式及所使用的总线参数，如图 3-14 所示。

除主-从功能外，PROFIBUS－DP 允许主-主之间的数据通信，这些功能使组态和诊断设备通过总线对系统进行组态。

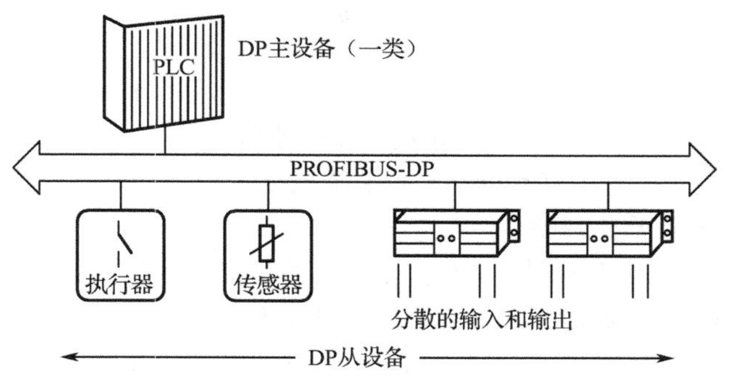

图 3-14 示意图

对 DP 主站 DPM1 使用数据控制定时器对从站的数据传输进行监视。每个从站都采用独立的控制定时器。在规定的监视间隔时间中，若数据传输发生差错，则定时器就会超时。一旦发生超时，用户就会得到这个信息。如果错误自动反应功能“使能”，则 DPM1 将脱离操作状态，并将所有关联从站的输出置于故障安全状态，并进入清除状态。

1. 通信端口的接口规范

① 同步方式：起-停方式。

② 数据格式：1 位起始位，1 位停止位，7/8 位数据。

③ 奇偶校验：无校验/奇校验/偶校验/set 校验/clr 校验。

④ 波特率：1200/2400/4800/9600/19200bps。

2. 地址设置

XP244 卡件可以安装在机笼 I/O 卡件槽位内（占用两个 I/O 槽位），不能安装在主控制卡和数据转发卡的槽位上。XP244 卡组态时，在主机设置对话框中添加主控制卡，然后选择XP244，其 IP 地址设置方法和主控制卡相同，但不能与主控制卡 IP 地址重复。XP244 卡件地址拨码开关为 SW2，SW2 的 1～8 位分别用 S1～S8 表示。其中 S4～S8 位用来对通信接口卡的网络地址进行设置。采用二进制码计数方法，从左至右代表高位到低位，即左侧 S4 为高位，右侧 S8 为低位。地址拨码开关上拨为 ON，下拨为 OFF。

3. 通信口跳线选择

XP244 卡件硬件通过 SW1 拨码开关可选择通信接口为 RS-232 口或 RS-485 口。如图 3-15 所示，上拨为 OFF，下拨为 ON。

卡件结构示意图如图 3-16 所示。

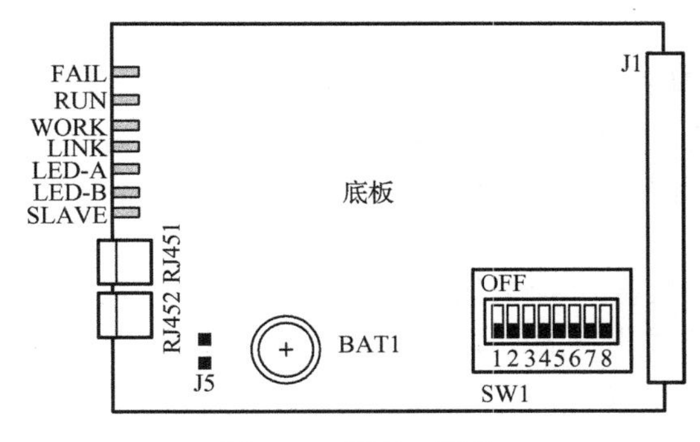

图 3-15 通信口跳线

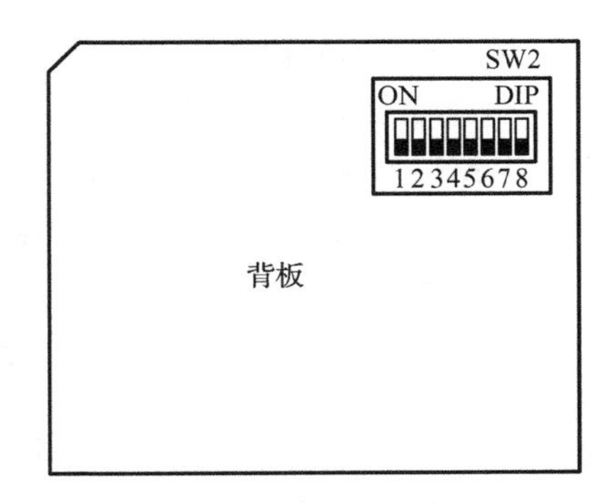

图 3-16 卡件结构示意图

4．接线

目前只能在非冗余端子上连接第三方设备。如果第三方设备支持 RS-485 通信时，将其正端接到端子 XP520 的第 5 号端子上，负端接至第 6 号端子上；如果第三方设备支持 RS-232 通信时，将第三方设备的发送端 TXD 接至第 5 号端子上，接收端 RXD 接至第 6 号端子上，GND 端接至第 3 号或第 4 号端子上。

如果需用 XP244 卡连接多台具有 RS-232 接口的智能仪表，则必须注意以下几点。

① 每台智能仪表设置独立的通信地址，与智能仪表连接的通信协议必须具有地址识别功能。

② XP244 卡不支持同时接收两种以上的通信协议。

③ 由于 RS-232 只能实现点对点的通信，因此当同时接入多台智能仪表时，必须为每台智能仪表配置 RS-232/RS-485 转换模块，将仪表的 RS-232 转化为 RS-485，然后以 RS-485 总线结构的方式连接多台智能仪表。

3.1.7 电源指示卡、电流信号输入卡、电压信号输入卡

1．电源指示卡

电源指示卡 XP221 安装于 I/O 机笼最左端的两个槽位，用于指示机笼电源通断状态，每个机笼必备的卡件。其卡件外观如图 3-17 所示。

图 3-17 电源指示卡 XP221

2．电流信号输入卡

电流信号输入卡 XP313 是一块带 CPU 的测量 6 路电流信号（II 型或 III 型）的智能型卡件。XP313 的六路信号调理分为二组，其中 1、2、3 通道为第一组，4、5、6 通道为第二组，同一组内的信号调理采用同一个隔离电源供电，两组间的电源及信号互相隔离，并且都与控制站的电源隔离。

XP313 卡件具备卡件自检及与主控卡通信的功能，卡件具有自诊断功能，在采样、信号处理的同时进行自检。当卡件被拔出时，卡件与主控卡件通信中断，系统监控软件显示此卡件通信故障；如果卡件设置为冗余状态，一旦自检到错误，工作卡会主动将工作权交给备用卡以保证信号的正确采样。

当 XP313 卡向变送器提供配电时可通过 DC/DC 对外提供 6 路+24V 的隔离电源，每一路都可以通过跳线选择是否需要配电功能。可连接压力变送器、流量计、液位计、变频器的电流反馈等 4～20mA 输入的各类设备，可以有有源和无源两种信号输入类型。若是单卡配置的系统，XP313 卡件坏掉后，与之相连的 6 路信号就不能显示，组态编程中与之相关的程序也就起不到作用。具体技术指标如表 3-7 所示。

表 3-7　技术指标

型　号	XP313
卡件电源	
5V 供电电源	5V DC 0.3V，I_{max}<50mA
24V 供电电源	24V DC 0.5V，I_{max}<200mA
输入回路	
通道数	6 路
信号类型	电流信号（Ⅱ型或Ⅲ型），组态可选
滤波时间	组态可选
分辨率	15bit，带极性
输入阻抗	250Ω
隔离方式	光电隔离，分组隔离
隔离电压	500V AC 1 分钟（现场侧与系统侧）
	500V AC 1 分钟（组组之间）
共模抑制比	≥100dB
串模抑制比	>50dB
负载能力	<1kΩ（20mA）
短路保护电流	<30mA（单卡，每通道）
断线检测	Ⅲ型信号具备，Ⅱ型信号不具备

3. 电压信号输入卡

XP314 是 6 路电压信号输入卡，每一路可单独组态并接收各种型号的热电偶及电压信号，将其调理后再转换成数字信号并通过数据转发卡送给主控制卡。XP314 卡的 6 路信号调理分为两组，其中 1、2、3 通道为第一组，4、5、6 通道为第二组，同一组内的信号调理采用同一个隔离电源供电，两组之间的电源和信号互相隔离，并且都与控制站的电源隔离。

XP314 可单独工作，也可冗余配置。冗余配置时，工作卡和备用卡能对同一点信号同时进行采样和处理，可无扰动切换。卡件具有自诊断功能，可在采样、处理信号的同时进行自检。当卡件冗余配置时，一旦工作卡自检到故障，立即将工作权让给备用卡，并且点亮故障灯报警等待处理。当卡件单卡工作时，一旦自检到故障，也会点亮故障灯报警。

XP314 在采集热电偶信号时具有冷端温度采集功能，可对一个热敏电阻信号进行采集，采集范围为−50～+50℃之间的室温，冷端温度误差≤1℃。冷端温度的测量也可以由数据转发卡 XP233 完成。当组态中主控制卡对冷端设置为“就地”时，主控制卡使用 I/O 卡（XP314）采集的冷端温度进行信号处理，即各个热电偶信号采集卡件各自采样冷端温度，冷端温度测量元件安装在 I/O 单元接线端子的底部（不可延伸），此时补偿导线必须一直从现场延伸到 I/O 单元的接线端子处；当组态中主控制卡对冷端设置为“远程”时，由数据转发卡 XP233 采集冷端温度，主控制卡使用 XP233 卡采集的冷端温度进行信号处理。

3.1.8 热电阻信号输入卡

热电阻信号输入卡 XP316 是一块智能型、点点隔离、带有模拟量信号调理的 4 路模拟信号采集卡，每一路可单独组态并接收各种型号电阻信号，将其调理后再转换成数字信号并通过数据转发卡送给主控制卡。XP316 卡实现了与控制站的电源隔离。卡件可单独工作，也能以冗余方式工作。各种信号都可以以并联方式接入互为冗余的两块 XP316 卡中，真正做到了从信号调理这一级开始的冗余。

卡件具有自诊断和与主控卡通信的功能，在采样、处理信号的同时也在进行自检。如果卡件为冗余状态，一旦工作卡自检到故障，立即将工作权让给备用卡，并且点亮故障灯报警等待处理。工作卡和备用卡对同一点信号同时进行采样和处理，切换时无扰动。如果卡件为单卡工作，一旦自检到错误，卡件会点亮故障灯并报警。用户可通过上位机对 XP316 卡进行组态，决定其对具体某种信号进行处理，并可随时在线更改，使用方便灵活。

1．性能指标

XP316 卡性能指标如表 3-8 所示。

表 3-8 XP316 卡性能指标

型　号	XP361
卡件电源	
5V 供电电源	（5.0～5.3）V DC，I_{max}<60mA
24V 供电电源	（24.0±0.5）V DC，I_{max}<15mA
输入回路	
通道数	8 路（4 路）
信号类型	电平型开关量信号
滤波时间	10ms
逻辑“0”输入阈值	0～5V
逻辑“1”输入阈值	12～54V
隔离方式	统一隔离 XP361 隔离方式
隔离电压 500V	AC 1 分钟（现场侧与系统侧）

2．XP361 的接口电路

XP361 的接口电路如图 3-18 所示。

3．卡件外观结构图

卡件外观结构如图 3-19 所示。

4．指示灯说明

指示灯说明，如表 3-9、表 3-10 所示。

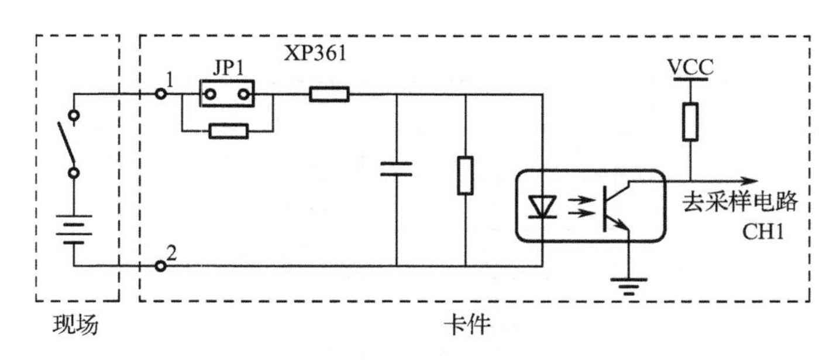

图 3-18 XP361 的接口电路

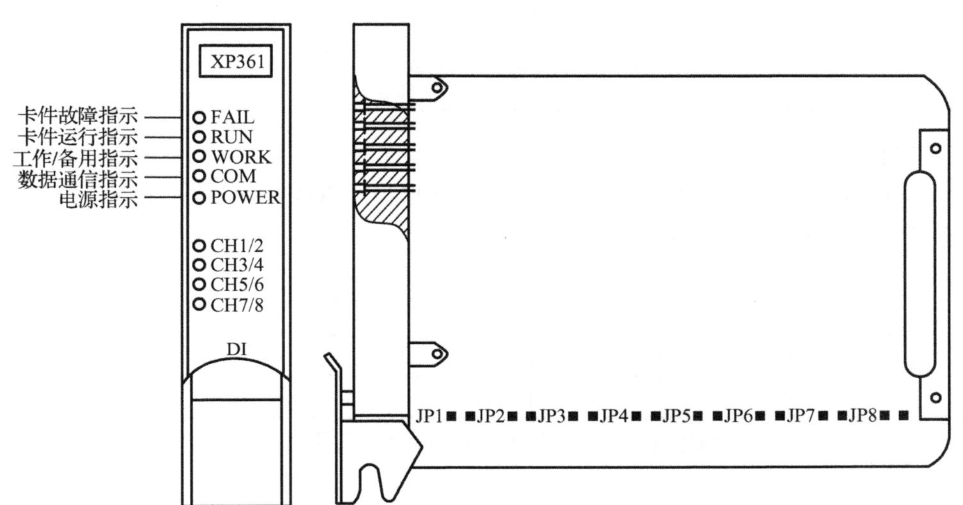

图 3-19 卡件外观结构

表 3-9 卡件运行状态指示灯

指示灯 FAIL	（红）	RUN（绿）	WORK（绿）	WORK（绿）	POWER（绿）
意义	故障	运行	工作	通信 5V	电源
正常	暗	闪	亮（工作）	闪	亮
故障	亮或闪	暗	—	暗	暗

表 3-10 通道状态指示灯状态

LED 灯指示状态		通道状态指示
CH 1 / 2	绿-红闪烁	通道 1：ON 通道 2：ON
	绿	通道 1：ON 通道 2：OFF
	红	通道 1：OFF 通道 2：ON
	暗	通道 1：OFF 通道 2：OFF
CH 3 / 4	绿-红闪烁	通道 3：ON 通道 4：ON
	绿	通道 3：ON 通道 4：OFF
	红	通道 3：OFF 通道 4：ON
	暗	通道 3：OFF 通道 4：OFF

续表

LED 灯指示状态		通道状态指示
CH 5 / 6	绿-红闪烁	通道 5：ON　　通道 6：ON
	绿	通道 5：ON　　通道 6：OFF
	红	通道 5：OFF　　通道 6：ON
	暗	通道 5：OFF　　通道 6：OFF
CH 7 / 8	绿-红闪烁	通道 7：ON　　通道 8：ON
	绿	通道 7：ON　　通道 8：OFF
	红	通道 7：OFF　　通道 8：ON
	暗	通道 7：OFF　　通道 8：OFF

5．跳线说明

通过 JP1、JP2、JP3、JP4、JP5、JP6、JP7、JP8 可以对电平信号的电压范围进行选择，跳线与通道的对应关系如表 3-11 所示。

表 3-11　跳线与通道对应关系

跳线	JP1	JP2	JP3	JP4	JP5	JP6	JP7	JP8
通道	1	2	3	4	5	6	7	8

JP1～JP8 的跳线方式和电平信号的电压范围的对应关系如表 3-12 所示，跳线设置如图 3-20 所示。

表 3-12　电压范围对应关系

跳 线 方 式	电 压 范 围
跳线	12～30V
不跳线	30～54V

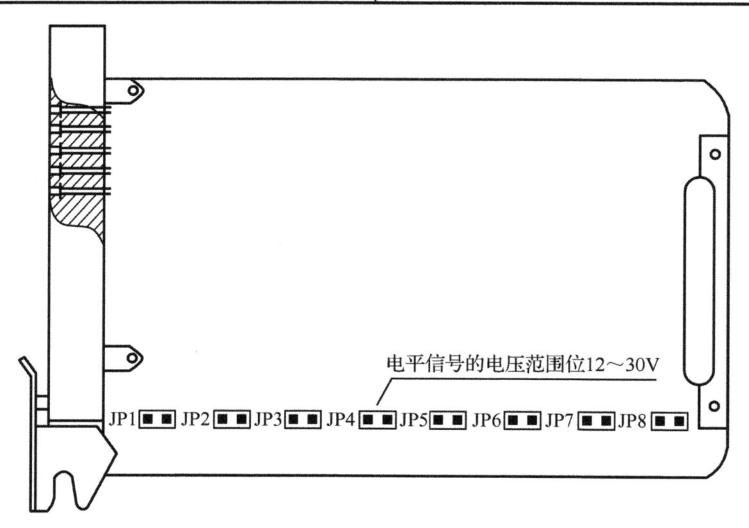

图 3-20　跳线设置

6．故障分析与排除

故障分析与排除如表 3-13 所示。

表 3-13 故障分析与排除

序　号	故障特征	故障原因	排除方法
1	COM 灯暗	和数据转发卡无通信	查数据转发卡
2	FAIL 灯快闪	卡件复位，CPU 没有正常工作	重新插 CPU，如仍不正常请更换卡件
3	FAIL 灯闪烁（周期为 20s）	信号通道故障	信号通道故障，请更换卡件
4	COM 灯常亮	卡件类型不一致	核对卡件类型是否正确，对 I/O 槽位重组态，编译后下载

3.1.9 脉冲量输入卡

脉冲量输入卡 XP335 卡件能测量四路三线制或二线制 1Hz～10kHz 的脉冲信号，分两组，组组隔离；0～2V 为低电平，5～30V 为高电平，不需要跳线设置，且能做到计数时不丢失脉冲。XP335 卡件不可冗余。卡件采用 CPLD 结合 CPU 结构。每块卡上有 1 个 CPU，1 个 CPLD。其中 CPLD 负责精确记录外部脉冲量，CPU 负责计算和与数据转发卡的通信。

通过组态可以使卡件对输入信号按照频率型或累积型信号进行转换。按频率型进行信号转换适用于输入信号频率较高，对瞬时流量精度有较高要求的场合；按累积型进行信号转换适用于输入信号频率较低，对总流量精度有较高要求的场合。

1．接口特性

XP335 的接口电路如图 3-21 所示。

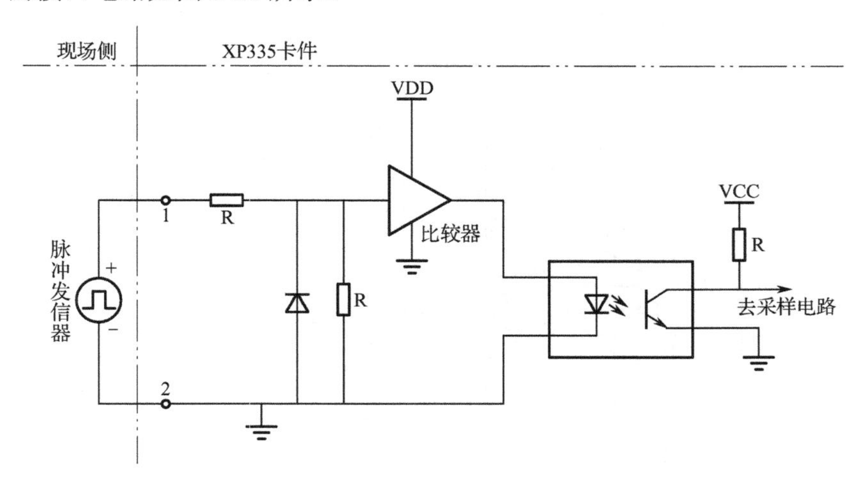

图 3-21 XP335 的接口电路

2．技术指标

XP335 应用特性如表 3-14 所示。

表 3-14 XP335 应用特性

型　　号	XP335
卡件电源	
5V 供电电源	（5±0.3）V DC，$I_{max}<120mA$
24V 供电电源	（24±0.5）V DC，$I_{max}<200mA$
输入回路	
通道数	4 路
信号类型	波形：方波、正弦波 高电平：5～30V，低电平：0～2V
分辨率	1Hz
测量范围	1Hz～10kHz
卡件配电 24V	$I_{max}=45mA$
隔离方式	光电隔离，组组隔离
隔离电压	500V AC 1min（现场侧与系统侧） 250V AC 1min（分组之间）
测量方式	三级制或二线制
转换时间 5Hz～10kHz 1～5Hz	200ms 200ms～1s

3．接线结构简图

接线结构简图如图 3-22 所示。

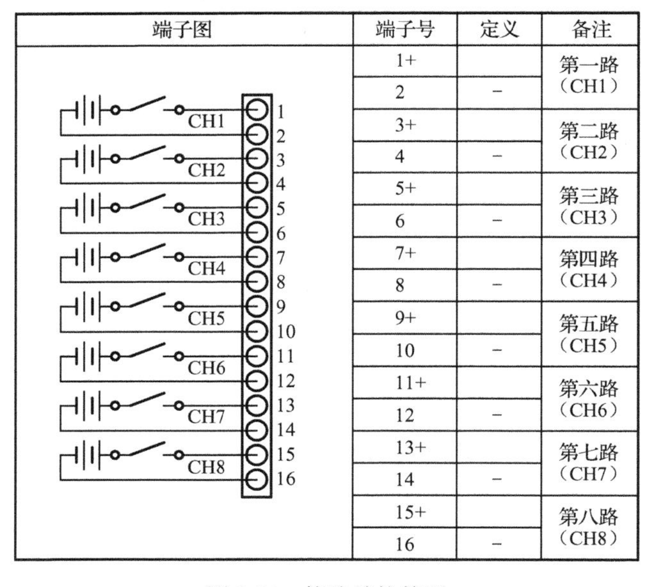

端子图	端子号	定义	备注
	1+		第一路（CH1）
	2	−	
	3+		第二路（CH2）
	4	−	
	5+		第三路（CH3）
	6	−	
	7+		第四路（CH4）
	8	−	
	9+		第五路（CH5）
	10	−	
	11+		第六路（CH6）
	12	−	
	13+		第七路（CH7）
	14	−	
	15+		第八路（CH8）
	16	−	

图 3-22 接线结构简图

3.1.10 其他卡件

1. 位置调整卡

位置调整卡 XP341 是二通道 PAT 卡（Position Adjusting Type），多用于控制电动执行机构，每一个通道有两路开关量输入、两路开关量输出以及一路模拟量输入，其中两路开关量输入用于正、负极限报警；一路模拟量输入用于测量位置反馈信号；两路开关量输出用于控制电动机正转或反转。正、负极限位置报警输入与开关量输出驱动之间设有联锁保护，即在阀门到达极限位置时，在把阀门极限位置的反馈信号接入 PAT 卡的相应 DI 输入端的情况下，立即切断控制输出，以保护电动机。卡件采用长脉冲加步进脉冲驱动的控制方式对电动执行机构进行驱动控制，控制精度高。

XP341 是智能型的位置调整卡，卡件具有对电动机执行机构的特性参数（死区、最小动作步进、阈值、阀位稳定时间）进行自学习的功能。另外，配合调整界面，卡件支持“手动”、“自动”、“停止”等功能。

2. 多串口多协议通信卡

XP248 多串口通信接口卡（也称网关卡）是 DCS 系统与其他智能设备（如 PLC、变频器、称重仪表等）互连的网间连接 SCnetⅡ通信端口。XP248 具有掉电保护功能，可通过底板右上角掉电保护功能选择跳线 J3，来选择是否启用该功能。

XP248 支持 Modbus 协议、HostLink 协议以及自定义通信协议。通过 SCControl 功能块实现通信组态。XP248 通信卡支持 4 路串口的并发工作，每路串口支持 RS-232 和 RS-485 两种通信方式。4 个串口可同时运行不同的协议。每一串口可以挂接的设备数量由运行的协议决定，但最多不超过 32 个。XP248 具备通道冗余功能及卡件冗余功能，4 路串口中 COM0～COM1、COM2～COM3 可以配置为互为冗余的串行通道，并可配合卡件冗余功能实现多种冗余方案功能，选择跳线 J3 处插上短路块。

XP248 通过 SCControl 图形化编程软件进行通信组态。SCControl 软件中已经集成了通信设置功能块以及 Modbus RTU 功能块、HostLink 功能块等。利用 SCControl 软件提供的数值或逻辑运算功能块，XP248 可以根据需要将智能模块输出的数据实现复杂的转换。

XP248 组态主要有几部分。

一是 SCnet 组态。由于 XP248 与主控制卡都挂接在 SCnetⅡ网络上，所以也占用 SCnetⅡ网络的 IP 地址。XP248 的组态方法与主控制卡相同，设置 IP 地址（拨码）、控制周期默认为 500ms。卡件冗余方式由用户选择。

二是自定义位号组态。从下挂设备读出或要写入下挂设备的数据都存放在自定义位号中，XP248 通过这些自定义位号与控制系统的操作员站/服务器进行数据交互。

三是通信组态。通信组态也分为三部分，一是对串口的通信参数组态，包括波特率、校验方式等；二是命令组态，包括具体的 Modbus 通信协议，如读线圈、写寄存器等；三是读数或置数模块，将命令执行后的数据读到自定义位号或将自定义位号的数据写到命令的数据缓冲区，该部分组态必须按照先组串口，后组命令，组取数或置数模块的顺序进行。

3. XP362 与 XP363

XP362 是智能型 8 路无源晶体管开关触点输出卡，可通过中间继电器驱动电动执行装置。采用光电隔离，不提供中间继电器的工作电源；具有输出自检功能。XP362 外观如图 3-23 所示。

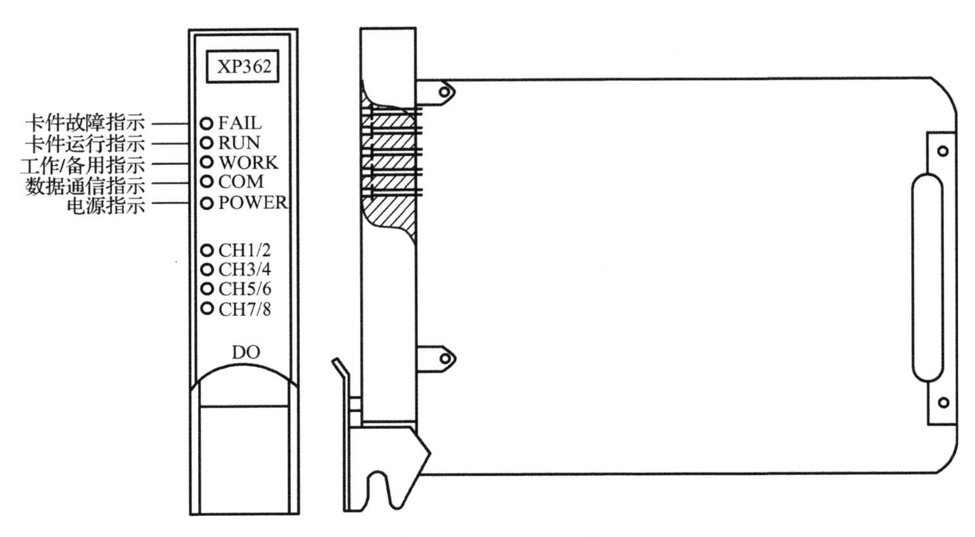

图 3-23　XP362 外观

XP363（B）干触点开关量输入卡是智能型 8 路干触点开关量输入卡，采用光电隔离，卡件提供隔离的 24V/48V 直流巡检电压，具有自检功能。XP363（B）卡件的技术指标如表 3-15 所示。

表 3-15　XP363（B）卡件的技术指标

型　号	XP363（B）
卡件电源	
5V 供电电源	5V DC，I_{max}<150mA
24V 供电电源	24V DC，I_{max}<100mA
是否支持冗余	不支持
输入回路	
通道数	8 路
信号类型	干触点输入
滤波时间	10ms
逻辑“ON”输入	<1kΩ
逻辑“OFF”输入	>100kΩ
巡检电压	24V 或 48V 可选
隔离方式	光电隔离，统一隔离
隔离电压	500V AC，1min
EMC 指标	
抗电快速脉冲群干扰	±1000V
抗浪涌冲击干扰	±2000V
抗射频电磁波干扰	10V/m
抗静电放电干扰	空气放电±8kV，接触放电±6kV，间接放电±8kV

4．触点型开关量输入卡

8路触点型开关量输入卡XP363（B）为智能型卡件，支持冗余和单卡两种工作模式。它能够快速响应开关量信号的输入，实现数字量信号的准确采集。XP363（B）具有卡件内部软/硬件在线检测功能，对CPU、配电电源进行检测，以保证卡件的可靠运行。

（1）XP363（B）外观

XP363（B）外观如图3-24所示。

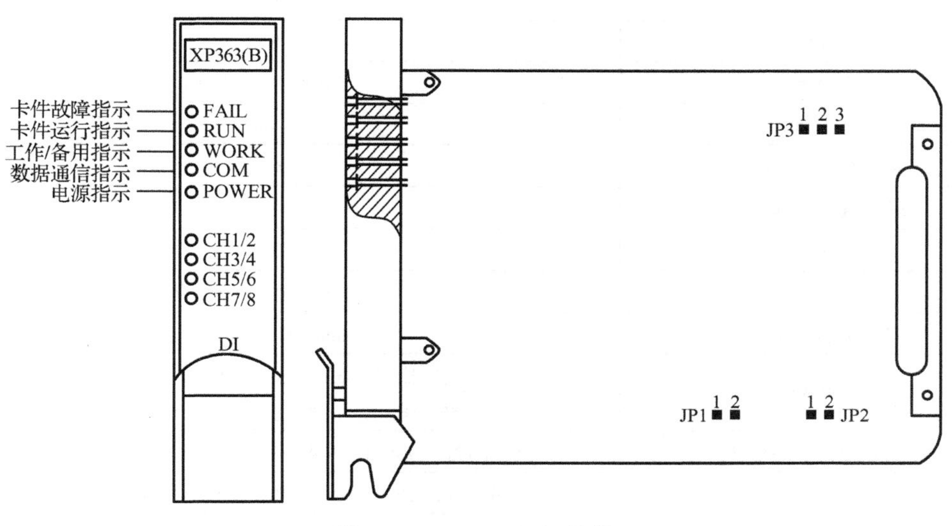

图3-24　XP363（B）外观

（2）接口特性

XP363（B）卡件可通过外接端子板实现多种数字信号采集。连接不同类型信号时的接线方法有所不同，如图3-25所示。

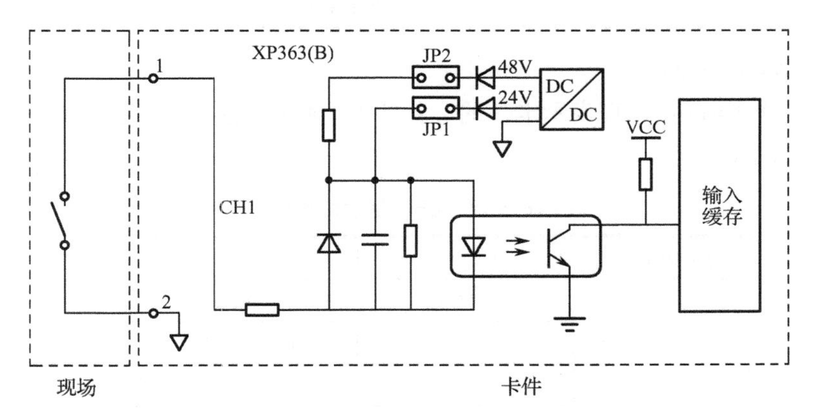

图3-25　接口特性

（3）XP363（B）卡件应用特性

XP363（B）卡件应用特性如表3-16所示。

表 3-16　XP363（B）卡件应用特性

型　号	XP363（B）
卡件电源	
5V 供电电源	（5.0～5.3）V DC，I_{max}<150mA
24V 供电电源	（24.0±0.5）V DC，I_{max}<100mA
输入回路	
通道数	8 路
信号类型	干触点输入（共地）
滤波时间	10ms
逻辑“ON”输入	<1kΩ
逻辑“OFF”输入	>100kΩ
巡检电压 24V	或 48V 可选
隔离方式	光电隔离，统一隔离
隔离电压 500V	AC 1min（现场侧与系统侧）
静电放电抗扰度	依据标准：GB/T 17626.2（IEC 61000-4-2） 空气放电±8kV，接触放电±6kV，间接放电±8kV
电快速瞬变脉冲群抗扰度	依据标准：GB/T 17626.4（IEC 61000-4-4），信号端±1000V
浪涌（冲击）抗扰度	依据标准：GB/T 17626.5（IEC 61000-4-5），信号端±2000V
工作环境	工作温度：0～50℃
	存放温度：-40～70℃
	工作湿度：10%～90%，无凝雾
	存放湿度：5%～95%，无凝雾
	大气压力：62～106kPa，相当于海拔 4000m

（4）LED 指示灯说明

面板上有 5 个 LED 指示灯表示卡件的运行状态，4 个双色 LED 通道指示灯，指示通道状态，如表 3-17 所示。

表 3-17　LED 指示灯说明

LED 灯指示状态		通道状态指示
CH 1 / 2	红绿闪烁	通道 1：ON、通道 2：ON
	绿	通道 1：ON、通道 2：OFF
	红	通道 1：OFF、通道 2：ON
	暗	通道 1：OFF、通道 2：OFF
CH 3 / 4	红绿闪烁	通道 3：ON、通道 4：ON
	绿	通道 3：ON、通道 4：OFF
	红	通道 3：OFF、通道 4：ON
	暗	通道 3：OFF、通道 4：OFF

续表

LED 灯指示状态		通道状态指示
CH 5 / 6	红绿闪烁	通道 5：ON、 通道 6：ON
	绿	通道 5：ON、通道 6：OFF
	红	通道 5：OFF、通道 6：ON
	暗	通道 5：OFF、通道 6：OFF
CH 7 / 8	红绿闪烁	通道 7：ON、通道 8：ON
	绿	通道 7：ON、通道 8：OFF
	红	通道 7：OFF、通道 8：ON
	暗	通道 7：OFF、 通道 8：OFF

（5）工程应用注意事项

① 卡件查询电压跳线不可同时跳 24V 与 48V。冗余工作时，请检查两块互为冗余的卡件的电压跳线，冗余跳线是否一致。

② XP363（B）的冗余功能需要配合 AdvanTrol-Pro V2.65+SP03 及以上版本软件使用，XP363（B）可以替换 XP363。

③ XP363（B）配合 AdvanTrol-Pro V2.65+SP03（不含）以下版本软件使用，组态时选择型号为 XP363。

5. SOE 信号输入卡件

8 路 SOE 信号输入卡 XP369（B）为 8 点统一隔离的 SOE 信号输入卡。通过 SOE 网络将 SOE 记录送给 SOE 主卡，分辨率小于 1ms。输入回路通道数 8 路，信号类型为干融点输入或电平型，输入滤波时间由用户设定，配电（查询电压）由卡件配电组态时设置，配电压为 24V 或 48V（可以通过跳线选择），时间分辨率为 0.5ms，相对时间分辨率扫描周期小于 1ms，隔离方式光为电隔离，统一隔离记录缓存小于 250 条（不具有掉电保持）。

6. 端子接线及定义

使用 XP520/XP520R 接线端子板时端子定义及接线说明如表 3-18 所示。使用其他端子板时，端子的接线及定义请参见相应的说明书。

（1）端子板/安全栅底板选型

除使用 XP520/XP520R 外，XP363（B）可通过转接模块 XP527 与端子板配套使用，如表 3-19 所示；还可通过转接模块 XP528/XP528R 与安全栅底板相连，如表 3-18 所示。

（2）接线端子

接线端子说明如表 3-18 所示。

表 3-18　接线端子说明

端子图	端子号	备注
CH1 CH2 CH3 CH4 CH5 CH6 CH7 CH8 1 2 3 4 5 6 7 8 9 10 11 12 13 14 15 16	1	第一路
	2	（CH1）
	3	第二路
	4	（CH2）
	5	第三路
	6	（CH3）
	7	第四路
	8	（CH4）
	9	第五路
	10	（CH5）
	11	第六路
	12	（CH6）
	13	第七路
	14	（CH7）
	15	第八路
	16	（CH8）

配套模块如表 3-19 所示。

表 3-19 配套模块

卡件工作方式	转 接 模 块	安全栅底板
单卡	XP528	XP563-E8R
冗余	XP528R	XP563-E8R

（3）故障分析

故障分析如表 3-20 所示。

表 3-20 故障分析

序 号	故 障 特 征	故 障 原 因	排 除 方 法
1	COM 灯灭	无通信	检查通信线及数据转发卡
2	COM 灯常亮	模块组态错误	检查组态是否正确
3	FAIL 灯常亮	外配电 24V 故障或者变压器查询电压输出故障	先检查外配电是否正确。检查 CPU 芯片是否插好；插拔卡件后重新上电；如仍不正常请更换卡件
4	FAIL 灯闪	卡件复位，CPU 工作不正常	检查 CPU 芯片是否插正确
5	RUN 灯灭 CPU	未工作	检查 CPU 芯片是否插正确
6	POWER 灯灭	外配电 5V 电源故障	检查卡件是否插正确，5V 供电是否正常

练 习 题

一、填空题

1．JX-300XP 集散控制系统的硬件由（　　）节点、（　　）节点及（　　）网络等构成。

2．JX-300XP 集散控制系统 I/O 总线第一层为双重化总线（　　）位于控制站所管辖的 I/O 机笼之间，连接主控制卡和数据转发卡，用于主控制卡与数据转发卡间的信息交换。

3．第二层为（　　）网络，位于各 I/O 机笼内，连接数据转发卡和各块 I/O 卡件，用于数据转发卡与各块 I/O 卡件间的信息交换。

4．JX-300XP 集散控制系统过程控制网站点容量最高可达（　　）个冗余的控制站和（　　）个操作节点，系统 I/O 点容量可达到（　　）点。

5．JX-300XP 是由（　　）公司，于（　　）年推出的产品。

二、选择题

1．JX-300XP DCS 控制站中的 I/O 卡件，16 路数字信号输入卡的型号是（　　）。

A．FW366　DI　　B．FW367　DO　　C．FW352　TC　　D．FW353　RTD

2．JX-300XP DCS 控制系统中，连接主控制卡和数据转发卡的是（　　）。

A．SBUS 总线　　B．SCnet Ⅱ网　　C．FF 总线　　D．PROFIBUS 总线

3．JX-300XP DCS 控制系统中，卡件本身的工作电压是（　　）。

A．+5V　　B．+24V　　C．+25.5V　　D．+12V

4．电流信号卡 XP313 接收 6 路信号，信号之间的隔离采用（　　）。

A．点点隔离　　B．分组隔离　　C．统一隔离　　D．以上都不是

5．JX-300XP DCS 数据转发卡的 IP 地址范围是（　　）。

A．2～31　　B．0～31　　C．0～15　　D．1～29

6．JX-300XP DCS 信息管理网和过程控制网中，通信最大距离是（　　）。

A．1km　　B．5km　　C．10km　　D．15 km

7．下面卡件中除了（　　）以外都能设成冗余。

A．XP363 卡　　B．XP322 卡　　C．XP316 卡　　D．XP313 卡

8．JX-300XP DCS 热电偶信号，在采集过程中，实质上是（　　）。

A．电流信号　　B．热电阻信号　　C．电压信号　　D．频率信号

9．热电阻信号输入卡 XP316，是（　　）信号输入。

A．2 路　　B．4 路　　C．8 路　　D．7 路

10．脉冲量输入卡 XP335 信号之间的隔离是采用（　　）。

A．点点隔离　　B．分组隔离　　C．统一隔离　　D．光电隔离

11．JX-300XP DCS 每个电源模块最多能同时供（　　）卡件机笼工作。

A．1　　B．2　　C．4　　D．3

12．JX-300XP DCS 主控卡的 IP 地址范围是（　　）。

A．2～127　　B．0～31　　C．0～15　　D．2～30

13．JX-300XP DCS 常规控制方案组态串级控制回路中的回路 1 是（　　）。

A．内环　　B．外环　　C．回路　　D．回环

14．在 JX-300XP DCS 系统组态中，一个控制站最多组态（　　）常规控制方案。

A．32 个　　B．64 个　　C．128 个　　D．256 个

15．JX-300XP DCS 系统的模拟量输入位号的数据类型（　　）。

A．SFLOAT　　B．FLOAT　　C．INT　　D．BOOL

16．JX-300XP 集散控制系统在普通场合接地电阻为（　　）Ω。

A．1　　B．4　　C．10　　D．15

17．JX-300XP 集散控制系统的工作温度为（　　）℃。

A．-40～50　　B．0～50　　C．-20～70　　D．-10～100

18．JX-300XP 系统控制站内部以机笼为单位。机笼固定在机柜的多层机架上，每只机柜最多配置（　　）只机笼。

A．6　　B．7　　C．8　　D．10

19．JX-300XP 系统控制站一块主控制卡最多能连接（　　）对互为冗余的数据转发卡。

A．6　　B．7　　C．8　　D．15

20．JX-300XP 集散控制系统控制站的供电性能为（　　）。

A．220V AC±5%，50Hz±1Hz　　B．220V AC±10%，50Hz±2.5Hz

C．220 V AC±20%，50Hz±5Hz　　D．220V AC±20%，50Hz±10Hz

三、判断题

1．在 JX-300XP 集散控制系统中，操作节点包括工程师站、操作员站、控制站、服务器站、数据管理站等。（　　）

2．在 JX-300XP 集散控制系统中，工程师站的具体功能包括：过程监控管理、系统生成、数据库结构定义、操作组态、流程图画面组态、报表制作等。（　　）

3．在 JX-300XP 集散控制系统中，数据管理站用于实现系统与外部数据源（异构系统）的通信，从而实现过程控制数据的统一管理。（　　）

4．操作节点的数量与规格可根据 I/O 规模大小决定，控制站的数量配置可根据用户操作的不同决定。（　　）

5．操作员站通过主控制卡、数据转发卡和相应的 I/O 卡件实现现场过程信号的采集、处理、控制等功能。（　　）

四、简答题

1．简述 JX-300XP DCS 系统的硬件组成及其作用。

2．简述 JX-300XP 系统的最大规模参数。

3．简述 JX-300XP 集散控制系统的特点。

4．简述 JX-300XP DCS 系统通信网络的构成及各部分的基本特性。

5．简述网上节点数目，最多可带多少块智能 I/O 卡件。

6．简述 JX-300XP DCS 主控卡件的结构与功能。

7．各卡件使用前如何进行跳线设置？

8．各卡件上的指示灯有何作用？

9．JX-300XP 有哪些常用卡件？

10．现场控制站的规模是如何确定的？选购时说明卡件选择的理由。

3.2　JX-300XP 系统组态概述

学习内容	1．组态相关概念。
	2．JX-300XP 组态主要内容。
	3．组态操作说明。
操作技能	1．SCKey 系统组态软件操作。
	2．DCS 系统的点检。

3.2.1　组态相关概念

1．组态

组态（Configuration）是指集散控制系统实际应用于生产过程控制时，需要根据设计要求，预先将硬件设备和各种软件功能模块组织起来，以使系统按特定的状态运行。具体讲，就是用集散控制系统所提供的功能模块、组态编辑软件以及组态语言，组成所需的系统结构和操作画面，完成所需的功能。集散控制系统的组态包括系统组态、控制组态和画面组态。

组态是通过组态软件实现的，组态软件有通用组态软件和专用组态软件。目前由于工业自动化控制系统的硬件，除采用标准工业 PC 外，系统大量采用各种成熟通用的 I/O 接口设备和各类智能仪表及现场设备；在软件方面，用户直接采用现有的组态软件进行系统设计，大大缩短了软件开发周期，还可以应用组态软件所提供的多种通用工具模块，很好地完成一个复杂工程所要求的功能，并可将许多精力集中在如何选择合适的控制算法、提高控制品质等关键问

题上；而且从管理的角度来看，用组态软件开发的系统具有与 Windows 一致的图形化操作界面，便于生产的组织和管理。

2．组态软件主要解决的问题

① 与控制设备之间进行数据交换，并将来自设备的数据与计算机图形画面上的各元素关联起来。

② 处理数据报警和系统报警。

③ 存储历史数据和支持历史数据的查询。

④ 各类报表的生成和打印输出。

⑤ 具有与第三方程序的接口，方便数据共享。

⑥ 为用户提供灵活多变的组态工具，以适应不同应用领域的需求。

3．基于组态软件的工业控制系统的组建过程

① 组态软件的安装。按照要求正确安装组态软件，并将外围设备的驱动程序、通信协议等安装就绪。

② 工程项目系统分析。首先要了解控制系统的构成和工艺流程，弄清被控对象的特性，明确技术要求，然后再进行工程的整体规划，包括系统应实现哪些功能、需要怎样的用户界面窗口和哪些动态数据显示、数据库中如何定义及定义哪些数据变量等。

③ 设计用户操作菜单。为便于控制和监视系统的运行，通常应根据实际需要建立用户自己的菜单以方便操作，如设立一个按钮来控制电动机的启/停。

④ 画面设计与编辑。画面设计分为画面建立、画面编辑和动画编辑与连接几个步骤。画面由用户根据实际工艺流程编辑制作，然后需要将画面与已定义的变量关联起来，以便使画面上的内容随生产过程的运行而实时变化。

⑤ 编写程序进行调试。程序由用户编写好后需进行调试，调试前一般要借助于一些模拟手段进行初调，检查工艺流程、动态数据、动画效果等是否正确。

⑥ 综合调试。对系统进行全面的调试后，经验收方可投入试运行，在运行过程中及时完善系统的设计。

4．组态信息的输入

各制造商的产品虽然有所不同，但归纳起来，组态方式可分为填表方式、语言方式和图形方式。

① 填表方式。功能表格是由制造商提供的用于组态的表格，采用菜单方式，逐行填入相应参数，如 SCKey 组态软件就是采用菜单方式。功能图主要用于表示连接关系，模块内的各种参数则通过填表法或建立数据库等方法输入。

② 语言方式。也称编制程序法，使用类似于高级语言的组态语言，语法简单而针对性强，使用时先根据控制方案编写组态程序，再编译和装载。在顺序逻辑控制组态或复杂控制系统组态时常采用编制程序法。

③ 图形组态方式。图形组态方式是采用图形模块与窗口参数相结合的一种组态方式，它的基本图素是输入、输出、运算、控制等功能模块。组态时先从模块库中调出所需的模块至显示器屏幕，然后进行模块间的连接，最后调出该模块的参数窗口，用户只要在这个有输入项含义提示的相关菜单中直接输入数据和变量，即可构成所需的控制系统。这种“所见即所得”的组态方式，可自动形成组态文件，并下装到分散控制设备，执行既定的控制功能。因此，该方

法是目前普遍采用的组态方法。

各种功能模块的组态顺序，应是先输入/输出模块，再运算模块和控制模块，这是因为输入/输出模块既担负着与现场信号的连接任务，还需要提供其他组态模块调用。

5. 常用的组态软件

集散控制系统所提供的功能模块、组态编辑软件以及组态语言，组成所需的系统结构和操作画面，完成所需的功能。集散控制系统的组态包括系统组态、画面组态和控制组态。

常用的几种组态软件如下。

① InTouch。它是美国 Wonderware 公司率先推出的 16 位 Windows 环境下的组态软件，InTouch 软件图形功能比较丰富，使用方便，I/O 硬件驱动丰富，工作稳定，在国际上获得较高的市场占有率，在中国市场也受到普遍好评。7.0 及以上（32 位）版本在网络和数据管理方面有所加强，并实现了实时关系数据库。

② FIX 系列。这是美国 Intellution 公司开发的一系列组态软件，包括 DOS 版、16 位 Windows 版、32 位 Windows 版、OS/2 版和其他版本。功能较强，但实时性欠缺。最新推出的 iFIX 全新模式的组态软件，体系结构新，功能更完善，但因为过于庞大，系统资源耗费非常严重。

③ WinCC。德国西门子公司针对西门子硬件设备开发的组态软件 WinCC，是一款比较先进的软件产品，但在网络结构和数据管理方面要比 InTouch 和 iFIX 差。若用户选择其他公司的硬件，则需开发相应的 I/O 驱动程序。

④ MCGS。北京昆仑通态公司开发的 MCGS 组态软件设计思想比较独特，有很多特殊的概念和使用方式，有较大的市场占有率。在网络方面有独到之处，但效率和稳定性还有待提高。

⑤ 组态王。该软件以 Windows 98/Windows NT 4.0 中文操作系统为平台，充分利用了 Windows 图形功能的特点，用户界面友好，易学易用，该软件是由北京亚控公司开发、国内出现较早的组态软件。

⑥ ForceControl（力控）。大庆三维公司的 ForceControl 也是国内较早出现的组态软件之一，在结构体系上具有明显的先进性，最大的特征之一就是其基于真正意义的分布式实时数据库的三层结构，且实时数据库为可组态的“活结构”。

6. 组态软件的特点

尽管各种组态软件的具体功能各不相同，但它们具有以下共同特点。

① 实时多任务。在实际工业控制中，同一台计算机往往需要同时进行实时数据的采集、处理、存储、检索、管理、输出、算法的调用，实现图形、图表的显示，完成报警输出，实时通信等多个任务，这是组态软件的一个重要特点。

② 接口开放。组态软件大量采用“标准化技术”，在实际应用中，用户可以根据自己的需要进行二次开发，如可以很方便地使用 VB、C++等编程工具自行编制所需的设备构件，装入设备工具箱，不断充实设备工具箱。

③ 强大数据库。配有实时数据库，可存储各种数据，完成与外围设备的数据交换。

④ 可扩展性强。用户在不改变原有系统的前提下，具有向系统内增加新功能的能力。

⑤ 可靠性和安全性高。由于组态软件需要在工业现场使用，因此可靠性是必须保证的。组态软件为用户提供了能够自由组态控制菜单、按钮和退出系统的操作权限，如工程师权限、操作员权限等，只有具有某些权限的人员才能对某些功能进行操作，以防止意外或非法地进入系统修改参数或关闭系统。

3.2.2 JX-300 组态软件

系统组态是指对集散控制系统的软件、硬件构成进行配置。JX-300XP 组态软件 SCKey 通过简明的下拉菜单和弹出式对话框建立友好的人机交互界面，并大量采用 Windows 的标准控件，使操作保持了一致性，易学易用。该软件采用分类的树状结构管理组态信息，使用户能够清晰把握系统的组态状况。另外，SCKey 组态软件还提供了强大的在线帮助功能，当用户在组态过程中遇到问题时，只要按 F1 键或选择菜单中的帮助项，就可以随时得到帮助提示。

AdvanTrol-Pro 软件包是基于 Windows 操作系统的自动控制应用软件平台，在 JX-300XP 系统中完成系统组态、数据服务和实时监控等功能。

AdvanTrol-Pro 软件包可分成两大部分：一部分为系统组态软件，包括用户组态软件（SCSecurity）、系统组态软件（SCKey）、图形化编程软件（SCControl）、语言编程软件（SCLang）、流程图制作软件（SCDrawEx）、报表制作软件（SCFormEx）、二次计算组态软件（SCTask）、ModBus 协议外部数据组态软件（AdvMBLink）等；另一部分为系统运行监控软件，包括实时监控软件（AdvanTrol）、数据服务软件（AdvRTDC）、数据通信软件（AdvLink）、报警记录软件（AdvHisAlmSvr）、趋势记录软件（AdvHisTrdSvr）、ModBus 数据连接软件（AdvMBLink ModBus）、OPC 数据连接软件（AdvOPCLink OPC）、OPC 服务器软件（AdvOPCServer）、网络管理和实时数据传输软件（AdvOPNet）、历史数据传输软件（AdvOPNetHis）、网络文件传输（AdvFileTrans）等。

系统运行监控软件安装在操作员站和运行的服务器、工程师站中，通过各软件的相互配合，实现控制系统的数据显示、数据通信及数据保存。监控软件构架如图 3-26 所示。

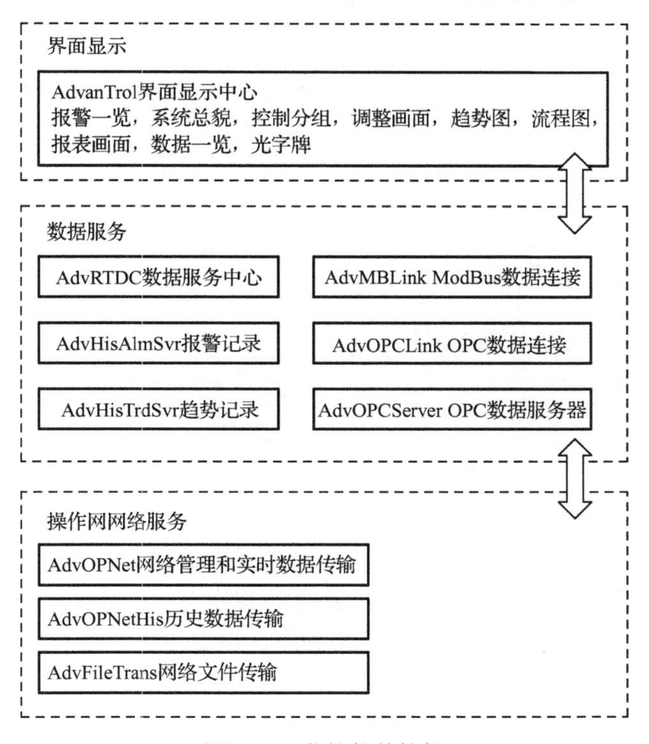

图 3-26 监控软件构架

系统组态软件通常安装在工程师站，各功能软件之间通过对象连接与嵌入技术，动态地实现模块间各种数据、信息的通信、控制和管理。这部分软件以 SCKey 系统组态软件为核心，各模块彼此配合，相互协调，共同构成一个系统结构及功能组态的软件平台，如图 3-27 所示。

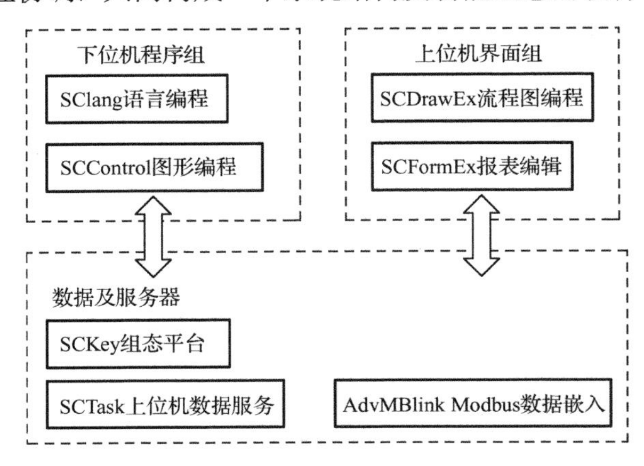

图 3-27　系统组态软件构架

1．JX-300 组态步骤

系统组态步骤框图如图 3-28 所示。

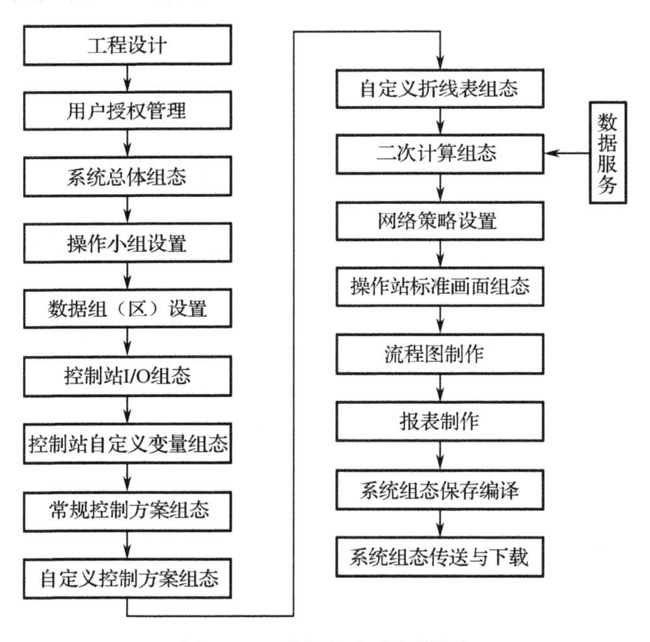

图 3-28　系统组态步骤框图

启动组态软件（密码：SUPCONDCS），选择新建组态；指定文件存放路径和文件名，进入组态界面。组态软件包含系统组态、流程图制作、报表制作、图形化编程等。

① 用户授权管理操作（确定用户名、角色、设置密码等）。

② 工艺流程控制图制作软件操作（SCDrawEx）。

③ 报表制作软件操作（SCFormEx）。

④ 光字牌设置、操作小组分配、区域设置等。
⑤ 系统组态。
⑥ 控制站组态。
⑦ 操作站组态。
⑧ 控制策略组态。
⑨ 自定义组态（控制方案、折线表和键盘）。
⑩ 各种监控画面。

2．JX-300 组态规格

表 3-21 列出了 JX-300X DCS 系统组态的最大规模和最大容量。

表 3-21 组态规模

内　容	规　格	说　明
控制站	63	地址：2～127　AO≤128　AI+PI≤384　DI≤1024　DO≤1024
操作站	72	地址：129～200
最多数据转发卡/控制站	8 对	
最多 I/O 卡件/机笼	16	
最多点数/卡件	16	1 点：SP341
		2 点：SP311　SP311X　SP315　SP316　SP316X　SP317
		8 点：SP361X　SP362X　SP363X　SP364X
		16 点：SP336　SP337　SP339
		其他卡件均为 4 点
主控卡运算周期	0.1～5.0s	
位号长度	10B	以字节或下画线开头，以字符、数字、下画线和减号组成，前后不带空格
注释长度	20B	前后不带空格
单位长度	8B	前后不带空格
报警描述长度	8B	前后不带空格
开关描述长度	8B	前后不带空格
滤波常数	0～20	
小信号切除值	0～100	
报警级别	0～90	80～90 只记录不报警
时间系数	不为 0	
单位系数	不为 0	
报警限值	下限-上限	高三值≥高二值≥高一值>低一值≥低二值≥低三值
速率限	下限-上限	
死区	下限-上限	
时间恢复按钮的复位时间	0～255s	
PAT 卡死区大小	0～10	
PAT 卡行程时间	0～20	

续表

内　　容	规　　格	说　　明
PAT 卡上限幅	0～100	上限幅>下限幅
PAT 卡下限幅	0～100	
自定义 1 字节变量	4096	序号（No）：0～4095
自定义 2 字节变量	2048	序号（No）：0～2047
自定义 4 字节变量	512	序号（No）：0～511
自定义 8 字节变量	256	序号（No）：0～255
自定义回路	64	序号（No）：0～63
自定义 2 字节变量描述数量	32 个	
自定义 2 字节变量描述长度	30B	
常规控制回路	64 个	序号（No）：0～63
输出分程点	0～100%	
折线表数量	64	
操作小组数量	16	页码：1～16
总貌画面数量	160	页码：1～160
分组画面数量	320	页码：1～320
趋势画面数量	640	页码：1～640
一览画面数量	160	页码：1～160
流程图数量	640	页码：1～640
报表数量	128	页码：1～128
趋势记录周期	1～3600	
趋势记录点数	1920～2 592 000	
自定义键数量	24	键号：1～24
语音报警数量	256	

3.2.3　SCKey 系统组态软件

SCKey 组态软件主要是完成 DCS 的系统组态工作。例如，设置系统网络节点、冗余状况、系统控制周期；配置控制站内部各类卡件的类型、地址、冗余状况等；设置每个 I/O 点的类型、处理方法和其他特殊的设置；设置监控标准画面信息；常规控制方案组态等。系统所有组态完成后，最后要在该软件中进行系统的编译、下载和传送。该软件操作方便，并且充分支持各种控制方案。

SCKey 组态软件通过简明的下拉菜单和弹出式对话框建立友好的人机交互界面，并大量采用 Windows 的标准控件，使操作保持了一致性，易学易用。另外，SCKey 组态软件还提供了强大的在线帮助功能，当用户在组态过程中遇到问题时，只要按 F1 键或选择菜单中的帮助项，就可以随时得到帮助提示。SCKey 组态软件界面如图 3-29 所示。

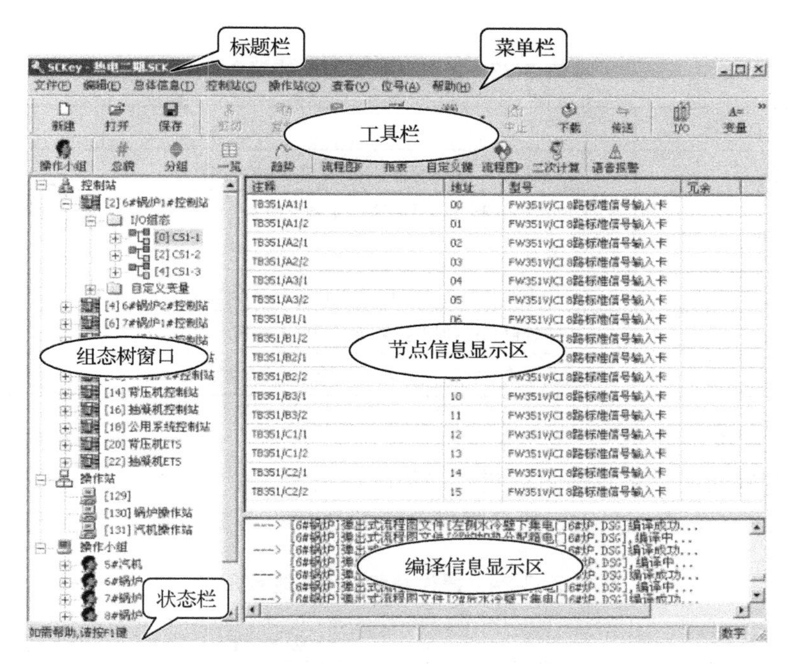

图 3-29 SCKey 组态软件界面

下面简要介绍菜单栏中各菜单项的主要功能。

（1）文件菜单

包括新建、打开、保存、另存为、打印、打印预览、打印设置和退出 8 个菜单项。

（2）编辑菜单

包括剪切、复制、粘贴、删除 4 个菜单项，该操作针对组态树进行。

（3）总体信息菜单

包括主机设置、编译、备份数据、组态下载和组态传送 5 个菜单项，各菜单项功能如表 3-22 所示。

表 3-22 总体信息菜单项功能简介

菜单项名	功能说明
主机设置	进行控制站（主控卡）和操作站的设置
编　译	将组态保存信息转化为控制站（主控卡）和操作站识别的信息，即将.SCK 文件转化为.SCO 和.SCC 文件
备份数据	备份所有与组态有关的数据到指定的文件夹
组态下载	将.SCC 文件通过网络下载到控制站（主控卡）
组态传送	将.SCO 文件通过网络传送到操作站

（4）控制站菜单

包括 I/O 组态、自定义变量、常规控制方案、自定义控制方案和折线表定义 5 个菜单项，各菜单项功能简介如表 3-23 所示。

表 3-23　控制站菜单项功能简介

菜 单 项 名	功 能 说 明
I/O 组态	对数据转发卡、I/O 卡件、I/O 点进行各种设置
自定义变量	对 1 字节变量、2 字节变量、4 字节变量、8 字节变量和自定义回路（64 个）的一些参数进行设置
常规控制方案	在每个控制站中可以对 64 个回路进行常规控制方案的设置
自定义控制方案	在每个控制站中使用 SCX 语言或图形化环境进行控制站编程
折线表	定义折线表，在模拟量输入和自定义控制方案中使用

（5）操作站菜单

包括操作小组设置、总貌画面设置、趋势画面设置、分组画面设置、一览画面设置、流程图登录、报表登录、自定义键、语音报警 9 个菜单项，各菜单项功能如表 3-24 所示。

表 3-24　操作站菜单项功能简介

菜 单 项 名	功 能 说 明
操作小组	定义操作小组
总貌画面	设置总貌画面
趋势画面	设置趋势曲线画面
分组画面	设置控制分组画面
一览画面	设置数据一览画面
流程图登录	登录流程图文件
报表登录	登录报表文件
自定义键	设置操作员键盘上自定义键的功能
语音报警	对语音报警的参数进行设置

（6）查看菜单

包括状态栏、工具栏、错误信息、位号查询、选项 5 个菜单项，各菜单项功能如表 3-25 所示。

表 3-25　查看菜单项功能简介

菜 单 项 名	功 能 说 明
状态栏	当选中状态栏选项后，状态栏出现在主画面的最下端，显示当前的状态
工具栏	当选中工具栏选项后，工具栏将出现在主画面的上端
错误信息	错误信息项被选中时，操作显示区右下方会显示具体错误信息，在大多数的错误条目上双击可直接修改相应的内容，程序启动时不显示，编译之后会自动显示
位号查询	根据位号或者地址查找位号信息
选项	设置一些选项，这些选项可能对某个或全部组态文件产生影响

位号查询中的位号信息包括位号、注释、地址和类型。位号指当前信号点在系统中的位置。每个信号点在系统中的位号都应是唯一的，不能重复，位号只能以字母开头，不能使用汉字，且字长不得超过 10 个英文字符。

地址的表示方法有 3 种。

① I/O 位号：[主控卡地址]-[数据转发卡地址]-[I/O 卡件地址]-[I/O 点地址]。

② 回路：[主控卡地址]-S[回路地址]。

③ 自定义变量：[主控卡地址]-[A/B/C/D/E] [序号]，其中 A/B/C/D 表示自定义 1/2/4/8 字节变量，E 表示自定义回路。

（7）帮助菜单

包括帮助主题和关于 SCKey 两个菜单项，前者将启动软件帮助信息，后者将显示本软件的版本信息及版权通告信息，也可按 F1 键得到。

3.2.4 组态操作的实质

实际组态过程中是具体的生产过程装置，工业生产过程十分复杂，生产的工艺、规模、产品等各异，对控制的要求也各不相同，但是，从过程控制的角度来看，生产中所采用的控制方法有许多相同之处，单回路控制和串级控制系统是应用最多的控制方式。

DCS 不仅能完成原来模拟仪表的功能，而且大大超过模拟仪表，这是因为它采用了先进的计算机技术、通信技术、CRT 技术和控制技术等“4C”技术。而数字控制的算法是用程序实现的，控制器中预先存到 ROM 中的算法可以说是无限的，每种算法代表一种功能。这些算法为内部仪表，但其实质都是一段程序。在各种 DCS 系统中各种算法为功能块，功能块的总称为功能块库。

功能块库中最重要的功能块是 PID 功能块，它的输出 $Y(t)$和输入 $X(t)$的关系是比例-积分-微分关系，它在过程控制中有极其重要的作用，在完成闭环控制时一定要用到 PID 功能块。每个功能块都必须与特定的端子板连接在一起，它的输出通常送到输出的端子板的地址，最后把输出送给阀门。功能块库中另一个重要功能块是站功能块，它是实现人机交流的功能块，把由人决定的设定值送给控制回路，并送进控制回路何时接入的条件和实现手/自动切换的条件等。

SUPCON DCS 系统的控制组态过程可归纳为四个步骤。

第一步，进行系统单元登录，以确定系统的控制站（即主控制卡）和操作站的数目。

第二步，进行系统 I/O 组态，分层、逐级、自上而下依次对每个控制站硬件结构进行组态。

第三步，进行自定义变量组态和折线表组态。

第四步，进行系统的控制方案组态。控制方案组态又可分为常规控制方案组态和自定义控制方案（SCX 语言和图形编程）组态。

1．组态前准备工作

（1）选购硬件

安装任何一套过程控制系统都需要确定控制系统的技术要求，选购硬件，将各种模件和其他元件组装成机柜，进行变送器、执行器与机柜端子之间的外部接线。一套系统无论自动化程度如何，工程师都至少应完成下列任务。

① 确定系统网络中的各个站类型、数量等。

② 确定系统中每个输入/输出点的地址。例如，确定它在通信系统中的机柜号、机柜中模件号、模件中的点号等。这项工作类似于分配电话号码，如通过区域码、交换局码和编号可以识别一台电话机。

③ 确定测点的编号及说明字，以便人们通过编号或说明字来说明这些测点，而不必通过硬件地址来识别它们。要实现这一点，就必须建立测点编号和说明字与硬件地址之间的对应关系。

④ 确定系统中每个输入测点的信号处理方式，如线性化、零点迁移、量程范围变换、量纲变换。控制系统的输出信号有时也需要进行类似的处理，如对调节机构的非线性进行校正等。

⑤ 选择控制算法，确定系统组态，调整控制参数，输入报警限值。对于某些测点，还需要定义一些辅助功能，如趋势记录、打印记录、长期历史数据的存储与检索等。

在某些控制方案中，要求通过通信系统传输数据，因此必须建立系统中各设备之间的通信联系。

（2）具体组态分为以下几个步骤

第一步，进入系统组态前，应首先确定测点清单、控制运算方案、系统硬件配置，包括系统的规模、各站 I/O 单元的配置及测点的分配等，还要提出对流程图、报表、历史数据库等的设计要求。系统硬件组态，确定站的数量、类型、编码以及其他所有硬件设备。

第二步，建立目标工程。在正式进行应用工程的组态前，必须针对该应用工程定义一个工程名，该目标过程建立后，便建立起该工程的数据目录。应用系统的硬件配置通过系统配置组态软件完成。

第三步，实时数据库的组态。数据库组态就是定义和编辑系统各站的点信息，这是形成整个应用系统的基础。

第四步，图形生成。

第五步，报表打印的生成。

第六步，历史库的生成。

第七步，控制组态，即在完成数据库组态后就可以进行控制算法组态。包括连续量控制组态、梯形逻辑控制组态和顺序控制组态。

第八步，报警组态。

第九步，编译生成。系统联编功能连接形成系统库，成为操作员站、现场控制站上的在线运行软件的基础。系统包括实时库和参数库两部分，系统把所有点中变化的数据项放在实时库中，而把所有点中不经常变化的数据项放在参数库中。服务器包含了所有的数据库信息，而把现场控制站上只包含该站相关的点和方案页信息，这是在系统生成后由系统管理中的下装功能自动完成的。

第十步，系统下装。应用系统生成完毕后，应用系统的系统库、图形和报表文件通过网络下装在服务器和操作员站。服务器到现场控制站的下装是在现场控制站启动时自动进行的。现场控制站启动时如果发现本地的数据库版本号与服务器不一致，便会向服务器请求下装数据库和方案页。

（3）明确用户要求

明确用户要求，如 I/O 清单、控制策略组态、操作画面和报表要求、通信、安装环境等。

2．组态操作

（1）控制系统构建

① 了解生产控制工艺，确定控制规模，根据测点类型、数量确定控制站、操作站和工程师站的数量。

② 设置网络节点（JX-300XP 网络连接方法以及设备 IP 地址分配）、冗余数、控制周期、I/O 卡件数量、设置 IP 地址。

③ 编译、下载和发布工作。

（2）常规控制方案的确定

① 选择系统中提供了如手操器、单回路、串级和前馈等。

② 在调整画面中设置好各输入/输出参数值、PID 各值以及 SV、PV、E、T_1、T_2、K_f 等参数。

③ 完成常规控制方案的组态工作。

（3）特殊控制方案的组态

DCS 系统中没有的特殊控制方案，需工程师根据实际情况进行开发，主要有如下方法。

① 图形编程方法。

② 语言编写程序的方法。

3．点检

DCS 系统的点检是指 DCS 系统经过一定时间的运行后，必须对系统尤其是可能引起系统故障的关键点进行全面检测和必要的部件更换。点检的目的是及时掌握系统的运行状况，消除故障隐患，以保证系统在今后一段时期内安全、可靠运行。点检的主要内容是系统检查、系统清扫、易损及消耗部件的更换、系统性能检测和诊断等。建议系统每运行三年进行一次点检。

简答题

1．某化学反应器工艺规定操作温度为（800±10）℃，为确保生产安全，控制中温度最高不得超过 850℃。现运行的温度控制系统，在最大阶跃扰动下的过渡过程曲线图如下，最大偏差为多少？余差为多少？衰减比为多少？过渡时间为多少？

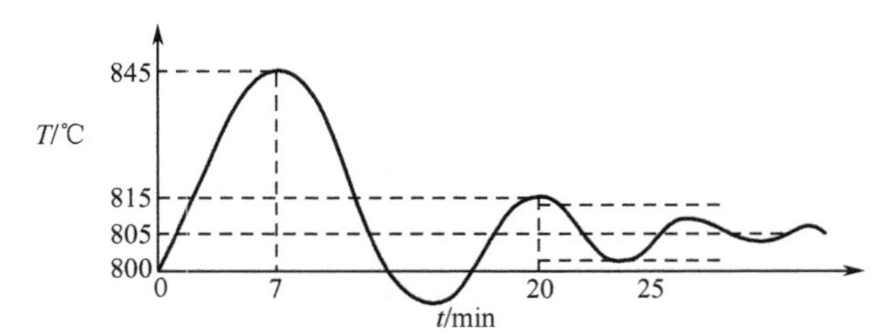

2．简述站号设置原则、站号设置技巧。

3．如何建立新项目、生成控制站、生成操作站？

4．什么叫组态？常用的组态软件有哪些？

5．JX-300XP DCS 的基本组态软件包括哪些内容？

6．JX-300XP DCS 组态前要做哪些准备工作？

7．JX-300XP DCS 中系统组态主要有哪些内容？

8．组态操作的实质是什么？

9．点检的主要内容是什么？

10．如何将实际生产装置控制转化到DCS上组态？

3.3　JX-300主机设置与用户授权的组态

学习内容	JX-300总体信息组态。
操作技能	1．主机设置方法。
	2．用户授权的组态方法。

3.3.1　JX-300总体信息组态

总体信息组态包括主机设置、编译、备份数据、组态下载和组态传送5个功能。建立了组态文件后，首先进行主机设置，包括各个控制站的地址、控制周期、通信、卡件冗余等情况的确定。

1．用户授权

在设计和生产过程中，系统对不用的用户设置不同的工作条件，并设置相应的密码，用户授权解决不同层次的操作权限问题。

2．操作小组设置

对各操作站的操作小组进行配置，不同的操作小组可观察、设置、修改不同的标准画面、流程图、报表、自定义键等。操作小组的划分有利于划分操作员的岗位职责，简化操作人员的操作，突出监控重点。

3．二次计算组态

在DCS中实现二次计算功能、优化操作站的管理，提供更丰富的报警内容、支持数据的输入/输出。把控制站的一部分任务由上位机来做，提高了控制站的工作速度、效率以及系统的稳定性。二次组态包括光字牌设置、网络策略设置、报警文件设置、趋势文件设置、任务文件设置、事件设置、提取任务设置、提取输出设置等。

3.3.2　控制站主机设置

启动SCKey组态软件后，选中“主机设置”选项，打开“主机设置”窗口。

1．控制站主控制卡组态

单击窗口左下方“主控制卡”选项卡，再单击右边“增加”按钮，对主控制卡进行组态，窗口中各项内容说明如下。

① 注释：注释栏内填写主控制卡的文字说明。

② IP地址：SUPCON DCS系统采用了双高速冗余工业以太网SCnet Ⅱ作为其过程控制网络。控制站作为SCnet Ⅱ的节点，其网络通信功能由主控卡担当。JX系列最多可组63个控制站，对TCP/IP地址采用表3-26所示的系统约定，组态时要保证实际硬件接口和组态时填写的地址应绝对一致。网络码默认设置，主机码从2开始，按偶数增加，需组态时人工设置。

表 3-26 TCP/IP 协议控制站地址的系统约定

<table>
<tr><th rowspan="2">类 别</th><th colspan="2">地 址 范 围</th><th rowspan="2">备 注</th></tr>
<tr><th>网 络 码</th><th>主 机 码</th></tr>
<tr><td rowspan="2">控制站地址</td><td>128.128.1</td><td>2～127</td><td rowspan="2">每个控制站包括两块互为冗余的主控制卡。每块主控制卡享用不同的网络码。IP 地址统一编排，不可重复。地址应与主控卡硬件上的跳线地址匹配</td></tr>
<tr><td>128.128.2</td><td>2～127</td></tr>
</table>

③ 周期：运算周期必须为 0.1s 的整数倍，范围在 0.1～5.0s 之间，一般建议采用默认值 0.5s。运算周期包括处理输入/输出时间、回路控制时间、SCX 语言运行时间、图形组态运行时间等，运算周期主要耗费在自定义控制方案的运行上，大致 1KB 代码需要 1ms 运算时间。

④ 类型：通过软件和硬件的不同配置可构成不同功能的控制结构，如过程控制站、逻辑控制站、数据采集站等。

⑤ 型号：目前可以选用的型号为 SP243X。

⑥ 通信：数据通信过程中要遵守的协议。目前通信采用用户数据报协议（User Datagram Protocol，UDP），具有通信速度快的特点。

⑦ 冗余：一般情况下，在偶数地址放置主控卡；在冗余的情况下，其相邻的奇数地址自动被占据用以表示冗余卡。

⑧ 网线使用：填写需要使用网络 A、网络 B 还是冗余网络进行通信。

⑨ 冷端：选择热电偶的冷端补偿方式，可以选择“就地”或“远程”。“就地”表示直接在主控卡上进行冷端补偿；“远程”表示在数据转发卡上进行冷端补偿。

⑩ 运行：选择主控卡的工作状态，可以选择实时或调试。选择“实时”，表示运行在一般状态下；选择“调试”，表示运行在调试状态下。

全部组态后，窗口如图 3-30 所示。

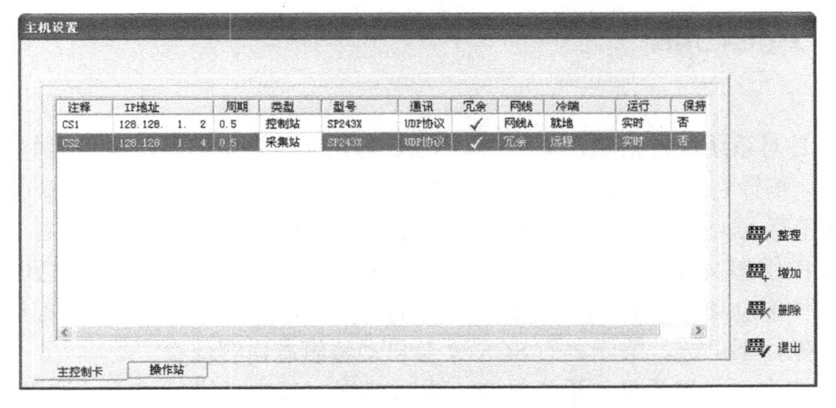

图 3-30 主控制卡组态窗口

2．操作站组态

单击窗口左下方“操作站”选项卡，再单击右边“增加”按钮，对操作站进行组态，进入操作主机的组态窗口，完成后如图 3-31 所示。窗口中各项内容的说明如下。

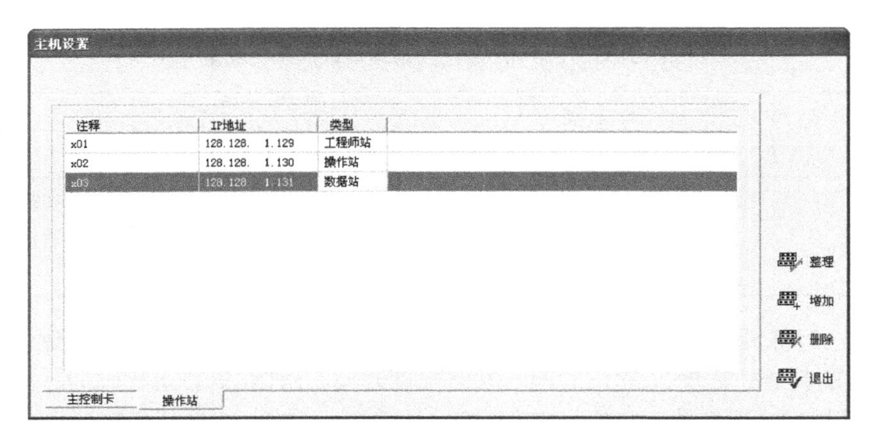

图 3-31 操作站组态窗口

① 注释：注释栏内填写操作站的文字说明。

② IP 地址：JX 系列最多可组 72 个操作站（或工程师站），对 TCP/IP 地址采用表 3-27 所示的系统约定。

表 3-27 操作站地址的系统约定

<table>
<tr><th rowspan="2">类　别</th><th colspan="2">地 址 范 围</th><th rowspan="2">备　注</th></tr>
<tr><th>网 络 码</th><th>主 机 码</th></tr>
<tr><td rowspan="2">操作站地址</td><td>128.128.1</td><td>129～200</td><td rowspan="2">每个操作站包括两块互为冗余的网卡。两块网卡享用同一 IP 地址，但应设置不同的网络码。IP 地址统一编排，不可重复</td></tr>
<tr><td>128.128.2</td><td>129～200</td></tr>
</table>

③ 类型：操作站类型分为工程师站、数据站和操作站三种，可在下拉列表中选择。

3.3.3 其他功能

1．编译

组态编译是对系统组态信息、流程图、SCX 自定义控制策略及报表信息等一系列组态信息文件的编译。编译包括快速编译和全体编译两种，快速编译只编译改动的部分，全体编译是编译组态的所有数据。编译的情况（如编译过程中发现有错误信息）显示在右下方操作区中。

用户定义的组态文件必须经过系统编译，才能下载给控制站执行和传送到操作站监控。编译是通过总体信息菜单中的“编译”命令进行的，且只可在控制站与操作站都组态以后进行，否则“编译”操作不可选。编译之前 SCKey 会自动将组态内容保存。

组态编译错误时，根据显示进行排查，发现错误，双击后进行修改，编译过程中显示的错误信息及解决方法也可以参考相关资料。

2．备份数据

编译成功后选择“总体信息”菜单的“备份数据”选项，弹出“组态备份”对话框，如图 3-32 所示，可单击“备份到…”选项后面的按钮 ? ，从浏览文件夹对话框中选择备份的路径。从需要备份的文件列表框中选择要备份的文件，单击“备份”按钮后，所选文件将被复制到指定目录下。注意备份数据之前需编译成功，否则会弹出警告框提示“编译错误，请在编译

正确后再试”。

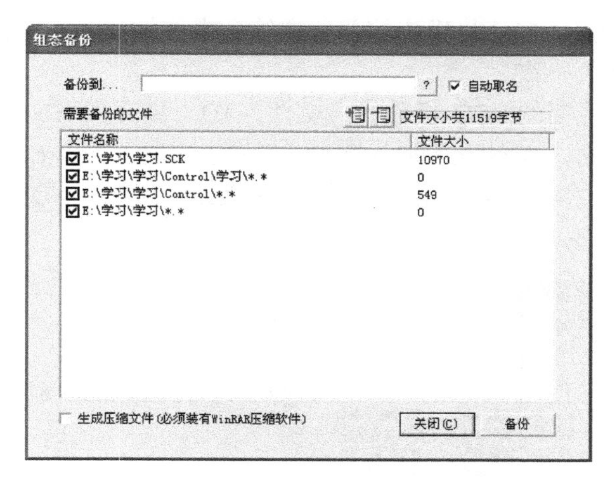

图 3-32 “组态备份”对话框

3. 组态下载

用于将上位机中的组态内容编译后下载到控制站。单击“总体信息”菜单中“组态下载”选项，将打开组态下载对话框，如图 3-33 所示。首先选定主控制卡，然后操作。组态下载有“下载所有组态信息”和“下载部分组态信息”两种方式。如果用户对系统非常了解或为了某一明确的目的，可采用“下载部分组态信息”，否则请采用“下载所有组态信息”。

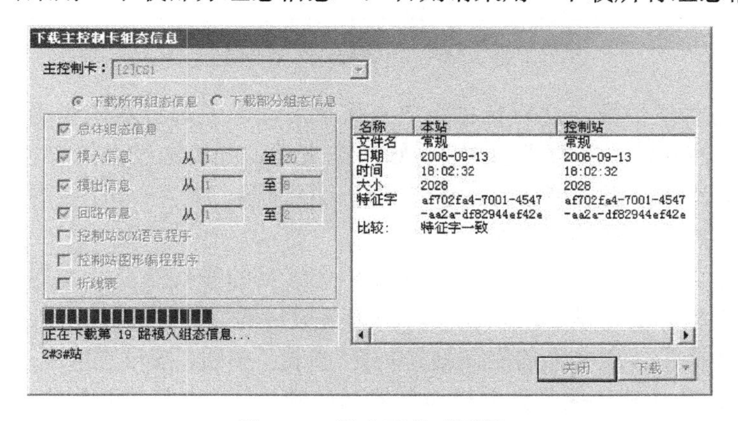

图 3-33 组态下载对话框

如果修改操作站主机的组态信息（标准画面组态、流程图组态、报表组态等），则不需要下载组态信息。

信息显示区中“本站”一栏显示正要下载的文件信息，其中包括文件名、编译日期及时间、文件大小、特征字。“控制站”一栏则显示当前控制站中的.SCC 文件信息，由工程师来决定是否用本站的内容去覆盖原控制站中的内容。下载并执行后，本站的内容将覆盖控制站原有内容，此时，本站一栏中显示的文件信息与控制站一览显示的文件信息相同。

当组态下载出现阻碍时，会弹出警告框提示“通信超时，检查通信线路连接是否正常、控制站地址设置是否正确”。

4．组态传送

组态传送的功能一方面快速将组态信息传送给各操作站，另一方面可以检查各操作站与控制站中的组态信息是否一致。

组态传送用于将编译后的.SCO 操作信息文件、.IDX 编译索引文件、.SCC 控制信息文件等通过网络传送给操作站。组态传送前必须在操作站中安装 FTP Serve（文件传输协议服务器），设置传送路径，这些会在安装时自动完成。选择“总体信息”菜单中“组态传送”命令，打开“组态传送”对话框，如图 3-34 所示。

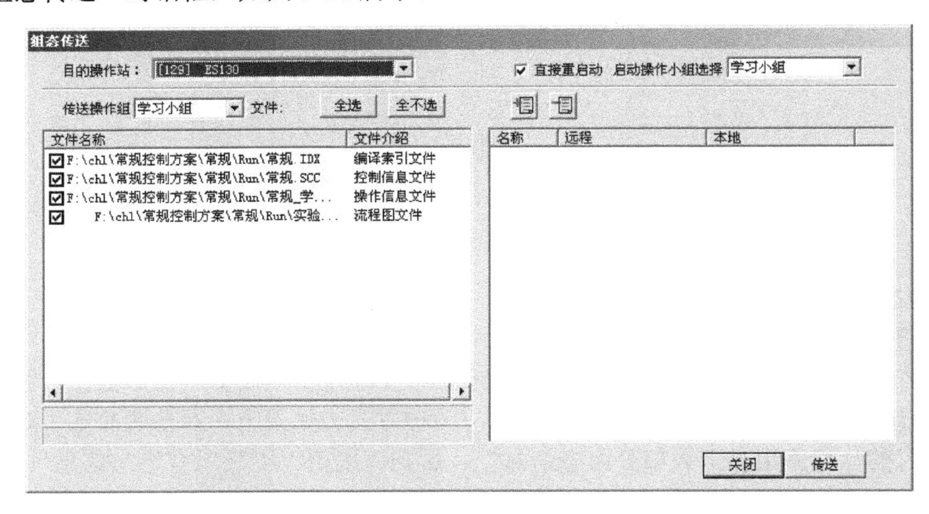

图 3-34 “组态传送”对话框

根据一般组态传送情况，此对话框中“直接重启动”复选框默认为选中，表示在远程运行的 AdvanTrol 监控软件将重载组态文件，该组态文件就是传送过去的文件；以“启动操作小组选择项”选择的操作小组直接运行。若未选择此复选框，则 AdvanTrol 重载组态文件后，弹出对话框要求操作人员选择操作小组。

信息显示区中，“远程”为将被传送文件传送给目的操作站。“本地”为本地工程师站上文件信息，由工程师决定是否用本地内容去覆盖原目的操作站中的内容。在“目的操作站”下拉列表中选择要接受传送文件的操作站，单击“传送”按钮，按设置情况进行组态信息传送。当传送成功，AdvanTrol 软件接收到向操作站发送的消息后，将其复制到执行目录下即可运行。

5．用户授权的组态

用户授权管理组态的目的是确定 DCS 操作和维护管理人员并赋以相应的操作权限，不同的用户管理对应不同的权限。在软件中角色的等级分成 8 级，分别为：操作员-、操作员、操作员+、工程师-、工程师、工程师+、特权-、特权。不同等级的用户拥有不同的授权设置，即拥有不同范围的操作权限。对每个用户也可专门指定（或删除）其某种授权。Admin 为管理员，用户等级为特权+，权限最大。用户授权软件的用户列表和角色列表界面如图 3-35 所示。

① 在工具栏中，单击“用户授权”按钮。

② 在当前工具栏中单击“+”按钮，填写用户名、角色（等级）、描述和密码等。

③ 同时也可以进行角色确定、密码设置，得到相应的操作权限和关联至少一个操作小组。

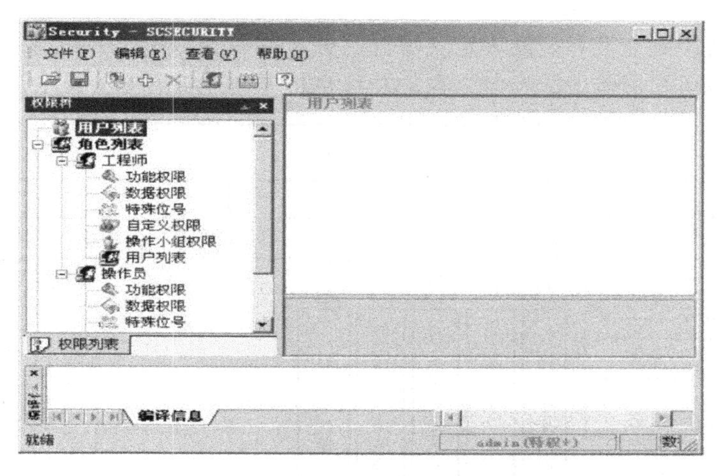

图 3-35 用户授权操作界面

练 习 题

简答题

1．JX-300XP 主机设置主要有哪 11 项组态内容？
2．JX-300XP 主机 IP 地址设置有何要求？
3．JX-300XP 授权的目的是什么？
4．JX-300XP 用户授权的组态中等级分哪几种？
5．如何建立一个新角色？

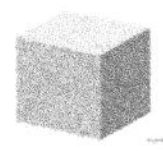

3.4 JX-300XP 控制站组态操作方法

学习内容	1．控制站组态。
	2．数据转发卡组态。
	3．I/O 卡件的组态。
	4．I/O 点组态。
	5．自定义变量。
	6．控制策略组态。
操作技能	1．控制站组态。
	2．系统控制方案组态。

3.4.1 了解控制站组态

1．控制站组态概述

控制站由主控制卡、数据转发卡、I/O 卡件、供电单元等构成。控制站组态是指对系统硬件和控制方案的组态，是通过“控制站”菜单实现的，主要包括 I/O 组态、自定义变量、常规控制方案、自定义控制方案和折线表定义等五部分，图 3-36 所示为控制站组态的流程。

系统网络节点可扩展修改，控制站内的总线也可方便地扩展 I/O 卡件。

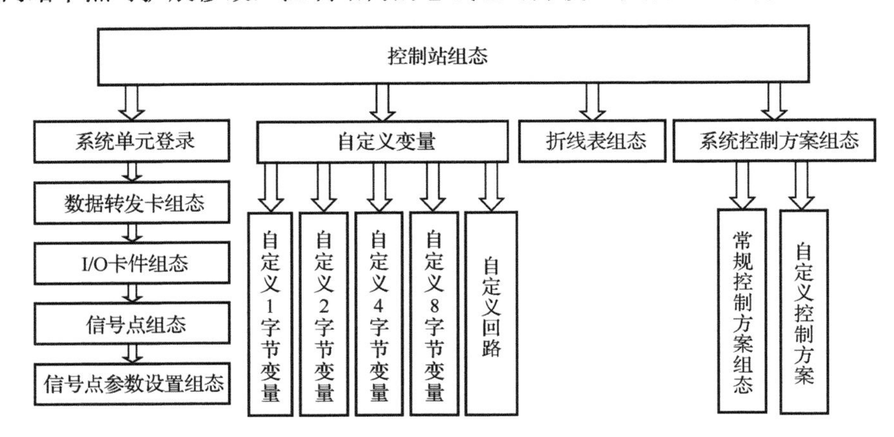

图 3-36　控制站组态的流程

2．组态前的准备工作

组态前应该进行如下准备工作。

① 列写装置全部 I/O 测点清单，根据测点清单进行测点统计。

② 根据测点统计，选择各类卡件，确定 I/O 卡件数量。

③ 根据 I/O 卡件数量，确定控制站的规模（需要几个控制站，每个控制站分配几个机笼，设计卡件布置图）。

④ 安排每个机笼中的卡件类型和数量，确定每个信号通道地址。

⑤ 新建组态文件。启动组态软件（密码：SUPCONDCS）选择新建组态；指定文件存放路径和文件名，进入组态界面。

➢ 系统组态（设置节点、冗余、控制周期、I/O 卡件的种类、数量、地址和通道等）。

➢ 控制站设置（主控卡设置、地址、周期、型号、类型、通信、冗余；I/O 组态；报警、控制策略组态操作（常规 PID 控制和特殊控制组态，逻辑绘图和编程等）。

3.4.2　控制站组态的基本操作

控制站组态是指对系统硬件和控制方案的组态，主要包括数据转发卡、I/O 组态、报警、自定义变量、常规控制方案、自定义控制方案和折线表定义等六部分。

1．组态窗口的基本操作

组态窗口的基本操作包括组态树的基本操作、组态窗口的基本操作、位号选择窗口等。

（1）组态树的基本操作

和所有 Windows 资源管理器一样，组态树以分层展开的形式直观地展示了组态信息的树状结构，可清晰地看到从控制站直至信号点的各层硬件结构及相互关系，也可以看到操作站上各种操作画面的组织方式。“组态树”提供了总览整个系统组态体系的极佳方式。

无论是系统单元、I/O 卡件还是控制方案，或是某页操作画面，只要展开“组态树”，在其中找到相应“树节点”内容，双击，就能直接进入该单元的组态窗口进行修改。

对“组态树”可直接进行复制、粘贴和剪切操作。

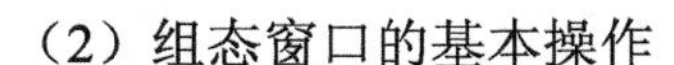

（2）组态窗口的基本操作

在列表框中可以直接进行修改，修改将被保存。基本功能按钮有设置、整理、增加、删除、退出、编辑、确定、取消等，具体操作说明如下。

单击“设置”按钮，会弹出所在栏参数设置对话框，在此对话框中进行相应参数的设置。

单击“增加”按钮，将一个新单元加入到组态窗口中。快捷键“Ctrl+A”也同样具有此功能。

单击“删除”按钮，将删除列表框内选中的一个单元。但应注意如果被删除单元有下属信息，此操作也将删除其下属的所有组态信息，请谨慎使用。快捷键“Ctrl+D”也同样具有删除功能。在“查看”菜单“选项”中选择“删除时提示确认”后，会有窗口弹出提示是否删除。

单击“退出”按钮，退出该组态窗口。

单击“编辑”按钮，可打开选中文件进行编辑修改。

单击“确定”按钮，表示确认窗口参数有效并退出组态窗口。

单击“取消”按钮，将取消本次对窗口内参数的修改，并退出组态窗口。

（3）位号选择窗口

在许多要求提供已经存在的位号旁边有按钮 ? ，该按钮提供对该位号的选取功能。单击 ? 按钮，即弹出图 3-37 所示对话框，双击列表框中的条目或选择条目后单击“确定”按钮，均可关闭窗口并将所选中的位号自动填写到 ? 按钮前的编辑框中。位号支持多选。

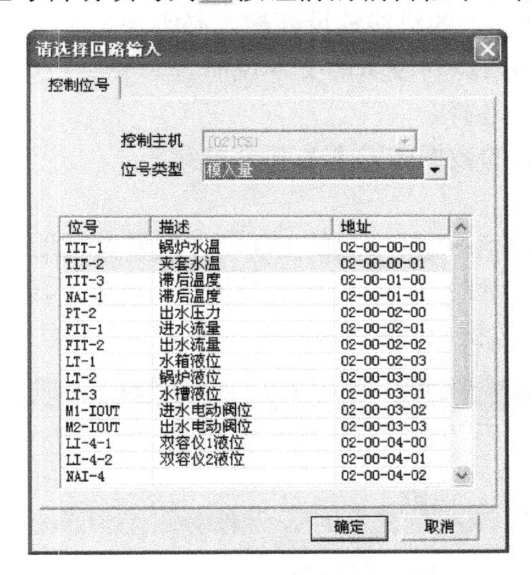

图 3-37 控制位号选择对话框

2. 数据转发卡组态

对某一个控制站内部的数据转发卡的冗余情况、卡件在 SBUS-S2 网络上的地址进行组态。选择“控制站”菜单“I/O 组态”选项后，“IO 输入”窗口被打开，在其中选择“数据转发卡”选项卡后将看到如图 3-38 所示的组态窗口。

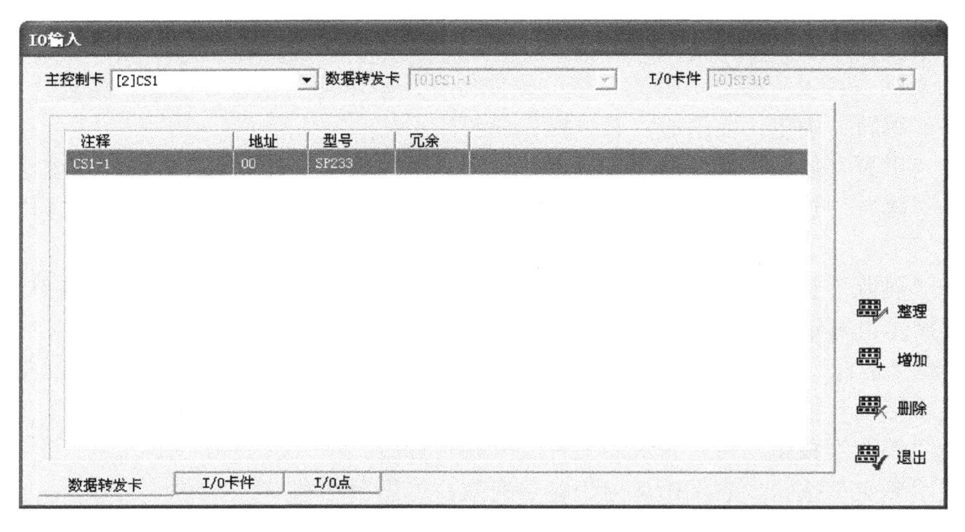

图 3-38　数据转发卡组态

➢ 主控制卡：此项下拉列表列出登录的所有主控制卡，可选择当前主控制卡。

➢ 数据转发卡：窗口中列出的数据转发卡都将挂接在该主控制卡上。1 块主控制卡最多可组 16 块数据转发卡。定义当前数据转发卡在主控卡上的地址，最好设置为 0～15 内的偶数。注意地址应与数据转发卡硬件上的跳线地址匹配，必须递增上升，不能跳跃，不可重复。

➢ 注释：写入当前组态数据转发卡的文字说明。

➢ 型号：只有 SP233 供选择。

➢ 冗余：设置当前组态的数据转发卡为冗余单元。

3．I/O 卡件的组态

I/O 卡件的组态是对 SBUS-S1 网络上的 I/O 卡件型号及地址进行组态。单击下方“I/O 卡件”选项卡，打开图 3-39 所示的 I/O 卡件组态界面。1 块数据转发卡下可组 16 块 I/O 卡件，可通过单击右边的“增加”按钮，不断添加 I/O 卡件。

图 3-39　I/O 卡件组态界面

➢ 注释：写入对当前 I/O 卡件的文字说明。

➢ 地址：定义当前 I/O 卡件在数据转发卡上的地址，应设置为 0～15。注意地址应与它在控制站机笼中的排列编号匹配，且不可重复。

➢ 型号：下拉列表框中可选定当前组态 I/O 卡件的类型。SUPCON DCS 系统提供多种卡件供用户选择。

➢ 冗余：设置当前组态的 I/O 卡件为冗余单元。

4．I/O 点组态

单击下方“I/O 点” 选项卡，I/O 信号点组态窗口如图 3-40 所示。

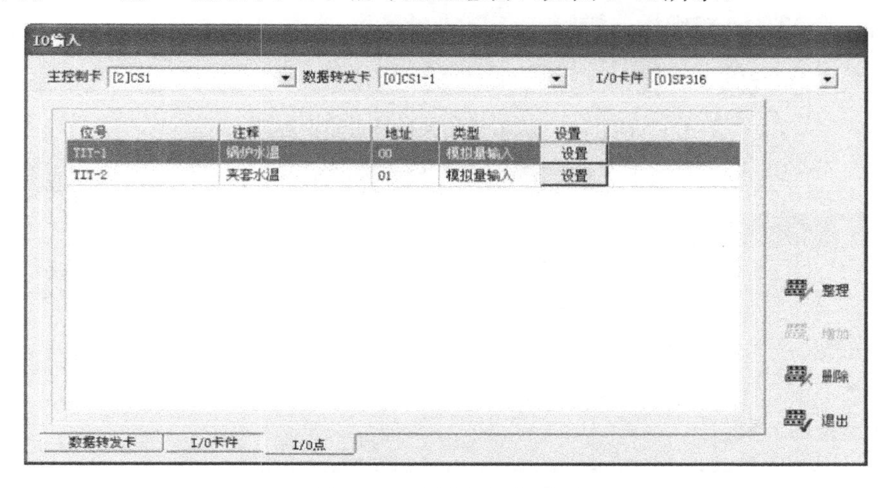

图 3-40 信号点组态画面

➢ 位号：定义当前信号点在系统中的位号。每个信号点在系统中的位号都应是唯一的，不能重复，位号只能以字母开头，不能使用汉字，且字长不得超过 10 个英文字符。

➢ 注释：写入对当前 I/O 点的文字说明，字长不得超过 20 个字符。

➢ 地址：定义指定信号点在当前 I/O 卡件上的编号。信号点的编号应与信号接入 I/O 卡件的接口编号匹配，不可重复使用。

➢ 类型：显示当前信号点信号的输入/输出类型，包括模拟信号输入 AI、模拟信号输出 AO、开关信号输入 DI、开关信号输出 DO、脉冲信号输入 PI、位置输入信号 PAT、顺序事件输入 SOE 输入 7 种类型。

➢ 设置：单击 “设置”按钮，系统将根据该信号点所设的信号类型，进入与之匹配的信号点参数设置组态窗口。

（1）信号点参数设置组态

信号点参数设置组态根据信号点输入/输出（I/O）类型的不同，可分为模拟量输入信号点组态、模拟量输出信号点组态、开关量（SOE）输入信号点组态、开关量输出信号点组态、脉冲量输入信号点组态、PAT 信号点组态 6 种不同的组态窗口。单击 I/O 点中的“设置”按钮，组态软件将根据 I/O 点的类型决定进入哪个窗口进行组态，以模拟量输入信号组态为例，如图 3-41～图 3-45 所示。

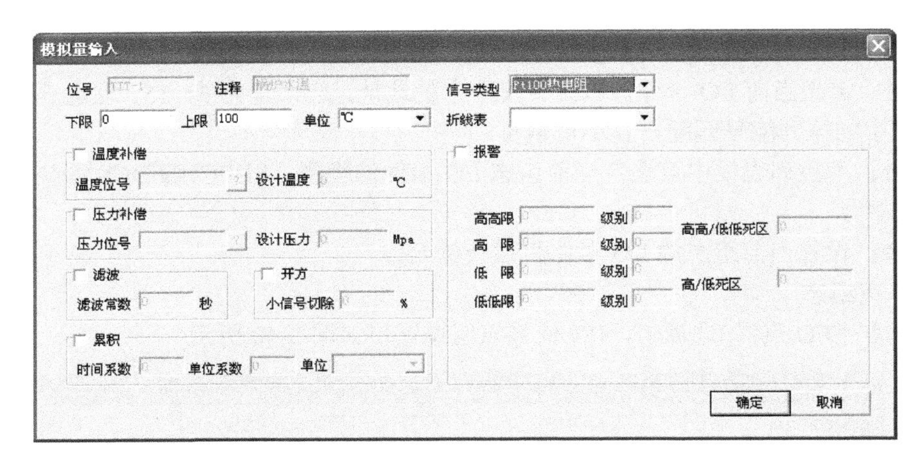

图 3-41　模拟量输入信号点组态界面

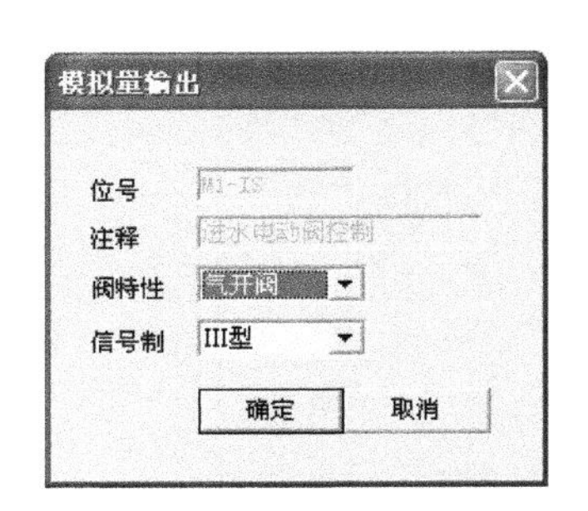

图 3-42　模拟量输出信号点组态界面

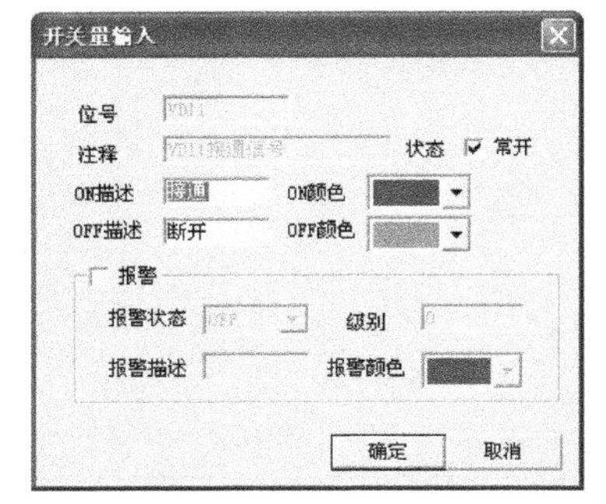

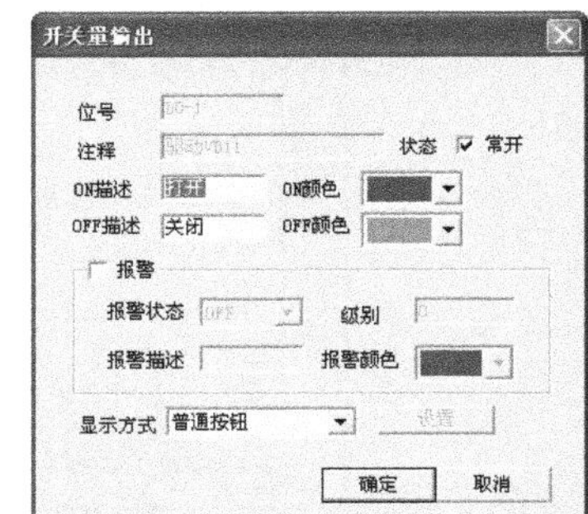

图 3-43　开关量输入/输出信号点组态界面

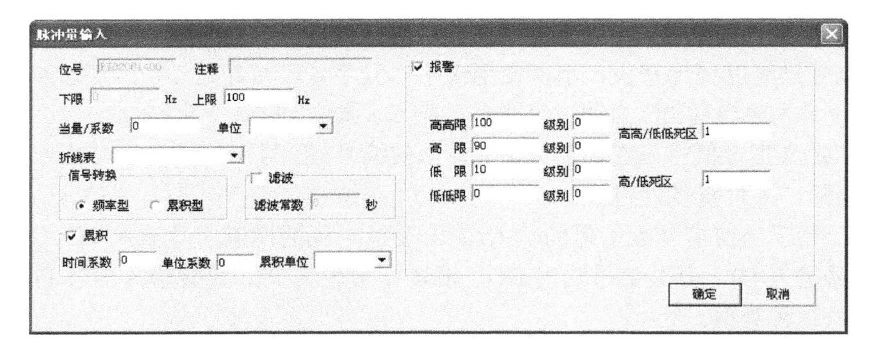

图 3-44　脉冲量输入信号点组态界面

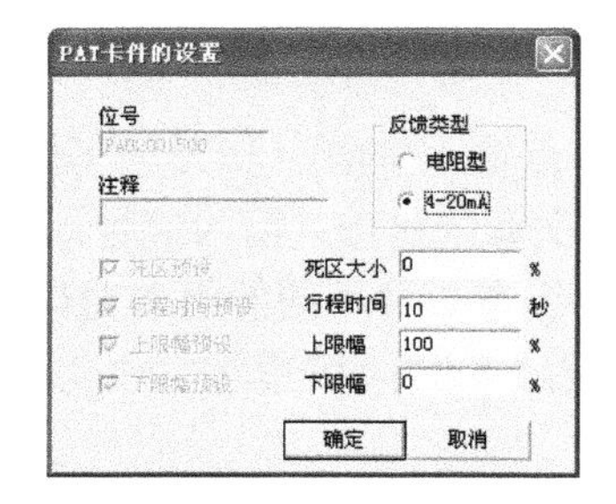

图 3-45　PAT 卡件组态界面

① 模拟量输入信号点设置。

单击模拟量输入信号旁的“设置”按钮，进入模拟量输入信号点设置组态窗口。系统首先判断采集到的原始信号是不是标准信号，如果是则根据信号类型调用相应的内置标准非线性处理方案，此外对某些标准温度信号，还加入了冷端补偿的处理；如果信号类型为自定义，则调用用户设定的非线性处理方案（即调用用户为该信号定义的折线表处理方案）。然后，系统依据用户的设定要求，逐次进行温压补偿、滤波、开方、报警、累积等处理。经过输入处理的信号已经转化为一个无单位的百分量信号，即无因次信号。下面对模拟量输入信号点设置组态窗口中各输入项进行说明。

➢ 位号：此项自动填入当前信号点在系统中的位号，此框消隐不可改。

➢ 注释：此项自动填入对当前信号点的描述，此框消隐不可改。

➢ 信号类型：此项中列出了 JX-300XP 系统支持的 17 种模拟量输入信号类型。

➢ 上/下限及单位：这几项分别用于设定信号点的量程最大值、最小值及其单位。工程单位列表中列出了一些常用的工程单位供用户选择，同时也允许用户定义自己的工程单位。

➢ 折线表：可从折线表下拉列表中选择折线表名，折线表组态窗口中折线表名修改后，需要注意此处折线表也要进行相应修改，否则编译会出错。

➢ 温度补偿（温度位号、设计温度）：当信号点所取信号需温度补偿时，选中温度补偿复选框，将打开后面的温度位号和设计温度两项；单击温度位号项后面的按钮，此时会弹出位号选择对话框，从中选中补偿所需温度信号的位号，位号也可直接填入，但要说明的是，所填位号必须已经存在。在设计温度项中填入设计的标准温度值。

➢ 压力补偿（压力位号、设计压力）：当信号点所取信号需进行压力补偿时，选中压力补偿复选框，将打开后面的压力位号和设计压力两项，压力位号的设置与温度补偿中温度位号设置一样。在设计压力项中填入设计的标准压力值。

② 模拟量输出信号点设置。

模拟输出信号输出的是一个控制阀位（即阀门开关）的百分量信号。模出量输出信号点组态界面如图 3-42 所示。

➢ 位号：此项自动填入当前信号点在系统中的位号，此框消隐不可改。

➢ 注释：此项自动填入对当前信号点的描述，此框消隐不可改。

➢ 阀特性：此框中指定控制阀的特性（气开/气闭）。

➢ 信号制：此框中指定输出信号的制式（II 型/III型）。

③ 开关量输入/输出信号点设置。

开关量输入/输出信号都是数字信号，两种信号点的设置组态基本一致，开关量输入组态窗口和开关量输出组态界面如图 3-43 所示。

➢ 位号：此项自动填入当前信号点在系统中位号，此框消隐不可改。

➢ 注释：此项填入对当前信号点的描述，此框消隐不可改。

➢ 开/关状态表述（ON/OFF 描述、ON/OFF 颜色）：此功能组共包含四项功能项，分别对开关量信号的 ON/ OFF 状态进行描述和颜色定义。

➢ 报警（报警状态、报警描述、报警颜色）：当信号需加报警时，选中报警复选框，打开其后的报警状态、报警描述和报警颜色、级别项。在报警状态下拉列表中选定当开关量为何值（ON/OFF）时报警；在报警级别项中填入该信号的报警优先级。在报警描述项中填入报警的文字描述（如“严重”“一般”等）；在报警颜色选项中选定报警色。

➢ 显示方式（开关量输出信号组态窗口中）：当显示方式设置为时间设置按钮时，单击此项旁边的“设置”按钮，通常状态：显示变量通常所处状态（ON/OFF）。

➢ 复位时间：变量复位时间间隔，单位为“秒”。

➢ 复位位号：复位位号可通过此项后的按钮进行查询选择。

➢ 复位状态：此项定义了复位位号复位时的状态。

④ 脉冲量输入信号点设置。

脉冲量输入信号以脉冲信号的个数来指示信号源当前数量状态，信号数目通过当量系数可转化为实际量。脉冲量输入信号点组态界面如图 3-44 所示。

➢ 位号：此项自动填入当前信号点在系统中的位号，此框消隐不可改。

➢ 注释：此项填入对当前信号点的描述，此框消隐不可改。

➢ 上/下限:脉冲信号的频率范围，如信号为 0～5kHz，则“上限”处应填写“5000”，“下限”处应填写“0”。

➢ 当量/系数：当量系数表示输入脉冲数与实际工程量间的转换关系。例如，当量系数为 0.1，工程单位为“升/秒”，则表示每个脉冲相当于 0.1 升/秒的流量。

➢ 单位：此项设定实际工程量的工程单位。

➢ 折线表：可从折线表下拉列表中选择。

➢ 信号转换： 脉冲量信号有频率型、累积型两种类型。当信号频率较高（一般在 2kHz 以上），同时工艺对瞬时流量精度要求高的场合，应选用频率型；当信号频率较低（2kHz 以下），同时工艺对总流量累积精度要求高的场合，应选用累积型。

➢ 滤波（滤波常数）：当信号点所取信号必须滤波时，选中滤波复选框，打开其后的滤波常数选项，在其中填入滤波常数，单位为“秒”。JX-300XP 系统提供一阶惯性滤波。该选项仅在频率型信号时才有用，选择累积型信号时该选项不起作用。

➢ 累积（时间系数、单位系数、累积单位）：与模拟量输入信号的累积系数设置一致。

➢ 报警：与模拟量输入信号的报警设置一致，但这里的报警限数据单位是 Hz。

⑤ PAT 信号点设置。

在 I/O 卡件设置中选择“SP341 1 路位置信号输入卡”后单击 I/O 点中的“设置”按钮，将弹出 PAT 卡件设置对话框，如图 3-45 所示，对其中各项说明如下。

➢ 位号：此项自动填入当前信号点在系统中的位号，此栏在当前对话框中不可改，可在“IO 输入”对话框中对位号进行设置。

➢ 注释：此项填入对当前信号点的描述，此栏在当前对话框中不可改，可在“IO 输入”对话框中对注释进行设置。

➢ 反馈类型：反馈类型分为电阻型和 4～20mA 两种。根据执行机构的不同进行选择。

➢ 死区大小：可对死区大小进行预设，在其中输入 0～25 的数字。死区大小单位为“%”，精度为 0.1 秒。

➢ 行程时间：可对行程时间进行预设，在其中输入 0～255 的数字。行程时间单位为“秒”。

➢ 上/下限幅：可对信号点所取信号进行上/下限幅预设，在其中输入 0～100 的数字，且上限幅>下限幅，上/下限幅单位为“%”。

➢ 通过单击“增加”按钮，不断重复操作，直到组态所有 I/O 点信息。

➢ 对空位号命名采用：N+信号类别+主控卡地址（1 位数）+I/O 地址（1 位数）+I/O 点地址（1 位数）产生；描述：备用。方便人员识别。

至此，系统 I/O 组态的各层组态环境已全部展开。通过 I/O 组态，用户将完成系统全部的控制硬件配置。从中可以看出，JX-300XP 系统中的控制硬件结构呈“树”状组合，即以挂接在 JX-300XP 系统网络上的一个主控制卡为“树根”向下逐层展开，直至单个信号点为最小的“叶”。在组态过程中，用户应根据系统的上述特点，自上而下，逐层组态。

（2）报警处理

集散控制系统具有完备的报警功能，使操作管理人员能得到及时、准确又简洁的报警信息，从而保证了安全操作。DCS 的报警组态可选择各种报警类型、报警限值和报警优先级。报警死区处理功能的目的是为了防止测量值信号在报警限附近频繁抖动而导致的报警消息频繁产生的现象。报警级别项中填入该信号的报警级别。

3.4.3 自定义变量

定义上、下位机间交流所需要的变量及自定义控制方案中所需的回路。选定“控制组态”→“自定义变量”菜单项，进入如图 3-46 所示的自定义声明组态界面，其中包括自定义回路组态、1 字节变量定义、2 字节变量定义、4 字节变量定义、8 字节变量定义 5 项内容。自定义变量的作用是在上、下位机之间建立交流的途径。上、下位机均可读、可写。上位机写、下位机读，是上位机向下位机传送信息，表明操作人员的操作意图；下位机写、上位机读，是下位机向上位机传送信息，一般是需要显示的中间值或需要二次计算的值。

1 字节变量定义：SUPCON DCS 系统在处理操作站和控制站内部数据的交换中，在控制站主机的内存中开辟了一个数据交换区，通过对该数据区的内存编址，实现了操作站与控制站的内部数据交换。用户在定义控制算法中如果需要引用这样的内部变量，就需要为这些变量进行定义。每个控制站支持 4096 个 1 字节自定义变量。

选择“控制站”菜单中的“自定义变量”选项，选择“1 字节变量”选项卡，界面如图 3-46 所示。

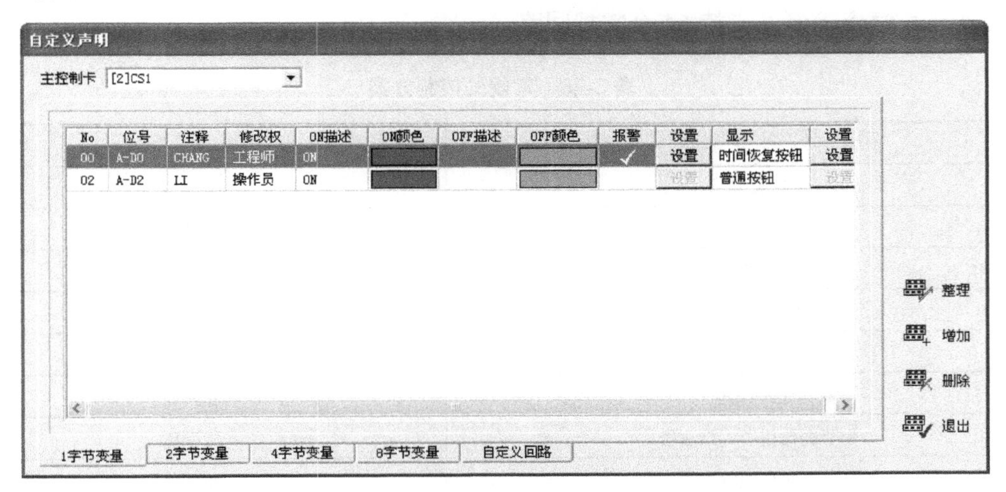

图 3-46 自定义声明组态界面

➢ No：自定义 1 字节变量存放地址。当某一地址中不需要存放变量时，此地址依然存在。例如，No 栏不填 1 号地址，表示 1 号地址中不存放变量，且 1 号地址依然存在。

➢ 位号：写入对当前自定义 1 字节变量的定义位号。

➢ 注释：写入对当前自定义 1 字节变量的文字描述。

➢ 修改权：此栏下拉列表中提供当前自定义 1 字节变量的修改权限，有观察、操作员、工程师、特权 4 级权限保护。观察权限时该变量处于不可修改状态；操作员权限表示可供操作员、工程师、特权级别用户修改；工程师权限表示可供工程师、特权级别用户修改；特权权限时仅供特权级别用户修改。

➢ 开/关状态（ON/OFF 描述、ON/OFF 颜色）：对开/关量信号状态进行描述和颜色定义。

➢ 报警：信号需要报警时选中报警项，此栏以“√”显示。

➢ 设置：当报警被选中时，单击“设置”按钮将打开“开关量报警设置”对话框，对报警状态、报警描述、报警颜色、报警级别进行设置。其中“报警级别”选项为此 1 字节自定义变量报警设置报警级别（0～90）。

➢ 设置：设置恢复时间和恢复位号。

➢ 显示：下拉列表中提供 3 种显示按钮，即时间恢复按钮、位号恢复按钮和普通按钮。

此外，2 字节、4 字节和 8 字节变量定义与上面的操作类似，每个控制站分别支持 2048、512 个自定义 2 字节、4 字节变量和 256 个自定义 8 字节变量。

3.4.4 系统控制方案组态

完成系统 I/O 组态后，就可以进行系统的控制方案组态了。控制方案组态分为常规控制方案组态和自定义控制方案组态。

1. 常规控制方案组态

组态软件提供了一些常规的控制方案，如表 3-28 所示，这些方案主要有手操器、单回路、串级、单回路前馈、串级前馈、单回路比值、串级变比值、采样控制，而且易于操作，稳定可靠。选择“控制站”的“常规控制方案”选项，启动系统常规控制方案组态窗口，如图 3-47～图 3.50 所示。每个控制站支持 64 个常规回路。

表 3-28 常规的控制方案

控 制 方 案	回 路 数
手操器	单回路
单回路	单回路
串级	双回路
单回路前馈	单回路
串级前馈	双回路
单回路比值	单回路
串级变比值——乘法器	双回路
采样控制	单回路

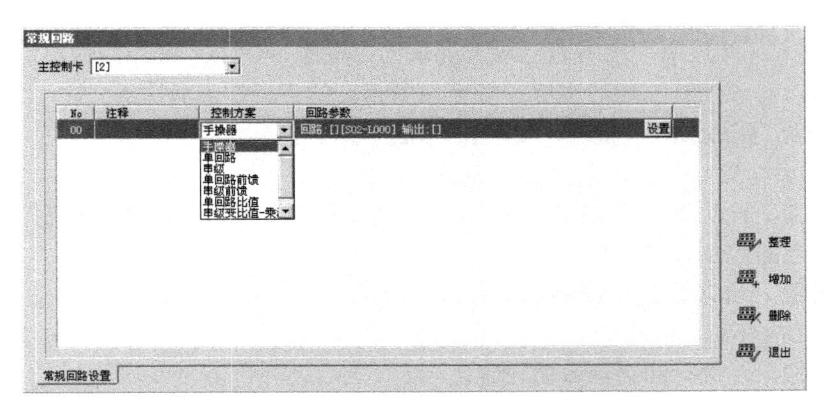

图 3-47 回路选择

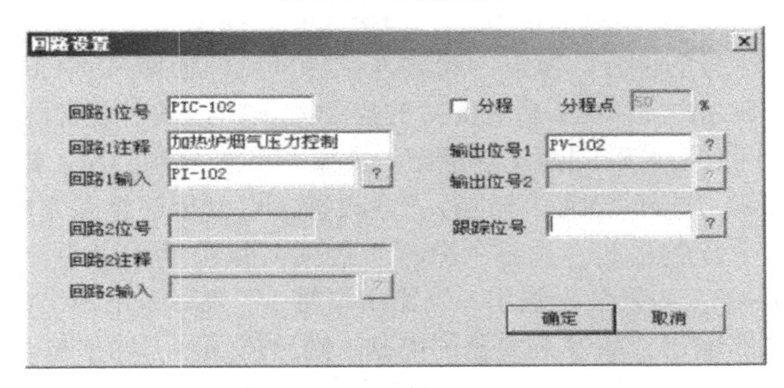

图 3-48 单回路参数设置

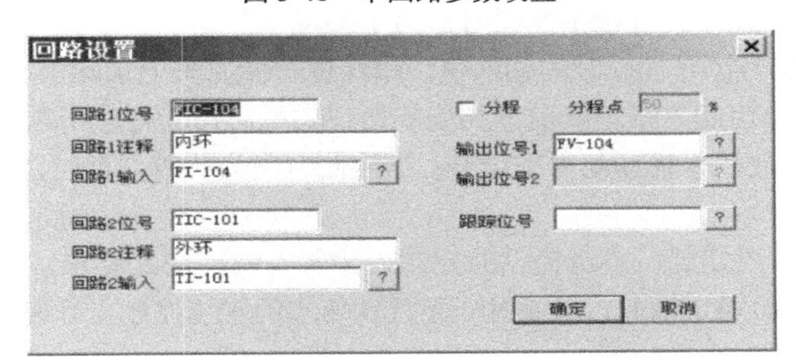

图 3-49 串级回路参数设置

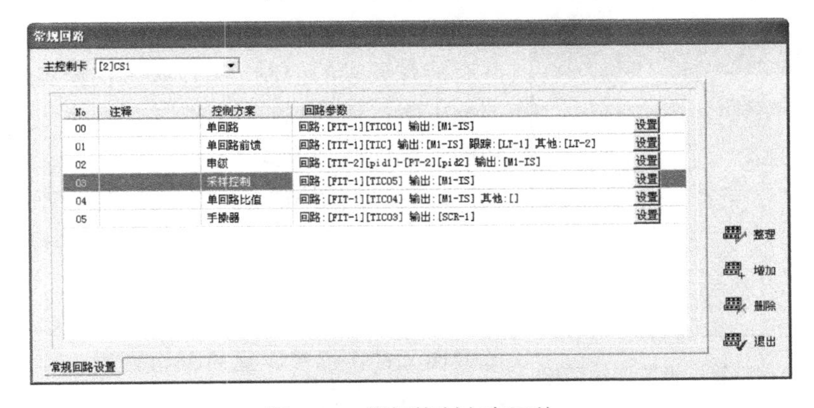

图 3-50 常规控制方案汇总

➢ 主控制卡：此项中列出所有已组态登录的主控制卡，用户必须为当前组态的控制回路指定主控制卡，对该控制回路的运算和管理由所指定的主控制卡负责。

➢ No：回路存放地址，“整理”后会按地址大小排序。

➢ 注释：填写当前控制方案的文字描述。

➢ 控制方案：此项列出了 SUPCON DCS 系统支持的 8 种常用的典型控制方案，用户可根据需要选择适当的控制方案。

➢ 回路参数：此项可选单回路或双回路。选择单回路时只可填写回路 1 的信息；选双回路时，回路 1（内环）和回路 2（外环）的信息都必须填写，用于确定控制方案的输出方法。单击“设置”按钮，进行回路参数的设置。

回路 1/回路 2 功能组，用以对控制方案的各回路进行组态（回路 1 为内环，回路 2 为外环）。“回路位号”项填入该回路的位号；“回路注释”项填入该回路的说明描述；“回路输入”项输入相应输入信号的位号，常规回路输入位号只允许选择 AI 模拟输入量。位号也可通过 ? 按钮查询选定。SUPCON DCS 系统支持的控制方案中，最多包含两个回路。如果控制方案中仅有一个回路，则只需填写回路 1 功能组；如果有多个控制回路，则单击“确定”按钮返回后单击“增加”按钮，选择控制回路进行参数设置，直到全部组态完成。

当控制输出需要分程输出时，选择“分程”选项，并在“分程点”输入框中填入适当的百分数（40%时填写 40）。如果分程输出，“输出位号 1”填写回路输出分程点时的输出位号，“输出位号 2”填写回路输出。如果不加分程控制，则只需填写“输出位号 1”项，常规控制回路输出位号只允许选择 AO 模拟输出量，位号可通过单击 ? 按钮进行查询。

➢ 跟踪位号：当该回路外接手操器时，为了实现从外部手动到自动的无扰动切换，必须将手动阀位输出值作为计算机控制的输入值，跟踪位号就用来记录此手动阀位值。

➢ 其他位号：当控制方案选择前馈类型或比值类型时，其他位号项变为可写，当控制方案为前馈类型时，在此填入前馈信号的位号；当控制方案为比值类型时，在此填入传给比值器信号的位号。

对一般要求的常规控制，系统提供的控制方案基本都能满足要求，控制方案易于组态，操作方便，运行可靠，稳定性好，因此对于无特殊要求的常规控制，可采用系统提供的控制方案，而不必用户自定义。

2. 用户自定义控制方案组态

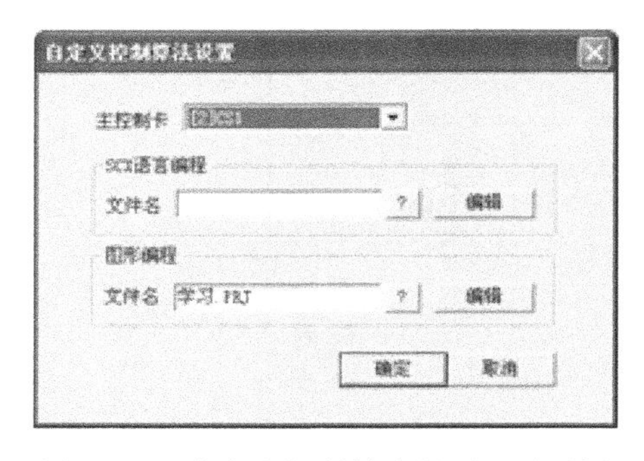

图 3-51 “自定义控制算法设置”对话框

常规控制回路的输入和输出只允许 AI 和 AO，对一些有特殊要求的控制，用户必须根据实际需要自己定义控制方案。用户自定义控制方案可通过 SCX 语言编程和图形编程两种方式实现。

选择“控制站”的“自定义控制方案”选项，或者单击“算法”按钮，进入“自定义控制算法设置”对话框，如图 3-51 所示。

选择主控制卡，就可以调用相应已完成的程序或图形编程文件，也可以重新编辑完善。每个控制站都可支持 64 个自定义回路，如图 3-52 所示。

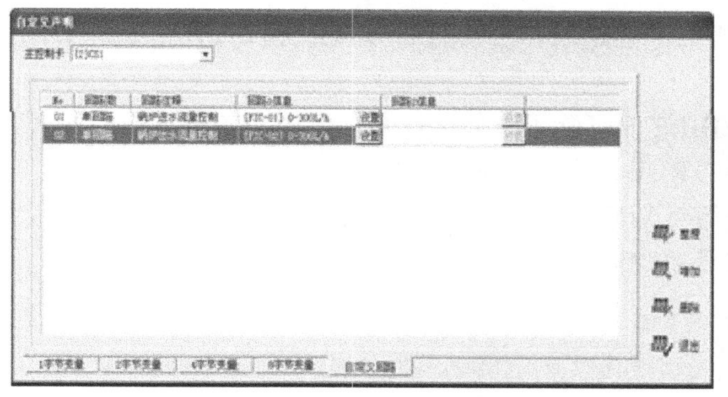

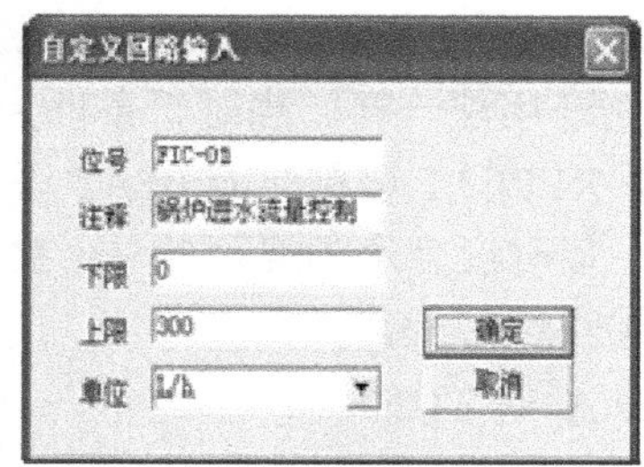

图 3-52 自定义控制方案组态窗口

➢ No：写入当前自定义回路的回路号。在编写 SCX 语言时，该序号与 bsc 和 csc 的序号对应（bsc 和 csc 是 SCX 语言中的单回路控制模块和串级控制模块的名称）。

➢ 主控制卡：此项中指定当前是对哪一个控制站进行自定义组态，一个控制站（即主控制卡）对应一个代码文件，列表中包括所有已组态的主控制卡以供选择。

➢ SCX 语言编程：此项中选定与当前控制站相对应的 SCX 语言源代码文件，源代码存放在一个以.SCL 为扩展名的文件中。旁边的 ? 按钮提供文件查询功能。选择一个“SCX 语言源代码”文件后，单击“编辑”按钮，可打开此文件进行编辑修改。

➢ SCControl 图形编程：此项中选定与当前控制站相对应的图形编程文件，图形文件以.PRJ 为扩展名。旁边的 ? 按钮提供文件查询功能。选定一个“图形编程”文件后，单击“编辑”按钮，可打开此文件进行编辑修改。

（1）SCX 语言编程

采用 SCX 语言是针对自动化系统的高级文本编程语言进行编程，进入编程界面后，就是采用和 C 语言相似的编程方法，完成相关程序编制，结束后按要求存盘。

① 表达式和赋值。

表达式是指返回变量评估值的结构，表达式由操作符和操作数组成。操作数可以是常量、变量、调用函数或其他表达式。

赋值操作符。通过一个表达式和一个值来给变量赋值。赋值语句包括位于左边的变量、赋值操作符“:=”，以及后边需要计算的表达式。所有的语句，包括赋值语句，必须以分号“;”结尾。

② 分支语言。

分支语言有 IF 语句、IF-ELSE 语句、CASE 语句等。在 CASE 语句中，控制变量与几个值进行比较，如果表达式的结果与其中的一个值相同，那么就执行相应的语句。如果表达式的结果与任何一个值都不相同，那么就执行像 IF 语句一样的 ELSE 分支。语句执行完毕后，继续执行 END_CASE 后的程序。

CASE 语句的语法是，CASE 语句以 CASE 开始，以 END_CASE 结束，并且各自单独占一行。在 CASE 和 OF 之间的变量必须是 UINT 类型。在 CASE 的子句中，只能使用正整数，不允许使用变量名或表达式。数字不能重叠使用或在几个区域内使用。

③ 循环语句。

在很多应用程序中，需要多次执行某些步骤，这个过程叫循环。

➢ 有限制的 FOR 语句。如果提前能确定循环次数的就用 FOR 语句，否则就用 WHILE 或 REPEAT 语句。

➢ 无限制的 WHILE 语句。WHILE 循环除了条件可以是任意的布尔表达式以外，其他和 FOR 循环用法一样。当逻辑条件为 TRUE 就重复调用语句时，使用 WHILE 语句。

➢ REPEAT 语句。REPEAT 语句与 WHILE 语句不同，它在循环执行后检测条件。也就是说，不管有没有达到终止条件，循环至少执行一次。

④ 应用案例。

```
IF A > 0 THEN
B = 1;
ELSE
B = 3;
END_IF
```

（2）功能块编辑器

功能块图（FBD）编程软件是控制系统中最主要的控制策略组态工具之一，提供 FBD 编程和调试功能。功能块编辑器提供了非常丰富的功能块供用户调用，FBD 软件可对功能块的参数初值进行组态并支持参数的在线下载和在线修改，节省了大量的编程时间。

打开组态管理软件，在组态管理软件界面左边的组态树上选定相应的控制器。

在功能块库中选中所需的功能块后，将鼠标指针移至编程区，单击，即可生成一个功能块实例。功能块实例在编程区中的显示位置可通过鼠标拖动的方式来调整，在编程区右击可取消选中的功能块。

FBD 编程软件支持功能块的拖动，对于选中的功能块，只要按住鼠标左键不放即可进行拖动，当选定位置后，松开鼠标左键，实际功能块就拖动到所选择的位置，连线也相应移动。缩放图形对象都支持缩放，缩放比率为 0.6～1.5，单击工具栏上相应的图标可以对工作区内的功能块进行放大、缩小和还原操作。

功能块编辑。右击功能块，在弹出的右键菜单中选择“基本属性”选项，即弹出功能块属性设置对话框。功能块分为高级功能块和简单功能块。高级功能块可进行功能块位号命名，能在监控软件中通过功能块位号名读取，有仪表面板、调整画面等；简单功能块不能进行功能块位号命名，不能在监控软件中被读取，没有仪表面板，没有调整画面。高级功能块的基本属性设置如图 3-53 所示。

（3）梯形图编辑器

梯形图编辑器主要应用于开关量控制系统中，具体编程与 PLC 类似。梯形图语言沿用了继电器控制电路的形式，具有形象、直观、实用等特点。梯形图中的能流不是实际意义的电流，内部的继电器也不是实际存在的继电器，这是目前应用最多的一种 PLC 的编程语言，在控制系统梯形图编程语言中得到了广泛的和应用。

① PLC 梯形图。

PLC 梯形图中的某些编程元件沿用了继电器这一名称，如输入继电器、输出继电器、内部辅助继电器等，它们不是真实的物理继电器，而是一些储存单元（软继电器），每个软继电器都与 PLC 存储器中映像寄存器的一个存储单元相对应。梯形图由若干个阶级构成，自上而下排列，每个阶级起于左母线，经过触点与线圈，止于右母线。左、右母线类似继电器与接触器控制电源线，输出线圈类似负载，输入触点类似按钮。该存储单元如果为“1”状态，则表示梯形图中对应软继电器的线圈“通电”，其常开触点接通，常闭触点断开，称这种状态是该软继电器的“1”或“ON”状态。如果该存储单元为“0”状态，对应软继电器的线圈和触点的状态与上述的相反，称该软继电器为“0”或“OFF”状态。使用中也常将这些“软继电器”称为编程元件。

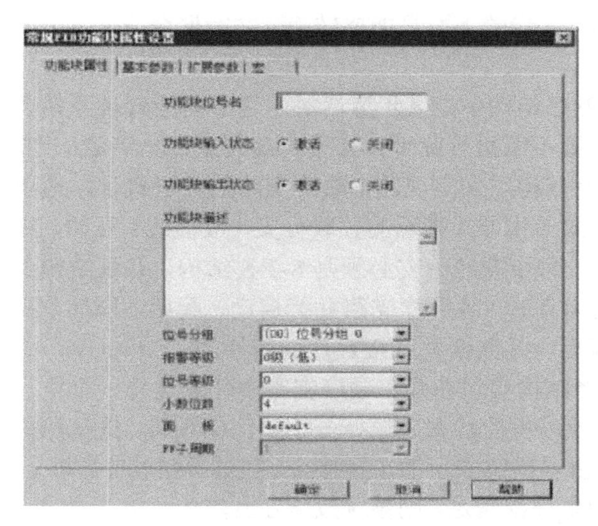

图 3-53　高级功能块的基本属性设置

② 梯形图的逻辑运算。

根据梯形图中各触点的状态和逻辑关系，求出与图中各线圈对应的编程元件的状态，称为梯形图的逻辑解算。梯形图中逻辑解算是按从左至右、从上到下的顺序进行的。解算的结果马上可以被后面的逻辑解算所利用。逻辑解算是根据输入映像寄存器中的值，而不是根据解算瞬时外部输入触点的状态来进行的。

③ 梯形图的转化。

首先，熟悉被控设备的工艺过程和机械的动作情况，根据继电器电路图分析和掌握控制系统的工作原理，做到在设计和调试控制系统时心中有数。

其次，确定 PLC 的输入信号和输出负载，以及与它们对应的梯形图中输入位和输出位的地址，画出 PLC 的外部接线图。

最后，确定与继电器电路图的中间继电器、时间继电器对应的梯形图中的位存储器（M）和定时器（T）的地址。

最后，根据上述关系画出梯形图。

（4）顺控图编辑器

控制对象如果按照动作先后顺序运行，则可以采用顺序控制功能图（简称顺控图）设计法编程。顺控图主要由步、有向连线、转换、转换条件和动作（也称命令）组成。顺控图编辑器主要应用于顺序控制系统中，具体编程与 PLC 类似。IEC 61131—3SFC 语言规定将复杂的程序分割为较小的可管理的单元，并描述在这些单元之间的控制流。使用 SFC 语言，可以设计顺序和并行过程。一步接着一步地处理生产过程的行为，特性特别适用于 SFC 语言。

在 SFC 编辑器中，SFC 用步和转换条件构成程序段，步中通过定义操作实现对流程的操纵。步是控制流程中相对独立的一组操作的集合。在步中可以定义任意数目的各种类型的操作，通过操作实现对流程的控制。一个步可以是激活状态或不激活状态。步在紧接在前的转换条件满足时激活，步在紧接在后的转换条件满足时退出激活状态。每个 SFC 程序有一个起始步，该步在第一次执行时默认为激活状态，其余的非起始步默认为不激活状态。步的上面只能接转换、并行分支或选择聚合；步的下面只能接转换、并行聚合或选择分支。通过转换实现流程的按顺序前进。

① 顺序结构。在顺序结构中，某步激活时，它下面的转换开始判断内部的条件是否全满足，如果没有全满足，则不断执行此步；如果内部的条件全满足，则转到下一步继续执行。

② 并联结构。并联结构用来实现几个顺序支路的并联执行，适用于几个操作需要同时进行的场合。并联结构以图形化方式表示的并联分支（双横线）开始，结束于以双横线表示的并联接合。在并联结构中，每个顺序分支必须是 S-T-S 结构，并联结构上面只有一个公共转换是允许的。当此公共转换为真时，各顺序支路并行启动，此后各顺序支路彼此独立处理。当所有的顺序支路都处理完毕后，才判断并联接合后的转换。

③ 选择结构。选择结构实现在几个顺序支路中任意选择一个执行的功能。在当某个操作完成后，可根据当前工业过程的状态来选择一个操作的场合。选择结构以图形化表示的单横线选择分支开始，结束于以单横线表示的选择接合。在选择结构中，每个分支必须是 T-S-T 结构。如果同时有几个分支的条件都满足，则系统按从左到右的优先级选择一路执行。从同一个选择分支引出的顺序支路必须交汇到同一个选择接合上，或者通过跳转跳出。

④ 跳转。跳转允许程序从不同的区域继续运行。跳转有两类结构，顺序跳转和循环。顺序跳转实现在选择分支中当条件满足时，跳过几步继续运行，执行完 S1 后，可以在条件满足的情况下，跳过 S2，直接执行 S3。循环实现重复操作，执行完 S1 后执行 S2，执行完 S2 后，只要条件满足，再一次执行 S2，如此可重复执行多次 S2，直到重复的条件不再满足，方开始执行下面的 S3。

应用案例

某动力头进给运动并钻孔过程的工艺过程与控制要求如下。

动力头主轴电动机为 M1，进给运动由液压驱动，液压泵电动机为 M2，动力头的一个工作周期为：初始状态时动力头停在 SQ1 处，各电磁阀及电动机不工作。按启动按钮后，启动液压泵带动动力头从 SQ1 处快进，同时启动主轴电动机，到达 SQ3 处动力头转入工进，到达 SQ5 处动力头停留 10s 并钻孔。10s 到时后转入快退并停主轴电动机，返回到 SQ1 处停液压泵电动机。

① 激活初始步 1 的转换条件有两个：一个是 DCS 上电第一个扫描周期为 ON 的标志位，它的作用是使 DCS 开机运行时就无条件地进入到初始步 1；另一个来自于 5 步的转换条件，即行程开关 SQ1（0.01）和循环模式选择开关 0.02“非”的逻辑与组合。

② 激活 2 步的转换条件也有两个：一个来自于初始步 1 的转换条件，即 SQ1（0.01）和启动按钮 0.00 的逻辑与组合，以防动力头偏离了初始位置；另一个来自于 5 步的转换条件，即行程开关 SQ1（0.01）与循环模式选择开关 0.02 的逻辑与组合。因此，如果选择循环工作

模式，则当转换条件满足时，5 步将直接转入到 2 步，无须再按启动按钮了。

③ 在 2 步的动作中，启动电动机 M1 和 M2 且保持，因此在 2 步对应动作框中画“S 100.04”和“S 100.05”，符号 S 表示置位保持；在 5 步和 1 步中分别关闭 M1 和 M2，在对应的动作框中画“R 100.04”和“R 100.05”，符号 R 表示复位停止。

该程序仍利用了“启保停”电路的框架，DCS 运行就将初始状态标志位 W10.01 自锁并执行复位 M2 的动作。当转换条件 0.01 与 0.00 逻辑与为“1”时，使快进标志位 W10.02 自锁并相应动作，同时复位 W10.01，实现初始步向快进步的转换，以此类推。

顺控图设计法是一种较先进的设计方法，简单易学，可提高编程效率，使程序的调试与修改更加方便，而且可读性也大为改善。

3.4.5 折线表定义

用折线近似的方法将信号曲线分段线性化以达到对非线性信号的线性化处理。选择“控制站”菜单的“折线表定义”选项，打开“折线表输入”窗口，如图 3-54 所示，在该窗口中最多可定义 64 张自定义折线表。

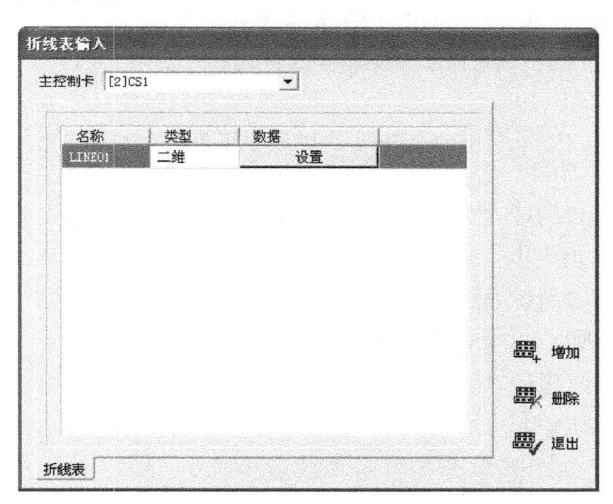

图 3-54 “折线表输入”窗口

➢ 名称：折线表的名称。系统自动提供的折线表名为“LINE+数字”。

➢ 类型：折线表类型分为一维折线表和二维折线表两种，如图 3-55 所示。

➢ 数据：单击“设置”按钮设置。一维折线表是把折线在 *X* 轴上均匀分成 16 段，将 *X* 轴上 17 点所对应的 *Y* 轴坐标值依次填入，对 *X* 轴上各点做归一化处理。二维折线表则把非线性处理折线不均匀地分成 10 段，系统把原始信号 *X* 通过线性插值转换为 *Y*，将折点的 *X* 轴、*Y* 轴坐标依次填入表格中。所取的 *X*、*Y* 值均应在 0～1 之间。

自定义折线表是全局的，一个主控制卡管理下的两个模拟信号可以使用同一个折线进行非线性处理，一个主控制卡能管理 64 个自定义折线表。

综上所述，对 SUPCON DCS 系统的控制组态过程可归纳为以下四个步骤。

第一步，进行系统单元登录，以确定系统的控制站（即主控制卡）和操作站的数目。

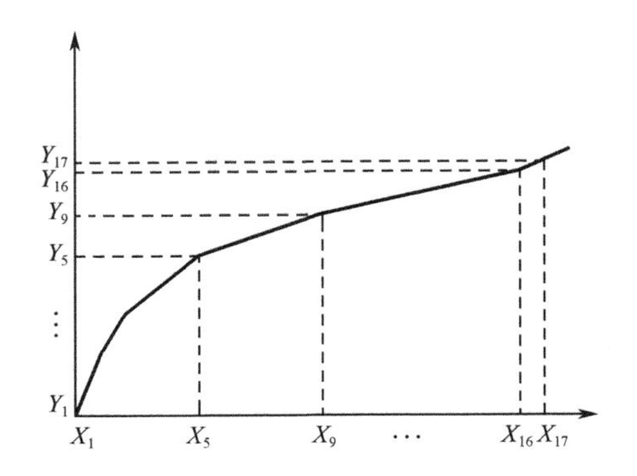

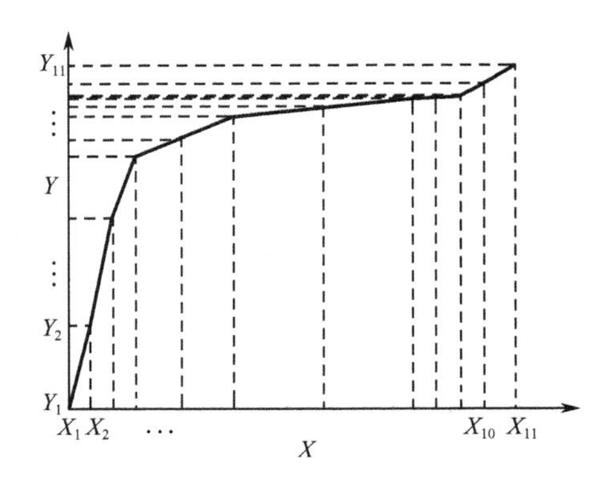

图 3-55　一维折线表和二维折线表

第二步，进行系统 I/O 组态，分层、逐级、自上而下依次对每个控制站硬件结构进行组态。

第三步，进行自定义变量组态和折线表组态。

第四步，进行系统的控制（策略）方案组态。控制方案组态又可分为常规控制方案组态和自定义控制方案（SCX 语言和 SCControl 图形编程）组态。

完成了系统控制站的组态后，即可开始面向操作站的组态。

练 习 题

一、简答题

1．简述现场控制站的构成及性能特点。

2．控制站组态主要分几步？各步操作的主要内容是什么？

3．自定义控制策略如何编程？

4．简述站号设置原则、站号设置技巧。

5．自定义折线表有何用途？

6．反馈控制有哪些功能?

7．信号输入/输出处理功能主要包括哪些方面?

8．如何完成一个简单 PID 控制回路的组态？

9．集散控制系统为什么能实现无扰动切换?

10．集散控制系统辅助功能有哪些?

二、判断题

1．JX-300XP DCS 的主控卡、数据转发卡既可冗余工作，又可单卡工作。（　　）

2．JX-300XP DCS 每只机笼都必须配置数据转发卡。（　　）

3．SUPCON 系列 DCS 系统的信息管理网络是以太网，采用曼彻斯特编码方式传输。（　　）

4．JX-300XP 系统，每只机柜最多配置 5 只机笼，其中 1 只电源箱机笼、1 只主控制机笼及 3 只 I/O 卡件机笼（可配置控制站各类卡件）。（　　）

5．JX-300XP 系统，在设置主控制卡的控制周期时，它的范围是 0.1～5s，我们所设置的值应是 0.ls 的整数倍。（　　）

6．JX-300XP DCS 在运行中不能带电插拔卡件。（　　）

7．对于 XP361（电平型开关量输入卡）及 XP363（触点型开关量输入卡），是统一隔

离的。 （ ）

8．JX-300XP DCS 模拟量卡一般是 6 路卡，开关量卡一般是 8 路卡，XP316 是 4 路卡。

（ ）

9．JX-300XP DCS 趋势图的坐标可以用工程量和百分比两种方式显示。 （ ）

10．如果对 JX-300XP DCS 系统的某个 I/O 点删除或增加后，需重新进行下载组态的操作。 （ ）

第4章　JX-300XP操作组态

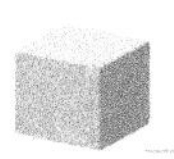

4.1　JX-300XP 操作站组态

学习内容	1．操作站的组态。
	2．流程图制作。
	3．报表制作。
	4．自定义键组态。
操作技能	操作站组态操作方法。

4.1.1　操作站组态概述

1．DCS 的人机接口

操作站的组态是在操作人员 PC 平台上，对系统操作站上的操作画面进行配置，它主要由操作小组设置、标准画面组态、操作站、工程师站和监控计算机构成了 DCS 的人机接口，用以完成集中监视、操作、组态和综合管理等任务。

2．操作站的组态内容

操作站的操作画面的组态主要包括操作小组设置、标准画面（总貌画面、趋势画面、分组画面、一览画面）组态、流程图登录、报表登录、自定义键和语音报警组态 6 部分，图 4-1 所示为操作站的组态内容示意图。

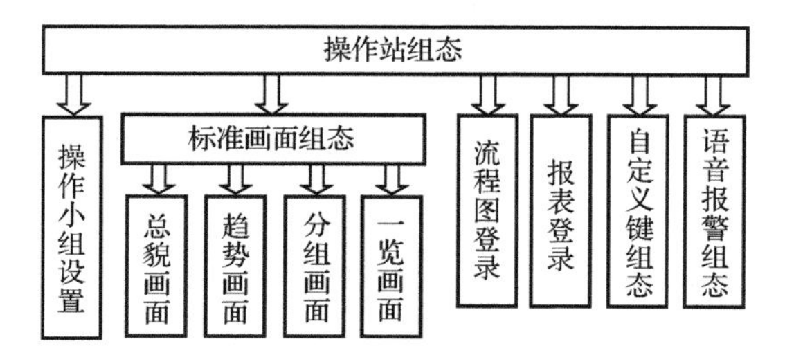

图 4-1　操作站的组态内容

4.1.2 操作站组态设置

1．操作站的组态

（1）操作小组设置

不同的操作小组可观察、设置、修改不同的标准画面、流程图、报表、自定义键。因此，组态时可设置几个操作小组，在各个操作站的组态画面中只设定该操作站关心的内容即可。同时，建议设置一个包含所有操作小组组态内容的操作小组。当其中有一个操作站出现故障时，可以运行此操作小组，查看出现故障的操作小组运行内容，以免时间耽搁而造成损失。

选择“操作站”菜单中的“操作小组设置”选项，打开如图 4-2 所示的“操作小组设置”窗口，单击“增加”按钮，操作小组最多可设置 16 个（00～15）。

① 序号：填入操作小组设置的序号。

② 名称：填入各操作小组的名字。

③ 切换等级：此栏下拉列表中为操作小组选择登录等级，SUPCON DCS 系统提供观察、操作员、工程师、特权 4 种操作等级。在 AdvanTrol 监控软件运行时，需要选择启动操作小组名称，可以根据登录等级的不同进行选择。

“切换等级”为“观察”时，只可观察各监控画面，而不能进行任何修改；“切换等级”为“操作员”时，可修改权限设为操作员的自定义变量、回路、回路给定值、手自动切换、手动时的阀位值、自动时的 MV 值；“切换等级”为“工程师”时，还可修改控制器的 PID 参数、前馈参数；“切换等级”为“特权”时，可删除前面所有等级的口令，其他与“工程师”等级权限相同。

④ 报警级别范围：为了操作站中操作方便，在报警级别一栏中对每个操作小组都定义了需要查看的报警级别，这样在报警一览画面中只可看到该级别值的报警，并且监控软件只对该级别的报警做出反应，过滤其他无关的报警信息。若不填写，默认所有报警信息。

⑤ 单击“增加”按钮，反复操作，设置其他操作小组，直到全部完成。

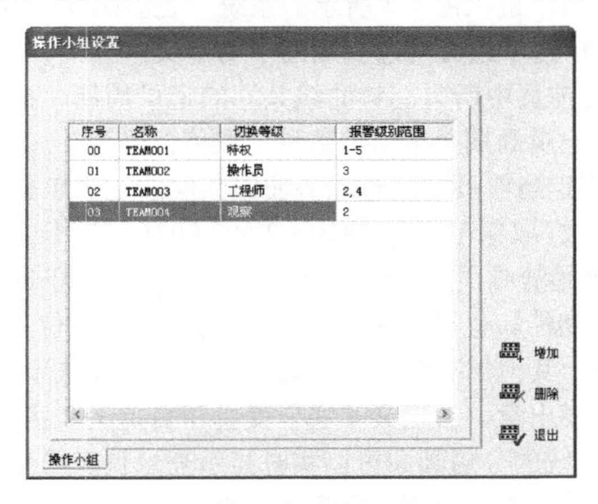

图 4-2 “操作小组设置”窗口

（2）标准画面组态

标准画面组态是指对系统已定义格式的标准操作画面进行组态，包括总貌画面、趋势画面、控制分组、数据一览 4 种操作画面的组态。

① 总貌画面组态。选择“操作站”菜单中的“总貌画面”选项，进入如图4-3所示的“总貌画面设置”窗口。

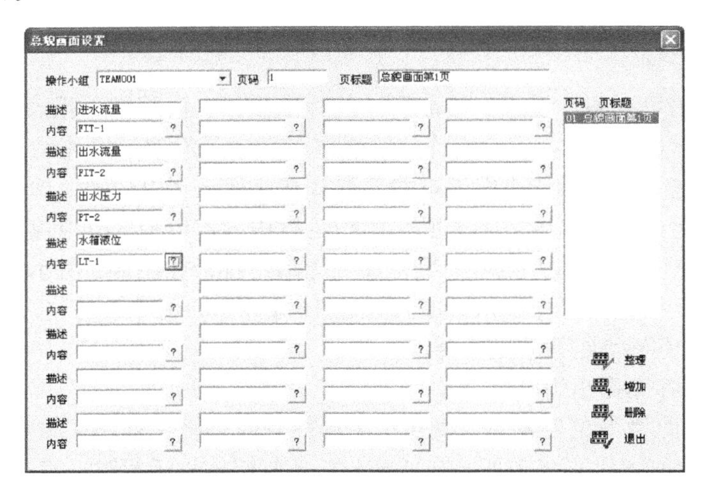

图4-3 “总貌画面设置”窗口

➢ 操作小组：指定总貌画面的当前页在哪个操作小组中显示。

➢ 页码：此项选定对哪一页总貌画面进行组态。

➢ 页标题：此项显示指定页的页标题，即对该页内容的说明。

➢ 显示块：每页总貌画面包含8行4列共32个显示块。每个显示块包含描述和内容，上行写说明注释，下行填入引用位号，一旁的?按钮提供位号查询服务。

“总貌画面设置”窗口右边的列表框中显示已组态的总貌画面页码和页标题，用户可在其中选择一页进行修改等操作，也可使用PageUp和PageDown键进行翻页。

② 趋势画面组态。系统的趋势曲线画面可以显示登录数据的历史趋势。选择“操作站”菜单中的“趋势画面”选项，进入图4-4所示的系统“趋势画面设置”窗口。

➢ 操作小组/页码/页标题：意义同总貌画面中的定义。

➢ 记录周期：指定当前页中所有趋势曲线共同的记录周期。指定趋势画面中的趋势曲线必须有相同的记录周期，记录周期必须为整数秒，取值范围为1～3600。

➢ 记录点数：此项指定当前页中所有趋势曲线共同的记录点数。指定趋势画面中的趋势曲线必须有相同的记录点数，取值范围为1920～2 592 000（相当于30天，每秒记录1次的量）。

➢ 趋势曲线组：每页趋势画面最多包含8条趋势曲线，每条曲线通过位号来引用，旁边的?按钮提供位号查询的功能。也可以通过Ctrl+鼠标多次断选位号，或Shift+鼠标连续多选位号，增加输入工作效率。其他标准画面组态时均可使用此方法添加。

注意趋势曲线不包括模出量、自定义4字节变量和自定义8字节变量。

③ 分组画面组态。系统的分组画面可以实时显示登录仪表的当前状态。选择“操作站”菜单中的“分组画面”选项，进入系统“分组画面设置”窗口，如图4-5所示。

➢ 操作小组/页码：意义同总貌画面中的定义。

➢ 页标题：此项显示指定页的页标题，即对该页内容的说明。标题可使用汉字，字符数不超过20个。

➢ 仪表组：每页仪表分组画面至多包含 8 个仪表，每个仪表通过位号来引用。旁边的 ? 按钮提供位号查询的功能。

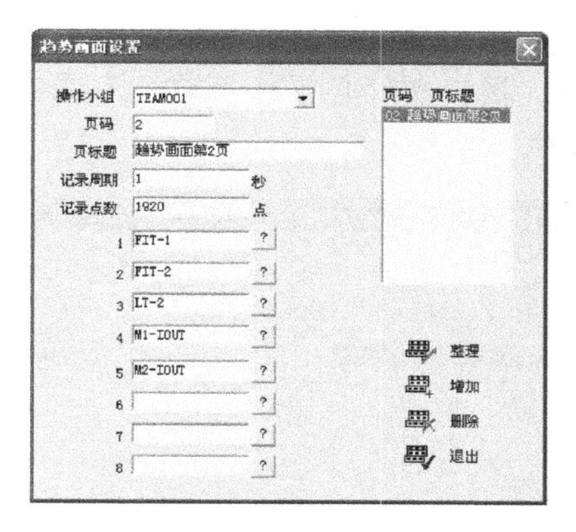

图 4-4 “趋势画面设置”窗口

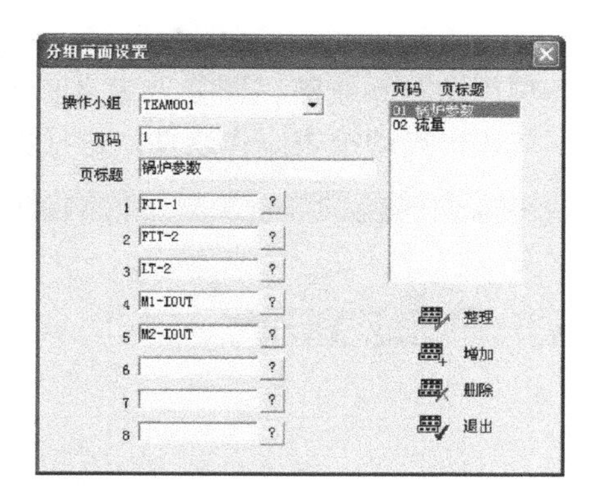

图 4-5 “分组画面设置”窗口

④ 一览画面组态。系统的一览画面可以实时显示与登录位号对应的值及单位。选择“操作站”菜单中的“一览画面”选项，进入系统“一览画面设置”窗口，如图 4-6 所示。

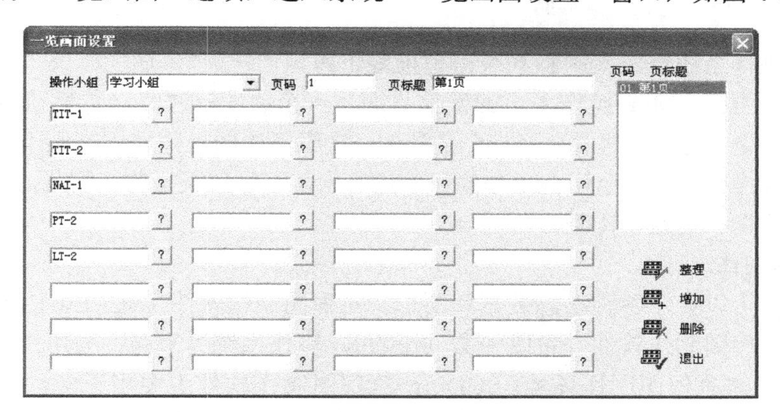

图 4-6 “一览画面设置”窗口

➢ 操作小组/页码/页标题：意义同总貌画面中的定义。

➢ 显示块：每页一览画面包含 8 行 4 列共 32 个显示块。每个显示块中输入引用位号，在实时监控中，通过引用位号引入对应参数的测量值。

⑤ 流程图登录。选择“操作站”菜单中的“流程图”选项，进行系统流程图登录界面，如图 4-7 所示。其中：

➢ 操作小组：指定当前页的流程图画面在哪个操作小组中显示。

➢ 页码：选定对哪页流程图进行组态，每页都包含一个流程图文件。

➢ 页标题：显示指定页的标题，即对该页内容的说明。标题可使用汉字，字符数不超过 20 个。

➢ 文件名：此项选定欲登录的流程图文件。流程图文件必须以“.SCG”为扩展名，每个文件包含一幅流程图。流程图文件名可通过后面的 ? 按钮选择。单击“编辑”按钮，将启动流程图制作软件，对当前选定的流程图文件进行编辑组态。

选中某个流程图文件，单击“删除”按钮并确认，表示在组态文件中取消该流程图文件的登录，但流程图文件本身仍然存在。

⑥ 报表登录。选择“操作站”菜单中的“报表”选项，进入报表登录界面，如图 4-8 所示。

其中各项用法与系统流程图登录定义基本一致。报表文件必须以“.CEL”为扩展名，单击“编辑”按钮可启动报表制作软件，进行报表编辑。

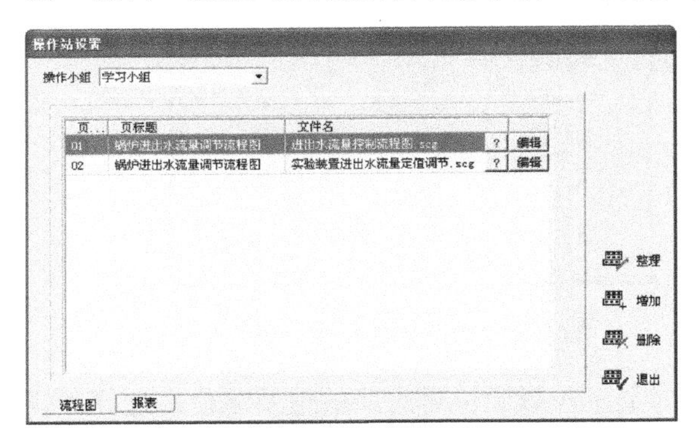

图 4-7　流程图登录界面

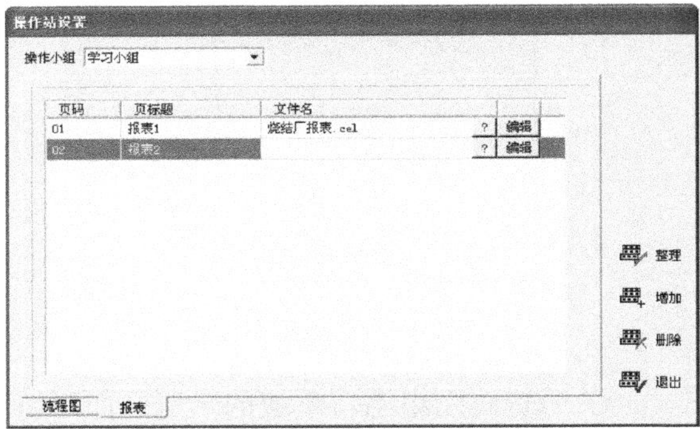

图 4-8　系统报表组态界面

此外还要进行系统自定义键和系统语言报警组态。

操作站组态直接关系到操作人员的操作界面，一个组织有序、分类明确的操作站组态能使控制操作变得更加方便、容易；而一个杂乱的、次序不明的操作站组态则不仅不能很好地协助操作人员完成操作，反而会影响操作的顺利进行，甚至导致误操作。因此，对系统的操作组态一定要做到认真、细致、周到。

2. 流程图制作

在流程图上可以显示各种动态数据和图形。流程图制作软件（SCDrawEx）是一个具有良好用户界面的流程图制作软件，它以中文 Windows 操作系统为平台，为用户提供了一个功能完备且简便易用的流程图制作环境。SCDraw 流程图制作软件主要用于流程图的绘制和流程图中各类动态参数的组态，这些动态参数在实时监控软件的流程图画面中可以进行实时观察和操作。

（1）特点

流程图制作软件具有以下特点。

① 绘图功能齐全，从点、线、圆、矩形的绘制到各种字符输入，均可满足绝大多数场合的需要。

② 编辑功能强大，以矢量方式进行图形绘制，具备块剪切、块复制功能，达到事半功倍的效果。

③ 提供标准图形库，能轻松绘制各种复杂的工业设备，可节省大量的时间。

④ 以鼠标操作为主，辅以简单的键盘操作，使用非常灵活方便，无须编写任何语句。

⑤ 在 Windows 2000/NT Workstation 4.0 下运行，具有良好的人机界面，提供强大的在线帮助，操作方便，运用灵活。

⑥ 支持超过屏幕大小的特大流程图的绘制，最大为宽 2048 像素、高 2048 像素。

⑦ 在画面的基础上可直接进行数据组态。

流程图组态工作窗口如图 4-9 所示。

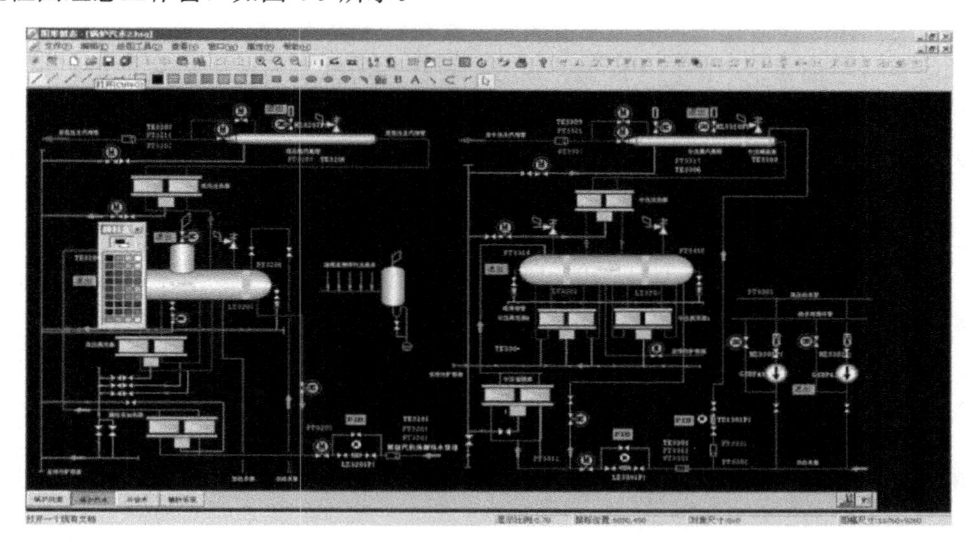

图 4-9 流程图组态工作窗口

（2）功能简介

① 程序启动。选择 SCKey 组态软件窗口主菜单“操作站”中的“流程图”选项，打开流程图登录画面，单击其中的“编辑”按钮，启动流程图制作软件；或者双击桌面上的流程图绘制软件快捷图标；还可以单击 Windows 桌面 “开始”按钮后，在“程序”项中找到“AdvanTrol-XXX”的“JX-300X 流程图”并单击，即启动流程图制作软件。

② 屏幕认识。程序启动后将会显示如图 4-9 所示的流程图组态工作窗口。该窗口主要由标题栏、菜单栏、菜单图标栏、工具栏、作图区、信息栏和滚动条（上下、左右）等几部分组成。标题栏显示正在操作的文件名称。文件新建尚未保存时，该窗口被命名为“流程图制作——无标题”。

菜单栏和菜单图标栏如图 4-10 所示。

图 4-10 菜单栏和菜单图标栏

菜单图标栏位于菜单栏下方，是从菜单命令中筛选出较为常用的命令，将命令的下达方式采用图像按钮化。17 个图标分别代表 17 种常用功能，从左到右依次为：建立新文档、打开旧文档、保存文档、打印文档、剪切（选中部分）、复制（选中部分）、粘贴（剪切或复制的文档内容）、撤销、动态控件、提前显示、置后显示、最上显示、最后显示、组合（选中的分解图形或文字）、分解（选中的已组合为一体的图形或文字）、了解流程图制作软件的版权及版本号、提供在线帮助。

工具栏包括绘制工具栏和样式工具栏，分别位于窗口的左侧和左下方。使用工具栏可完成从点、线、圆、矩形及各种工业装置的绘制，输入各种字符及常用标准模板的添加，可以对颜色、填充方式、线形、线宽等进行选择，直到绘制出令人满意的流程图为止。

信息栏位于流程图制作窗口的最底部，显示相关的操作提示、当前鼠标在作图区的精确位置和所选取面积（或所作图形的起始点的横坐标和终止点的纵坐标）的高和宽等信息。

作图区是位于屏幕正中的最大区域，所有的操作最终都反映在作图区的变化上，该区域的内容将被保存到相应流程图文件中。

（3）操作要求

① 在组态软件中，启动流程图绘制软件。

② 设置流程图版面格式（尺寸、格线、背景等）。

③ 根据生产工艺，利用工具或图库绘制静态流程图，建议多用工具和复制粘贴等功能提高绘图效率。

④ 在相应位置添加动态监控对象和动态数据框，双击“动态数据框”，进行添加动态数据设置。

⑤ 编辑好后存盘，扩展名必须为“.SCG”。

如果流程图文件已存在，可单击 ? 按钮选择路径和需要的流程图文件，还可以进行编辑等操作。

⑥ 在组态软件中进行组态信息的总体编译，生成实时监控软件中运行的代码文件。

绘制流程图应掌握绘制工具、样式工具、图库的制作与使用等知识。

（4）步骤

第一步，启动流程图制作软件。建议先进行流程图登录，然后单击“编辑”按钮，在打开的流程图绘制窗口中，熟悉相关菜单和绘图工具的使用，熟练掌握图库的制作和使用。

第二步，结合实际被控对象的工艺管线，画出相应的工艺流程图。

第三步，动态参数组态时需要先将实时监控的参数列出来，然后依次在流程图中进行设置。有关动态棒状图、开关、按钮等，同样根据实际需要进行设置。

第四步，流程图绘制完毕后，单击“保存”按钮，这时流程图将保存在 Flow 文件夹中，这样可以确保在实时监控中调出流程图进行监控。

（5）绘制工具的使用

绘制流程图时应学会使用绘制工具，绘制工具栏如图 4-11 所示。它包括静态绘制工具和动态绘制工具。

图 4-11　绘制工具栏

静态绘制工具有直线、弧线、矩形、圆、多边形等各种工业装置的基本组成单元和字符输入。包括选取工具、直线绘制工具、矩形绘制工具、圆角矩形绘制工具、椭圆绘制工具、多边形绘制工具、饼状图绘制工具、弧形图绘制工具、弧线绘制工具和文字写入工具 A。

按 Esc 键直接选择其他功能或单击鼠标右键，退出文字写入功能操作。

修改或移动文字时，在已写入的文字上双击鼠标右键可修改文字；选中文字后，选择“文字”菜单中的“选择字体”命令，可改变文字的字体和大小；选中文字后，用光标箭头选中文字拖动鼠标即可移动文字。

（6）样式工具的使用

使用样式工具栏，可完成常用标准模板的添加，以及对颜色、填充方式、线型、线宽等的选择。

① 颜色选择。共16种不同颜色的色块。在某一色块上单击鼠标左键，改变当前画线的颜色；在某一色块上单击鼠标右键，改变当前图形填充的颜色。

② 当前颜色示意块。用两个矩形表示当前绘图颜色配置状态。前面矩形的颜色表示当前画线的颜色，后面矩形的颜色表示当前填充的颜色。

如果对所提供的16种颜色不满意，可用鼠标左键（编辑当前画线颜色）或右键（编辑当前填充颜色）单击当前颜色示意块，将出现48种颜色的颜色对话框供选择；还可以自定义颜色直至满意为止。

③ 填充模式。提供8种不同填充模式的方块，单击某一方块，即选择该填充方式为当前填充模式，最上边的方块表示透明、不填充。

④ 线形、线宽选择。有7种线形、3种线宽可供选择，单击某线形或线宽，即选择了当前线形或线宽。若线宽不能满足要求，可单击“自定义”按钮进行自定义线宽，数值取值范围为1～8。

（7）图库的制作与使用

在流程图绘制中，要用到许多标准图形或相同、近似的图形。为了减少工作量，避免不必要的重复操作，利用模板功能可以制作自己的图库。具体操作步骤如下。

① 在作图区绘制好图形后，单击“组合”按钮使之组合成为一个对象。

② 双击该图形进入“对象属性”对话框，如图4-12所示。单击“命名”按钮，进入“对象命名”窗口，输入图形名称后单击“确定”按钮，返回“对象属性”对话框，单击“完成”按钮。

③ 单击样式工具栏中的图标，进入如图4-13所示的SUPCON模板对话框。

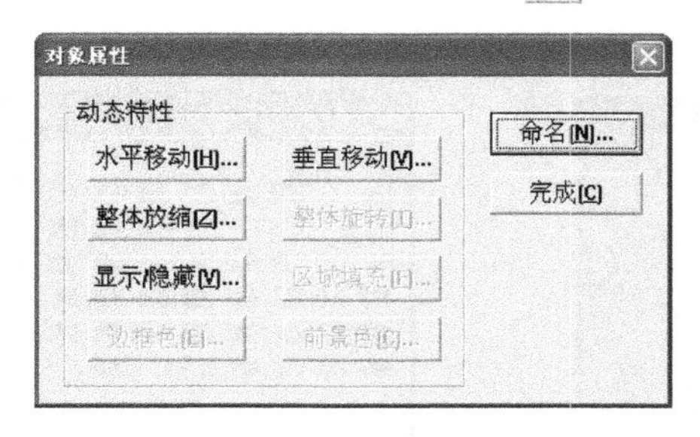

图4-12 “对象属性”对话框

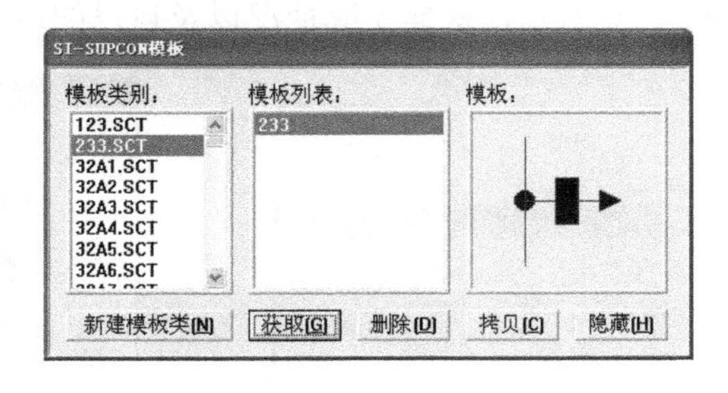

图4-13 SUPCON模板对话框

④ 单击“新建模板类”按钮，将出现“另存为”对话框，在空白的文件名中填入文件名，该文件名用于将所建模板存入该文件内。

⑤ 单击“获取”按钮，即可将作图区中所组合的图形存入模板。模板列表中会列出新建立的模板，在模板栏中可以看到其示意图。单击“删除”按钮可将该图形模板删除。

⑥ 单击“隐藏”按钮即可关闭SUPCON模板对话框。

在绘制流程图时，经常需要直接调用图库中现成的模板，单击图标，在SUPCON模板对话框的模板列表中选择所需图形，单击“拷贝”按钮，即可将图形模板复制到绘图区。用户可以根据需要改变大小并移动位置。单击“隐藏”按钮即可关闭 SUPCON 模板对话框。

（8）动态参数组态设置

① 打开图形组态工具软件。

第一步，按“开始”→“程序”→“图形组态工具”的顺序打开图形组态界面。选择“文件”→“打开”项目，打开新建的工程文件。

第二步，在工具栏中单击打开文件夹的按钮，系统有一个自带的图形文件$main，打开系统自带的图形，选择图形，在右键菜单中选择交互特性，会发现有切换底图的特性，切换为菜单.hsg 的图形。

最后，利用绘图工具绘制具体的生产工艺图形。

② 属性设置。

动态绘制工具包括动态数据、动态棒状图、动态开关、命令按钮的添加和绘制。

➢ 动态数据添加工具 0.0 。设置动态数据的目的：一方面是在流程图上可以动态显示数据的变化；另一方面是操作人员可以通过单击流程图画面中的动态数据，调出相应数据的弹出式仪表，进行实时监控。单击 0.0 按钮，光标至作图区后呈+字形状。在需要加入动态数据的位置（与矩形操作一致）加入该动态数据。动态数据的设定步骤如下。

第一步，双击该动态数据框，弹出“动态数据设定”对话框，如图 4-14 所示。

第二步，在“数据位号”处填入相应的位号，如果不清楚具体位号，可以单击位号查询按钮 ? 进入“控制位号”对话框，如图 4-15 所示，用鼠标左键选定所需位号，再单击“确定”按钮返回。

第三步，用户在“整数/小数”框中根据需要添入相应数字，该功能用于分别指定实时操作时动态数据显示的整数和小数的有效位数。

第四步，当该数据比较重要时，选中“报警闪动效果”功能（√表示该功能有效），以使报警时被操作员及时注意。用户可以单击 ... 按钮选取报警颜色，弹出“颜色”对话框，如图 4-16 所示，根据实际情况以及自己的习惯来选择。

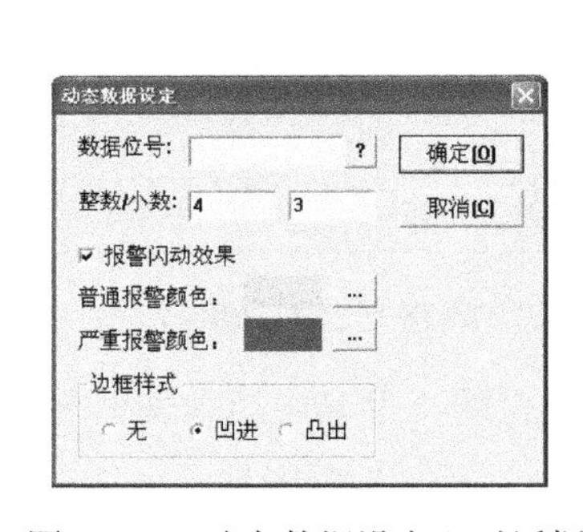

图 4-14 “动态数据设定”对话框

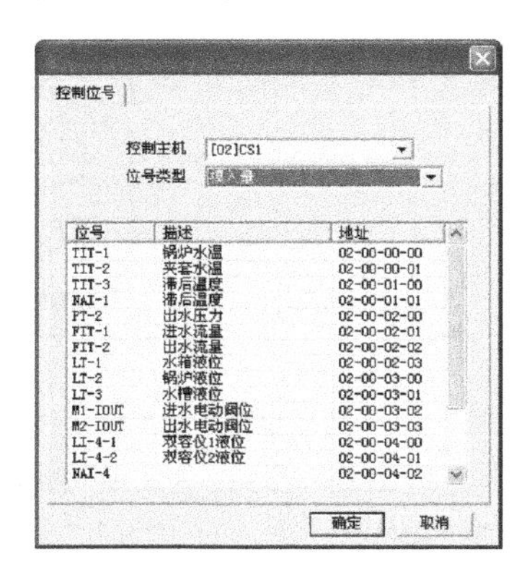

图 4-15 位号引用

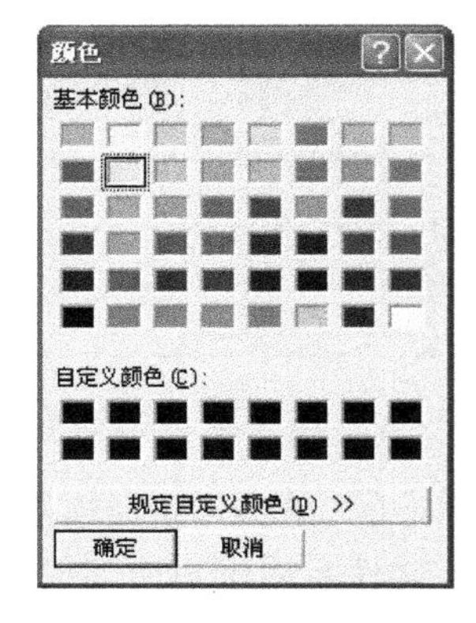

图 4-16 报警颜色选择

第五步，选取“边框样式”用于改变该动态数据的外观。

第六步，选择“文字”主菜单中的“选择字体”命令，可对动态数据的字体进行设定。

➢ 动态棒状图添加工具 。动态棒状图可以直观地显示实时数据的变化，如液位的动态变化。单击 按钮，将光标移至作图位置，移动+字光标画出合适的棒状图，即完成棒状图绘制。动态棒状图的设定步骤如下。

第一步，双击动态棒状图框，进入“动态液位设定”对话框，如图4-17所示。

第二步，依次设定数据位号、报警颜色、报警闪动效果。

第三步，根据实际情况及具体要求分别选择相应的显示方式、放置方式、方向以及该动态液位的边框样式。

➢ 动态开关绘制工具 ■。动态开关主要用于动态开关样式设定，在流程图上动态显示开关的状态，如图4-18所示。

➢ 命令按钮绘制工具 ▭。用户使用命令按钮工具，可以在流程图界面制作自定义键按钮。在实时监控软件的流程图画面中，操作人员可以单击该按钮来实现如翻页和赋值等功能，大大简化了操作步骤。

命令按钮的绘制方法同矩形的绘制。设定步骤如下：

第一步，双击命令按钮图框，进入“命令键设定”对话框，如图4-19所示。

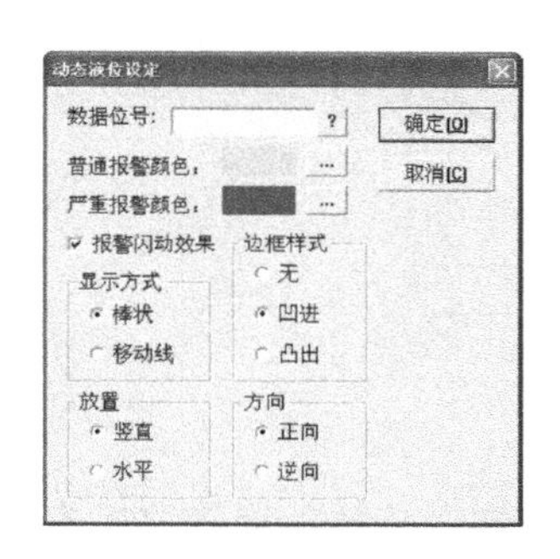

图4-17 “动态液位设定”对话框

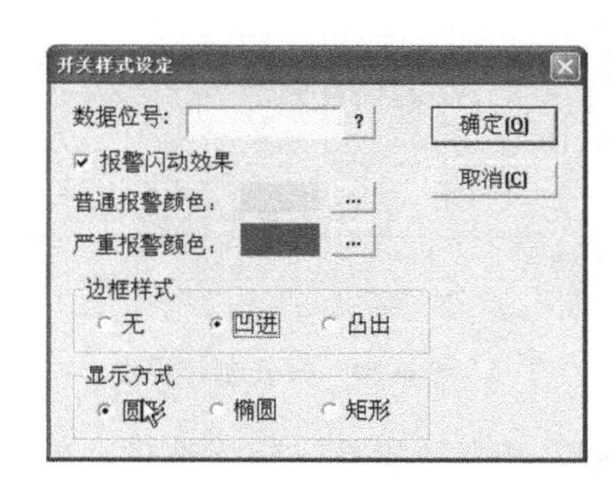

图4-18 开关设定

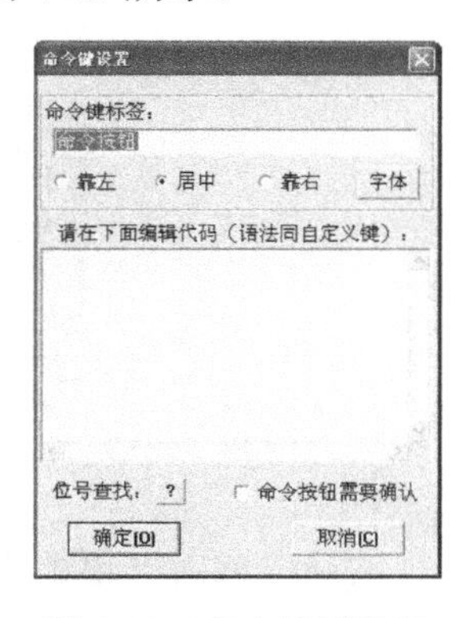

图4-19 命令按钮设定

第二步，填写“命令键标签”的名称，选择“靠左”、“居中”或“靠右”改变按钮标签的位置，单击“字体”按钮可对按钮标签进行字体编辑。

第三步，单击位号查找 ? 按钮，进入位号按钮引用对话框，在位号引用对话框中用鼠标左键选定所需位号，再单击“确定”按钮返回。

第四步，在编辑代码区域填写命令按钮的自定义语言，其语法类似自定义键，具体操作可见系统组态软件中自定义键组态语言。

第五步，命令按钮需要确认是指在AdvanTrol中，单击命令按钮时会提示是否要执行，这样可以有效防止用户的误操作。

第六步，单击“确定”按钮完成一个命令按钮的设定。

单击水箱液位的文字特性“xxx.x mm”，然后右击，选择交互动态特性。

其他内容同上述操作方法。

保存文件，图形组态完毕。

③ 调试完善，达到最佳。

动态参数组态时需要先将实时监控的参数列出来，然后依次在流程图中进行设置。

有关动态棒状图、开关、按钮等，也同样根据实际需要进行绘制和参数设置。

3．报表制作软件（SCFormEx）

SCFormEx 报表制作软件具有全中文化、视窗化的图形用户操作界面，提供了比较完备的报表制作功能，能够完成实时报表的生成、打印、储存以及历史报表的打印等工程中的实际要求。SCFormEx 软件从功能上分为制表和报表数据组态两部分，采用了与商用电子表格软件 Excel 类似的组织形式和功能分割，具有与 Excel 类似的表格界面，并提供了诸如单元格添加、删除、合并、拆分以及单元格编辑、自动填充等较为齐全的表格编辑操作功能，使用户能够方便、快捷地制作出各种类型格式的表格，报表组态界面如图 4-20 所示。

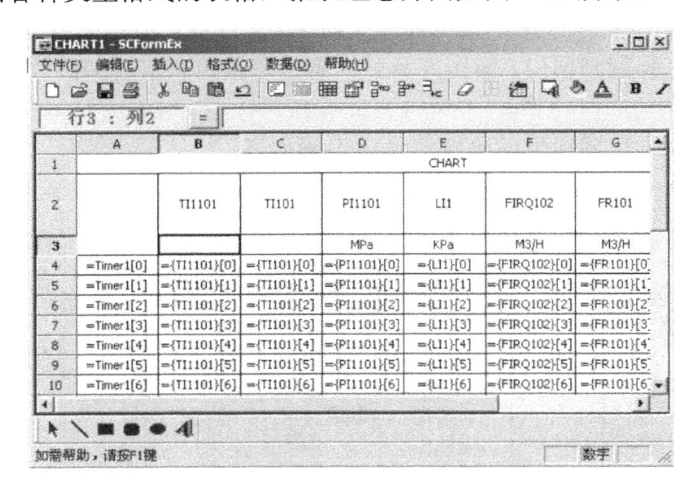

图 4-20　报表制作界面

第一，单击“报表”按钮，选择“操作小组”选项，单击“增加”按钮，通过“？”按钮选择已有的报表。如果要当场制作报表，启动报表制作软件后，分析报表结构和内容，确定报表的行和列的数量，通过合并等操作完成表头的制作。

第二，表格内的内容填写。单击“数据”按钮，分别选择时间和位号，进行设置顺序和间隔周期值，拖动填充柄进行快速填写。

第三，报表事件组态。单击“数据”按钮，选择“事件定义”选项，输入表达式。

第四，报表输出设置。单击“数据”按钮，选择“报表输出”选项进行周期、条件等设置。

第五，保存文件，附件名必须为“.CEL”　。

4．自定义键组态

DCS 操作站一般配有操作员键盘，以便操作员快速操作，同时采用专用键盘可以屏蔽计算机本身系统功能，防止误操作。JX-300 可最多定义 24 个键，自在工业控制中通过自定义键组态实现特殊控制操作。具体组态如下。

第一，选择“操作站”→“自定义键”，进入“自定义键组态”窗口，如图 4-21 所示。

第二，选择操作小组，单击“增加”按钮，增加一个自定义键组态信息中心。

第三，按格式要求在“定义语句框中”输入自定义内容。格式为：

① 按键命名，KEY:（键名）。

② 翻页命名，PAGE:（PAGE）（页面类型代码）【页码】。

③ 位号命名，TAG:（{位号}【.成员变量】）（=）（数值）。

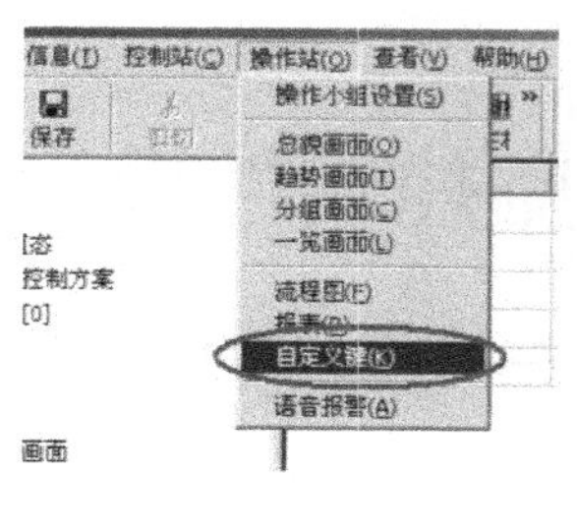

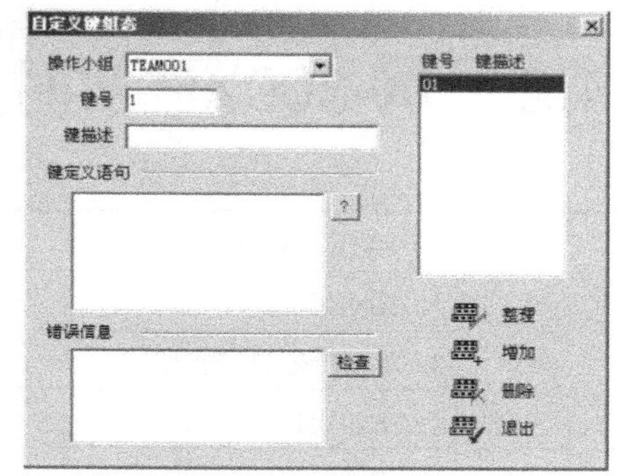

图 4-21 “自定义键组态”窗口

第四，单击“检查”按钮，无错误时单击“退出”按钮，完成自定义键的设置。最后，其他键按 3-4 反复操作。

练 习 题

一、简答题

1．控制流程图绘制有何技巧？

2．在流程图绘制过程中为什么要设置动态参数显示？

3．如何设置动态参数？

4．如何制作报表头、报表内容填写有何技巧？

5．报表如何设置定时打印？

6．操作监控画面有哪 4 种？

7．自定义键组态的目的是什么？

8．设置操作小组的目的是什么？如何设置？

9．如何进行总貌画面组态？

10．简述分组画面组态的步骤。

二、选择题

1．（　　）是实时监控操作画面的总目录。

A．控制分组画面　　B．历史趋势画面

C．系统总貌画面　　D．流程图画面

2．JX-300XP DCS 操作站的 IP 地址范围是（　　）。

A．2～127　　B．129～200　　C．127～129　　D．2～30

3．JX-300XP DCS 控制系统中，卡件本身的工作电压是（　　）。

A．+5V　　B．+24V　　C．+25.5V　　D．+12V

4．JX-300XP DCS 信息管理网和过程控制网中，通信最大距离是（　　）。

A．1km　　B．5km　　C．10km　　D．15 km

5．JX-300XP DCS 一览画面包含（　　）个显示块。

A．32　　B．31　　C．45　　D．10

4.2 JX-300XP 实时监控软件操作

学习内容	1．实时监控软件简介。
	2．实时监控操作画面。
	3．监控系统主要操作技巧。
	4．操作人员工作要求。
操作技能	实时监控操作。

4.2.1 JX-300XP 实时监控软件简介

1．软件特点

DCS 实时监控软件用来完成人机交互的各种监控操作，从而保证生产系统的正常运行，是生产工艺人员上班的工作平台。实时监控软件（AdvanTrol）是基于 Windows 2000/NT4.0 中文版开发 SUPCON 系列控制系统的上位机监控软件，用户界面友好。所有的命令都化为形象直观的功能图标，只要用鼠标单击即可轻而易举地完成操作，再加上 SP032 操作员键盘的配合使用（见图 4-22），生产过程实时监控操作更是得心应手，方便简洁。

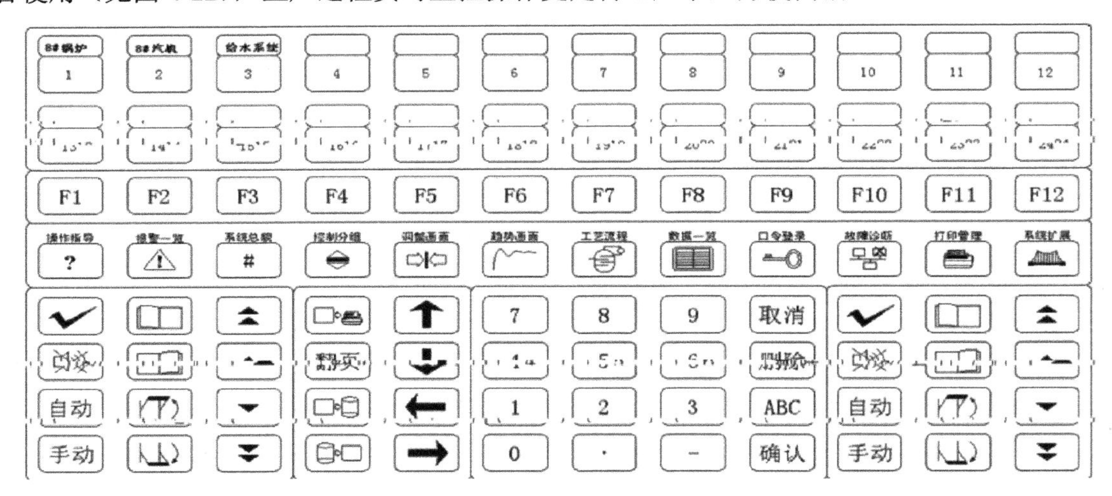

图 4-22　操作员键盘

软件运行环境为 Windows 2000/NT Workstation 4.0 中文版；采用多任务、多线程，32 位代码；采用实时数据库；提供实时和历史数据读取、控制站参数修改的 API，以便向用户开放（高级应用）；支持网络实时数据库；图形分辨率为 1024×768 像素，16 真彩色；数据更新周期 1 秒，动态参数刷新周期 1 秒；

按键响应时间小于或等于 0.2 秒；流程图完整响应时间小于或等于 2 秒，其余画面小于或等于 1 秒；命令响应时间小于或等于 0.5 秒。

2. 启动与登录

双击桌面上实时监控软件的快捷图标，启动软件，首先出现实时监控软件登录界面，如图 4-23 所示。

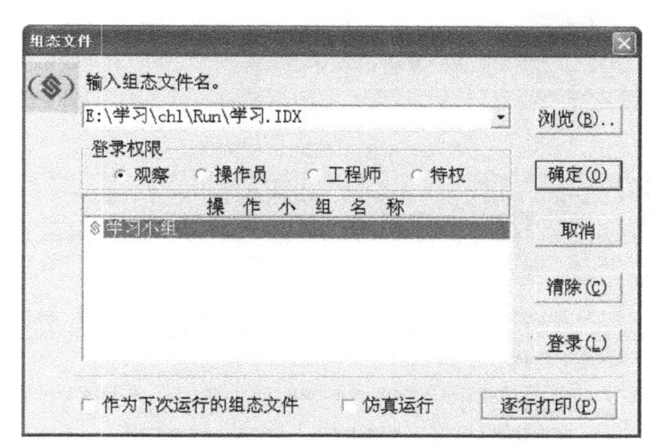

图 4-23 实时监控软件登录界面

该界面中的操作包括以下内容。

① 输入组态文件名。需要输入组态文件编译后的文件名（扩展名为.IDX，输入的文件名也可不带扩展名）。可直接通过键盘输入绝对路径下的组态文件名，也可以通过单击“浏览”按钮，选取所需的组态文件。

② 登录权限。在系统操作组态时，由于可以分别对多个操作小组进行组态，操作小组的权限有观察、操作员、工程师、特权 4 个级别。用户在 AdvanTrol 实时监控中调用不同的操作小组则有不同的画面，由用户在 SCKey 中对不同操作小组的组态决定。根据用户的设定，有些小组可以被禁用。例如，当用户设定以“工程师”方式登录时，在 AdvanTrol 的登录窗口中“特权”选项被禁止，用户只可以选择“观察”“操作员”“工程师”登录权限的任意操作小组登录。当系统已启动了一个 AdvanTrol 文件时，即在一个时刻，系统只能有一个 AdvanTrol 监控软件运行，系统不再有响应其他文件。

③ 作为下次运行的组态文件。窗口下方的该复选框若被选中，下次系统启动后，将以当前的文件名作为组态文件启动实时监控软件。

单击“确定”按钮后，将进入实时监控初始窗口，如图 4-24 所示。AdvanTrol 允许用户修改或编辑系统简介和操作指导画面。

3. 认识屏幕

实时监控窗口由标题栏、操作工具栏、报警信息栏、综合信息栏和主画面区 5 部分组成，如图 4-24 所示。

（1）标题栏

显示实时监控软件的标题信息，显示当前实时监控主画面名称。

（2）操作工具栏

标题栏下边是由若干个形象直观的操作工具按钮组成的操作工具栏。自左向右它们分别为系统简介、报警一览、系统总貌、控制分组、趋势图、流程图、数据一览、故障诊断、口令、前页、后页、翻页、系统、报警确认、消音、查找位号、打印画面、退出系统、载入组态文件、操作记录一览等。有些功能按钮只有在组态软件中对相应的卡件或画面进行组态后，才会出现在操作工具栏内。

图 4-24　实时监控软件窗口

（3）报警信息栏与光字牌

报警信息栏位于操作工具栏下方，滚动显示最近产生的 32 条正在报警的信息。报警信息根据产生的时间而依次排列，第一条永远是最新产生的，报警信息包括位号、描述、当前值和报警描述。光字牌用于显示光字牌所表示的数据区的报警信息。

（4）综合信息栏

综合信息栏显示系统时间、剩余资源、操作人员与权限、画面名称与页码，如图 4-25 所示。

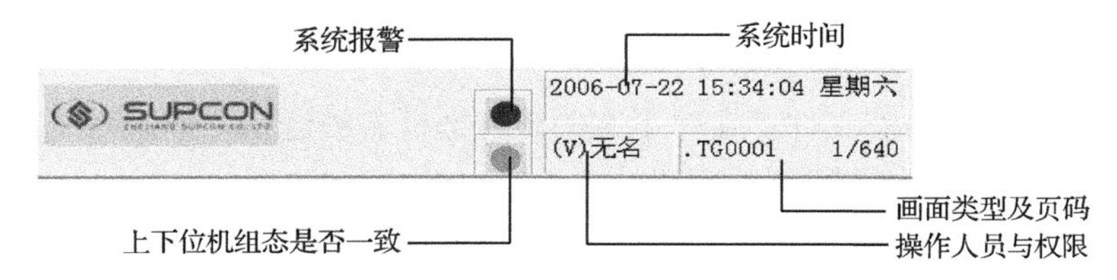

图 4-25　实时监控软件综合信息栏

（5）主画面区

主画面区根据具体的操作画面显示相应的内容。例如，工艺流程图、回路调整画面等。

4.2.2　JX-300XP 实时监控软件操作画面

化工操作人员的主要工作就是通过计算机来控制化工生产所涉及的管道、设备等关键点的温度、流量、压力、液位等工艺参数，来最终生产合格产品。这一般都有操作规程，严格执行即可。在 JX-300XP 系统中，对过程进行监视、操作、记录、管理的核心实时监控软件是 AdvanTrol，该软件基于 Windows 2000 软件平台，具有标签显示、动态流程、趋势图、报警管理、系统诊断、操作指导、报表及记录和存档等监控功能，通过操作员站还可以进行有关过程控制参数修改，自动控制回路的手/自动切换，手操输出等。每个操作员站有独立的冗余网卡，分别与冗余的通信总线相连。操作员站的数据历史更新和动态参数刷新周期小于 1 秒。命令响应时间小于或等于 1 秒。复杂流程图完整显示时间小于或等于 2 秒，其他画面显示时间小于或等于 1 秒。

实时监控操作可分为监控画面切换（4 种标准画面与流程图、报表等相互切换）、设置参数操作（在工作过程中，常常需要操作人员对系统初始参数、回路给定值、手/自动切换、调节器正/反作用设置、PID 参数设置、PV、MV、控制开关等进行参数设置操作）和系统检查操作（报警一览、光字牌、语音报警和流程图动画报警等）。

1. 操作员键盘

实时监控软件支持功能强大的 SP032 操作员键盘，共有 96 个按键，分为自定义键、功能键、画面操作键、屏幕操作键、回路操作键、数字修改键、报警处理键及光标移动键等，对一些重要的键实现了冗余设计。

操作员键盘采用先进工艺制造，使用寿命长；采用薄膜封闭形式，防水、防尘，能在恶劣工业环境下工作；按键排列方式有助于减少误操作。

在进行系统实时监控过程中，要反复使用操作工具栏中的按钮，如图 4-26 所示。

图 4-26 实时监控软件操作工具栏

（1）系统

单击该按钮，用户将在“系统”对话框中获取实时监控软件版本、版权所有者、拥有本版本软件合法使用权的装置、相应的用户名称，组态文件信息等。

（2）口令

实时监控软件启动并处于观察状态时，不能修改任何控制参数。只有通过单击“口令”按钮登录到一定权限的操作人员才能操作。实时监控软件提供 32 个其他人员（操作权限可任意设置）进行操作，操作权限分为观察、操作员、工程师和特权 4 级。

（3）报警确认

该按钮只在报警一览画面中有效，用于对监控过程中出现的报警情况进行确认，表明操作者对系统运行状况的知晓和认定。出现报警的时间、位号、描述、类型、优先级、确认时间、消除时间等有关报警的信息，会自动记录在报警一览画面中。

（4）消音。

当操作者对监控过程出现的报警情况了解后，可以单击“消音”按钮关闭当前的报警声音。

（5）快速切换。

单击该按钮，可在当前画面中的任意一页之间相互切换。右击，画面可在控制分组、系统总貌、趋势图、流程图、数据一览表中任意一页之间互相切换。

（6）查找位号。

单击该按钮可列出所有符合指定属性的位号并可选择其一，或者用键盘直接输入位号后可显示该位号的实时信息。对于模入、回路和 SC 语言模拟量位号以调整画面显示，其他位号则以控制分组显示，如图 4-27 所示。

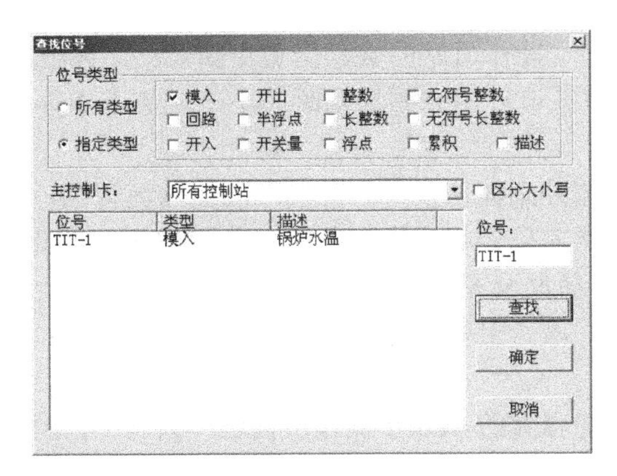

图 4-27　位号查找

（7）载入组态文件。

若需调用新的组态，无须退出 AdvanTrol，只要单击该按钮，弹出“载入组态文件”对话框，选择正确的组态文件和操作小组，单击“确定”按钮，新的组态文件即被重新载入。

（8）操作记录。

记录任何对控制站数据做了改变的操作。例如，手/自动切换、给定阀位的变化、下载组态、系统配置更改等。

（9）退出系统。

在工程师以上权限（包括工程师）时可退出实时监控软件。退出实时监控软件则意味着本操作站将停止采集控制站的实时控制信息，并且不能对控制站进行监控，但对过程控制和其他操作站无影响。在退出实时监控软件时，要求输入当前操作人员的指定密码（即登录时的口令），输入正确密码后即退出实时监控软件。

2．实时监控操作画面

单击画面操作按钮，进入相应的操作画面。实时监控操作画面包括：系统总貌、控制分组、调整画面、趋势图、流程图、报警一览、数据一览，如表 4-1 所示。

表 4-1　操作画面一览表

画面名称	页　数	显　示	功　能	操　作
系统总貌	160	32 块	显示内部仪表、检测点等的数据和状态或标准操作画面	画面展开
控制分组	320	8 点	显示内部仪表、检测点、SC 语言数据和状态	参数和状态修改
调整画面	不定	1 点	显示一个内部仪表的所有参数和调整趋势图	参数和状态修改、显示方式变更
趋势图	640	8 点	显示 8 点信号的趋势图和数据	显示方式变更、历史数据查询
流程图	640		流程图画面和动态数据、棒状图、开关信号、动态液位、趋势图等动态信息	画面浏览、仪表操作
报警一览	1	1000 点	按发生顺序显示 1000 个报警信息	报警确认
数据一览	160	32 点	显示 32 个数据、文字、颜色等	

监控画面为操作员了解生产过程状态提供了显示窗口，能支持以下几类操作画面，操作

画面的调出和数据更新速度不大于 1 秒。

（1）系统总貌画面

系统总貌画面显示系统各设备、装置、区域的运行状态以及全部过程参数变量的状态、测量、设定值、控制方式（手动 / 自动状态）、高/低报警等信息。从各显示模块可以调出其他画面。系统总貌画面是各个实时监控操作画面的总目录，主要用于显示过程信息，或者作为索引画面，进入相应的操作画面，也可以根据需要设计成特殊菜单页。每页画面最多显示 32 块信息，每块信息可以为过程信息点（位号）和描述、标准画面（系统总貌、控制分组、趋势图、流程图、数据一览等）索引位号和描述。过程信息点（位号）显示相应的信息、实时数据和状态，如控制回路位号显示描述、位号、反馈值、手/自动状态、报警状态与颜色等。系统总貌画面如图 4-28 所示。

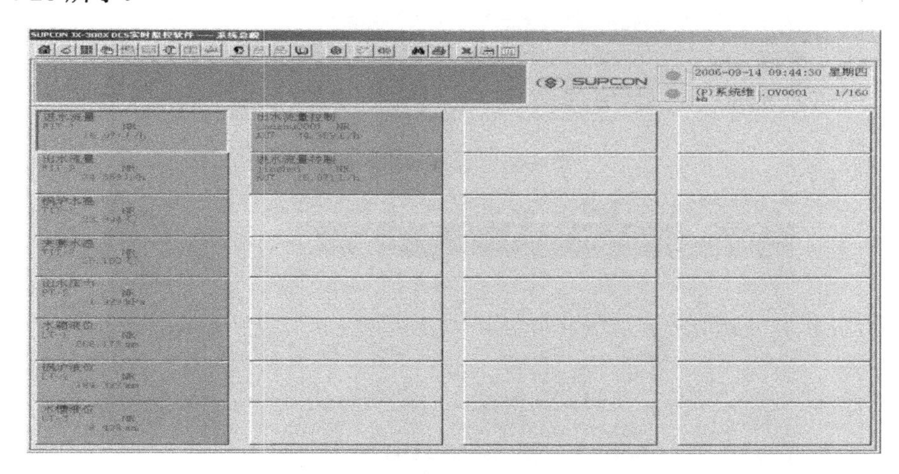

图 4-28　系统总貌画面

当信息块显示的信息为模入量位号、自定义半浮点位号、回路及标准画面时，单击信息块可进入相应的画面。

（2）控制分组画面

控制分组画面以模拟仪表的表盘形式按事先设定的分组，同时显示几个回路的信息，如过程参数变量的测量值、调节器的设定值、输出值、控制方式等。变量值每秒更新一次，分组可任意进行，操作员可从分组画面调出任意一个变量（模拟量或离散量）的详细信息。对模拟回路可以手动改变设定值、输出值、控制方式等；对离散量可以手动操作设备的开启和停止，画面显示出指令状态和实际状态。通过内部仪表的方式显示各个位号以及回路的各种信息。信息主要包括位号名（回路名）、位号当前值、报警状态、当前值柱状显示、位号类型以及位号注释等。每个控制分组画面最多可以显示 8 个内部仪表，通过鼠标单击可修改内部仪表的数据或状态。控制分组画面如图 4-29 所示。

（3）调整画面

调整画面通过数值、趋势图以及内部仪表来显示位号的信息。调整画面显示的位号类型有：模入量、自定义半浮点量、手操器、自定义回路、单回路、串级回路、前馈控制回路、串级前馈控制回路、比值控制回路、串级变比值控制回路、采样控制回路等。调整画面如图 4-30 所示。

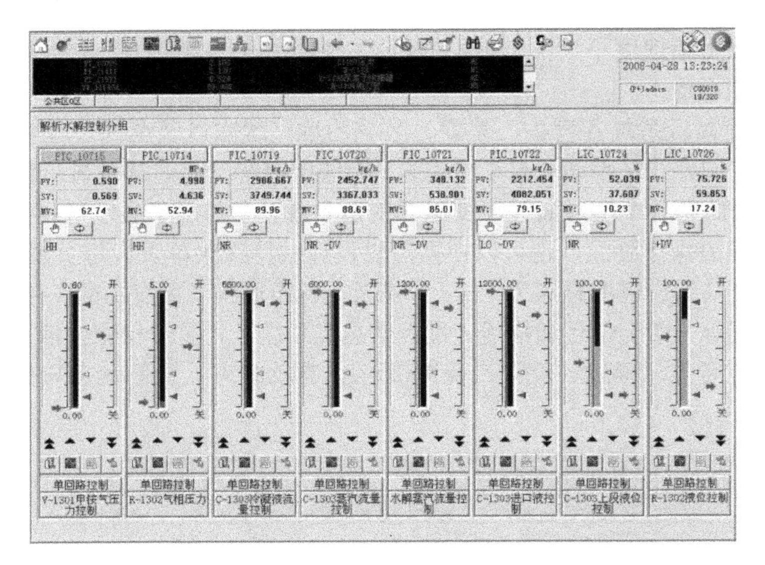

图 4-29 控制分组画面

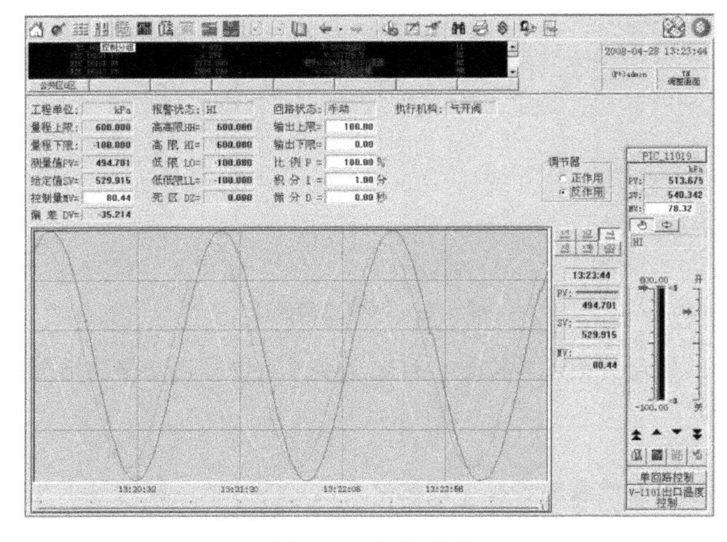

图 4-30 调整画面

（4）趋势图画面

趋势图画面具有显示信息高速公路上任何数据点趋势的能力，并在同一个坐标轴上显示至少 4 个变量的趋势记录曲线，有可供用户自由选择的参数变量、不同颜色和不同的时间间隔，也可以对数据轴进行任意放大显示。根据组态信息和工艺运行情况，以一定的时间间隔记录一个数据点，动态更新趋势图，并显示时间轴所在时刻的数据。每页最多显示 8×4 个位号的趋势曲线，在组态软件中进行监控组态时确定曲线的分组。运行状态下可在实时趋势与历史趋势画面间切换。单击趋势设置按钮可对趋势进行设置。趋势图画面如图 4-31 所示。

（5）数据一览画面

根据组态信息和工艺运行情况，动态更新每个位号的实时数据值。最多可以显示 32 个位号信息，包括序号、位号、描述、数值和单位共 5 项信息。数据一览画面如图 4-32 所示。

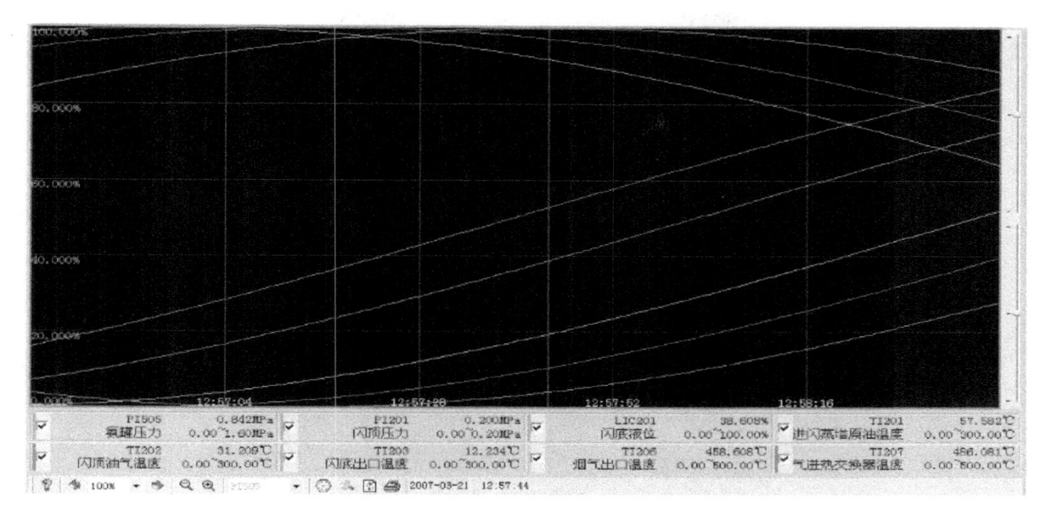

图 4-31 趋势图画面

序号	位号	描述	数值	单位	序号	位号	描述	数值	单位
1	PI505	氨罐压力	0.640	MPa	17	FIC201	原油入常炉流量	[illegible]	t/h
2	PI201	闪顶压力	[illegible]	MPa	18	TIC217	常炉出口温度	492.796	℃
3	LIC_201	闪底液位调节	[illegible]	%	19	PI501	干气压力	[illegible]	MPa
4	TI201	进闪蒸塔原油…	[illegible]	℃	20	FIC204	常一中流量	[illegible]	t/h
5	TI202	闪顶油气温度	[illegible]	℃	21	FIC203	常顶循环回流量	[illegible]	t/h
6	TI203	闪底出口温度	[illegible]	℃	22	TI219	常顶温度	[illegible]	℃
7	TI207	烟气进热交换…	[illegible]	℃	23	TI220	常顶循环返塔…	[illegible]	℃
8	TI206	烟气出口温度	[illegible]	℃	24	TI221	常顶循环抽出…	[illegible]	℃
9	TI205	烟道口温度	[illegible]	℃	25	TI221	常顶循环抽出…	[illegible]	℃
10	TI209	常炉对流室温度	573.480	℃	26	TI223	常一中抽出温度	[illegible]	℃
11	TI210	常炉膛北上温度	801.758	℃	27	TI224	常二中返塔温度	[illegible]	℃
12	TI211	常炉膛北下温度	[illegible]	℃	28	TI225	常二中抽出温度	[illegible]	℃
13	TI212	常炉膛东南上…	[illegible]	℃	29	TI230	常压塔进料段…	[illegible]	℃
14	TI213	常炉膛东南下…	[illegible]	℃	30	TI231	常底油抽出温度	[illegible]	℃
15	TI214	常炉膛西南上…	[illegible]	℃	31	PIC502	燃料油压力	[illegible]	MPa
16	TI215	常炉膛西南下…	[illegible]	℃	32	TIC218	常顶温度	[illegible]	℃

图 4-32 数据一览画面

（6）流程图画面

图形画面生产装置的图片、工艺流程图、设备简图、单线图等都可以在 CRT 上显示出来，每个画面都包括字母、数字、字符和图形符号，通常采用可变化的颜色、图形、闪烁表示过程变量的不同状态，所有过程变量的数值和状态每秒动态刷新。

所有监控点的数据均可在图中实时显示，过程量报警可通过图中数据的颜色变化来提示操作人员，现场液位的高低在图中可通过液柱直观体现，双击图中控制点的工位名称可直接调出仪表面板，便于快速操作。操作员在此画面对有关过程变量实施操作和调整。

流程图画面是工艺过程在实时监控画面上的仿真。流程图画面根据组态信息和工艺运行情况，在实时监控过程中动态更新各动态对象，如数据点、图形等。流程图画面如图 4-33 所示。

（7）报警一览画面

报警一览画面显示当前所有正在进行的过程参数报警和系统硬件故障报警，并按报警的时间顺序从最新发生的报警开始排起，报警优先级别和状态用不同的颜色来区别，未经确认的报警处于闪烁状态。报警一览画面是主要监控画面之一，根据组态信息和工艺运行情况动态查找新产生的报警信息，并显示符合显示条件的信息，如图 4-34 所示。

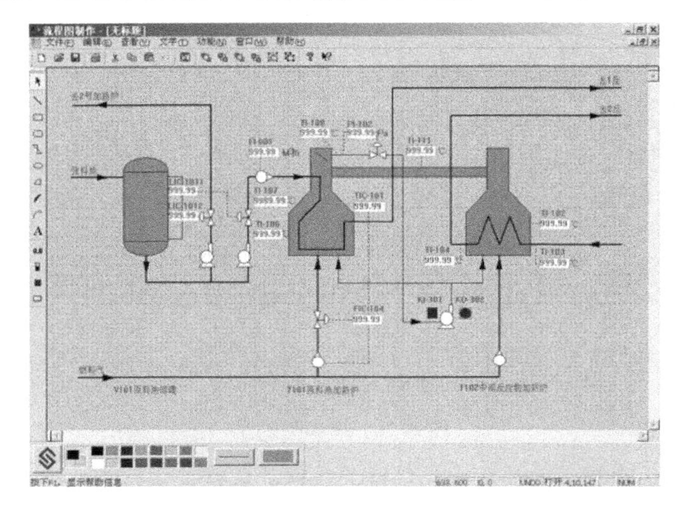

图 4-33　流程图画面

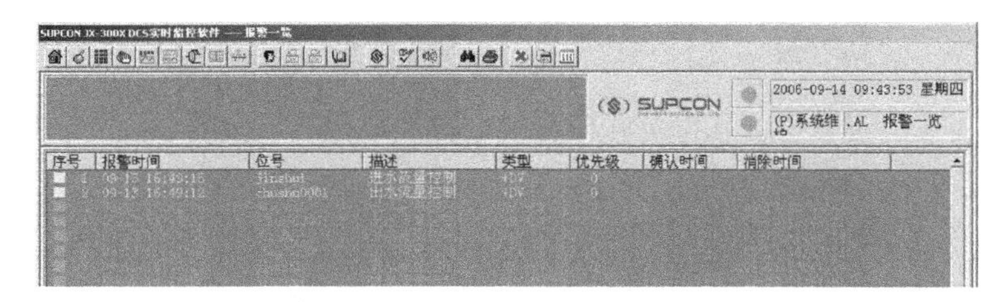

图 4-34　报警一览画面

滚动显示最近产生的 1000 条报警信息，每条报警信息可显示报警时间、位号、描述、动态数据、类型、优先级、确认时间、消除时间；可根据需要组合报警信息的显示内容，包括报警时间、描述、动态数据、报警类型、优先级、确认时间、消除时间。在报警信息主画面区内单击鼠标右键，可进一步选择需要或不需要的选项。

报警信息的颜色也表明报警状态。对于模入、回路的报警信息，用鼠标右键双击报警信息，可显示该位号的调整画面。报警一览画面用于根据组态信息和工艺运行情况动态查找新产生的报警并显示符合条件的报警信息。画面中可显示报警序号、报警时间、数据区（组态中定义的报警区缩写标识）、位号名、位号描述、报警内容、优先级、确认时间和消除时间等。在报警信息列表中可以显示实时报警信息和历史报警信息两种状态。实时报警列表每过一秒检测一次位号的报警状态，并刷新列表中的状态信息。历史报警列表只是显示已经产生的报警记录。

光字牌用于显示光字牌所表示的数据区的报警信息。光字牌未组态时，监控画面只显示实时报警信息；光字牌组态为 1 行或 2 行时，监控画面同时显示光字牌和实时报警信息。

操作指导画面将预先设定好的操作指导信息经程序触发在屏幕上弹出显示，用以提示操作人员的一种画面，通常是在故障发生时弹出提示操作人员排查故障，经操作人员确认后可退出此画面。

（8）故障诊断画面

对系统通信状态、控制站的硬件和软件运行情况进行诊断，以便及时、准确地掌握系统运行状况。实时监控的故障诊断画面如图 4-35 所示。主控制卡、数据转发卡与 I/O 卡件诊断画面类似，绿色表示正常，红色表示错误或不正常，黄色表示备用。

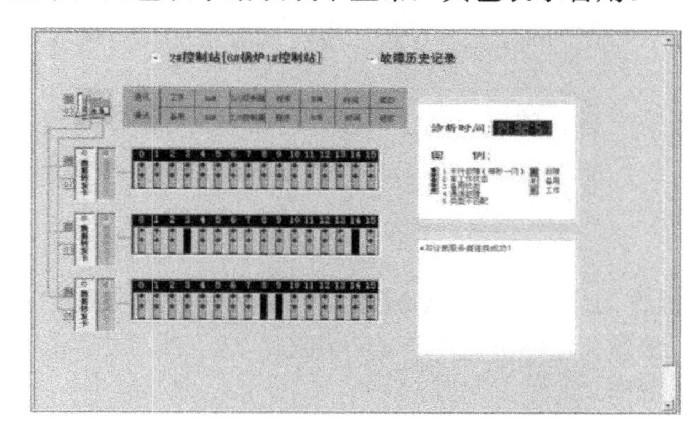

图 4-35 故障诊断画面

（9）内部仪表

在操作站画面中，许多位号的信息以模仿常规仪表的界面方式显示，这些仪表称为内部仪表。例如，图 4-36 所示内部仪表显示的是某单回路控制系统中控制器的控制面板。

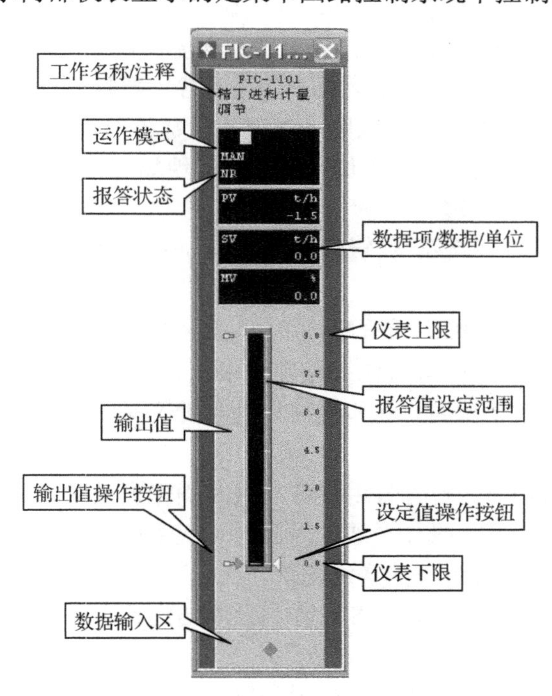

图 4-36 内部仪表显示图

在操作人员拥有操作某项数据的权限及该数据可被修改时，才能修改数据。此时数值项为白底，输入数值按 Enter 键确认修改；通过操作员键盘的增减键也可以修改数值项；使用鼠标左键可切换按钮，如回路仪表的手动/自动/串级状态；回路仪表的给定（SV）和输出（MV）

及仪表的描述状态以滑动杆方式控制，按下鼠标左键（不释放）拖动滑块至修改的位置（数值），释放鼠标左键，按 Enter 键确认。

3. 监控上电、下载和传送

（1）上电

打开总电源；打开各支路电源开关，设备送电；查看通信是否畅通，各卡件是否正常工作。

（2）下载

在工程师站打开组态文件，进行保存、编译操作，如果编译正确就可以将数据下载到控制站。选择“总体信息”下的“组态下载”或单击“下载”按钮打开下载对话框进行全部或部分下载操作。

（3）传送

将编译后的.SCO 操作信息文件、IDX 编译索引文件、.SCC 控制信息文件等通过网络从工程师站传送给操作站。选择“总体信息”下的“组态传送”或单击“传送”按钮打开下载对话框进行全部或部分传送操作。

4.2.3 DCS 操作员主要工作及注意事项

1. DCS 操作员主要工作

① 负责生产系统操作监视，根据生产的实际情况调节操作参数调节，通过监控计算机系统，实现优质、稳定、高效、低耗、长期、满负荷、安全运行。

② DCS 主、副操作员要和现场工作人员经常交流，做到有问题及时汇报处理。

③ 为了保持整个装置工艺的稳定运行，应注意各主要控制点的流量、液位、压力、温度等参数，坚持前后兼顾，全面平衡的原则，调整并稳定各主要控制参数。

④ DCS 操作员每小时检查巡检人员录入系统的现场巡检数据，比对 DCS 远传数据和现场巡检数据是否相符，及时处理。

⑤ 生产设备开/停车时必须经生产部门领导同意，并与现场巡检员取得联系，以防止事故发生，确保生产安全。

⑥ 若有开/停车现象，详细记录开/停车时间及原因，对运行出现的异常状况及影响生产质量的现象要及时记录，写明处理方法及处理结果。

⑦ 当班发生生产异常情况时，在本班可以处理的及时组织处理，不能处理的向主管领导汇报并详细记录。

⑧ 当班出现设备故障时，若有备用设备，DCS 操作员及时联系现场巡检人员检查备用设备是否具备开启条件，待 DCS 操作员通知时及时切换备用设备，系统稳定后通知维保人员对故障设备进行检修，做好处理过程的详细记录。

⑨ 当班出现大型设备故障时，DCS 操作员及时与巡检人员联系做停车准备并向主管领导汇报，做好详细记录。

⑩ 了解操作规程，根据自己的操作权限和范围进行操作监视和修改控制参数。

⑪ 严格遵守公司及作业区制定的有关规章制度，认真履行交接班手续。

⑫ 严格按照标准操作程序、安全技术规程等作业指导书精心操作，完成相关生产任务。

2. DCS 操作注意事项

现在的化工生产操作已经实现了自动控制。现场的巡检员主要负责开关现场的手动阀门，查看一些异常情况。主控的 DCS 操作工主要负责监看画面，应先学习工艺流程、工艺原理，熟悉现场设备，后学会操作界面使用，因为在 DCS 系统上能显示现场所有工序和设备的工艺参数，如流量、压力、温度、液位和成分指标等信息。

① 当部分操作员站出现故障时，应使用其他操作员站继续承担生产装置监控任务（此时应停止重大操作），同时，迅速联系仪表工排除故障，若故障无法排除，则应根据当时运行情况酌情处理。

② 当全部操作员站出现故障时（所有上位机黑屏或死机），若主要后备硬手操及监视仪表可用且能够维持生产装置正常运行时，则可将手操器改为手动，转用后备操作方式运行，同时排除故障并恢复操作员站运行方式。

③ 某一项目操作完成后，应将鼠标挪至画面空白处单击，不得放在原操作点，以防误动。

④ 切换其他操作员站画面查看后，操作人员必须操作返回原画面，防止误操作。

⑤ 禁止无关人员进入控制室，以免影响运行人员操作。运行人员在翻历史记录作为运行参考时，允许前翻两天。

⑥ 运行夜班人员及各班次换班时，操作人员不得进行各电动门、电调门设置开度操作项目，避免出现电动门、电调门全开、全关现象。

⑦ 运行操作人员不得私自删除各种运行历史记录，以便今后分析调查使用。

⑧ 当电源中断时，UPS 电源及时自动投入。

⑨ 设置手操盘按钮，保证生产过程的安全。DCS 不能实现远方控制操作时，运行人员立即将自动方式改为手动方式，就地操作各电动门、电调门，保证生产装置运行可视。

⑩ 系统运行中严禁在工程师站上操作现场设备。严禁将其他系统的程序带入本系统，外来的程序如需使用，要进行严格的检查和测试。不能随意将本系统与外界系统接通，以防止计算机病毒乘机进入。

练 习 题

一、简答题

1. 实时监控软件的作用是什么？
2. 实时监控软件操作主要有哪些画面？
3. 操作工应具备哪些操作技能？
4. DCS 操作应注意哪些事项？
5. 故障报警时如何处理？

二、选择题

1. 从生产过程角度出发，（　　）是集散控制系统四层结构模式最高层一级。

A. 生产管理级　　B. 过程控制级　　C. 经营管理级　　D. 控制管理级

2. （　　）具有协调和调度各车间生产计划和各部门的关系功能。

A. 生产管理级　　B. 过程控制级　　C. 经营管理级　　D. 控制管理级

3. DCS 显示画面大致分成四层，（　　）是最下层的显示。

A. 单元显示　　B. 组显示　　C. 区域显示　　D. 细目显示

4. （　　）有利于对工艺过程及其流程的了解。

A．仪表面板显示画面　　B．总貌画面

C．历史趋势画面　　D．流程图画面

5．控制器参数整定的工程方法主要有经验凑试法、衰减曲线法和（　　）。

A．理论计算法　　B．经验法　　C．检测法　　D．临界比例度法

三、判断题

1．JX-300XP DCS 在不打开控制站机柜门的情况下，可以从监控软件画面上了解控制站机柜中卡件的详细布置图，并且也可了解控制站的卡件工作的情况及发生故障的情况。（　　）

2．JX-300XP DCS 在 I/O 组态中可以实现模拟量信号的变化率报警。（　　）

3．JX-300XP DCS 流程图中可以调用位图、GIF 图片和 Flash。（　　）

4．JX-300XP DCS 不打开监控软件，也可以实现动画效果的仿真运行。（　　）

5．JX-300XP DCS 二次计算中可以进行历史文件记录设置和报警记录文件设置，设置每个历史文件记录多少时间，报警文件记录多少条报警信息。（　　）

6．JX-300XP DCS 做完二次计算组态以后，必须进行保存编译。（　　）

7．JX-300XP DCS 光字牌可以选择数据组下相应的分区，对数据形成分类报警。（　　）

8．JX-300XP DCS 事件定义用于设置数据记录，报表产生的条件，事件信息被满足，可以记录数据或触发产生报表。（　　）

9．在对 JX-300XP DCS 操作站组态时，所引用的信号点应是在控制站或二次计算中所设置好的信号。（　　）

10．JX-300XP 可满足任意大小的生产装置进行控制操作需要。（　　）

第5章 JX-300XP系统组态案例

学习内容	1．系统硬件配置。
	2．确定控制策略。
操作技能	1．组态操作。
	2．绘制流程图。
	3．制作报表。

5.1 DCS系统组态案例

加热炉是化工生产工艺中的一种常见设备。对于加热炉，工艺物料加热升温或同时进行汽化，其温度的高低会直接影响后一工序的操作工况和产品质量。当炉子温度过高时，会使物料在加热炉里分解，甚至造成结焦而产生事故，因此，一般加热炉的出口温度都需严加控制。本案例围绕加热炉为核心的化工生产工艺进行分析、硬件设计、软件组态等，重点介绍系统配置、用户授权设置、测点清单、控制方案、操作站设置、报表、控制流程图、自定义键等内容，全方位了解DCS工作过程。

1．组态设计分析

现有一套加热炉装置，原料油经原料油加热炉（设备号T101）加热后去1反，中间反应物经中间反应物加热炉（设备号T102）去2反，如图5-1所示。

考虑到实际现场情况的复杂性，系统的许多功能及匹配参数需要根据具体情况由用户设定，这些需要用户为系统设定各项参数的操作（即所谓的“系统组态”）。对于一个项目的组态设计，主要是指利用 JX-300X DCS 系统组态软件包，在工程师站上完成的设计、配置工作，这样的组态设计基本上是按照下面的步骤进行的。

2．常规控制方案的选用

（1）选择系统里已提供了如手操器、单回路、串级和前馈等。

（2）控制策略分析，确定好各输入/输出参数值、PID 各值以及 SV、PV、E、T1、T2、Kf等参数。

（3）完成常规控制方案的组态工作，如表5-1所示。

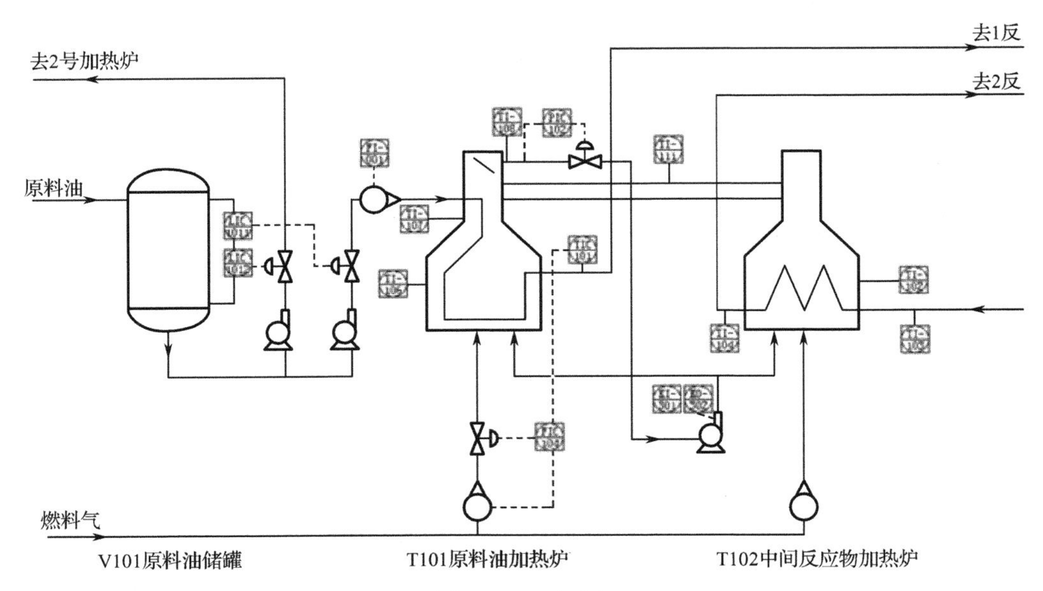

图 5-1　工艺流程

表 5-1　控制回路

序　　号	控制方案、回路注释	回 路 位 号	控 制 方 案	PV	MV
00	原料油液位控制	LIC101	单回路	LI-101	PV-112
01	加热炉烟气压力控制	PIC102	单回路	PV-102	TV-110
02	加热炉出口温度控制	FIC104	串级控制	TI-101	PV-218

① 原料油液位控制，单回路 PID，回路名 LIC101，如图 5-2 所示。

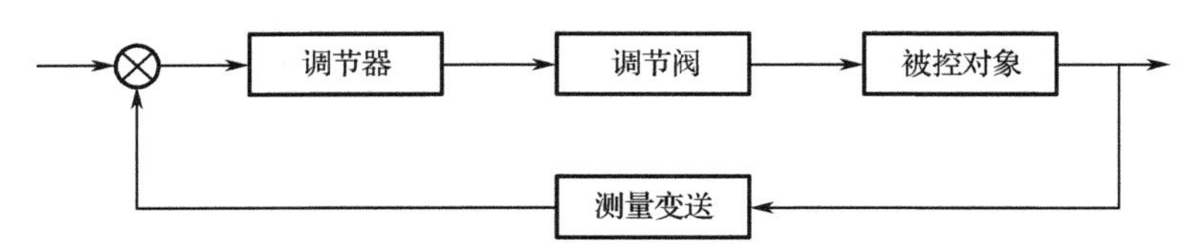

图 5-2　原料油液位控制方案

② 加热炉烟气压力控制，单回路 PID，回路名 PIC102，如图 5-3 所示。

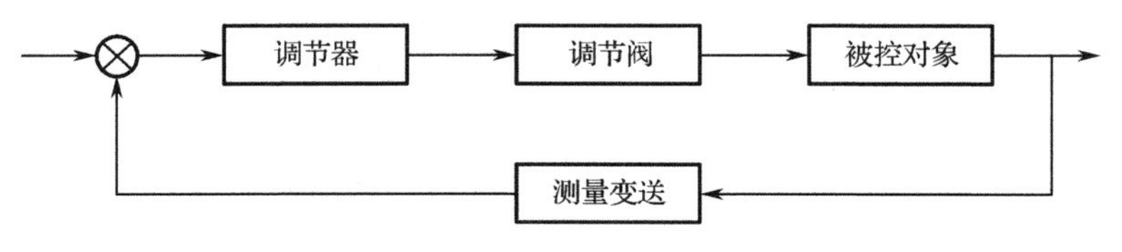

图 5-3　烟气压力控制方案

③ 加热炉出口温度控制，串级控制。

内环：FIC104（加热炉燃料流量控制），外环：TIC（加热炉出口温度控制），如图 5-4 所示。

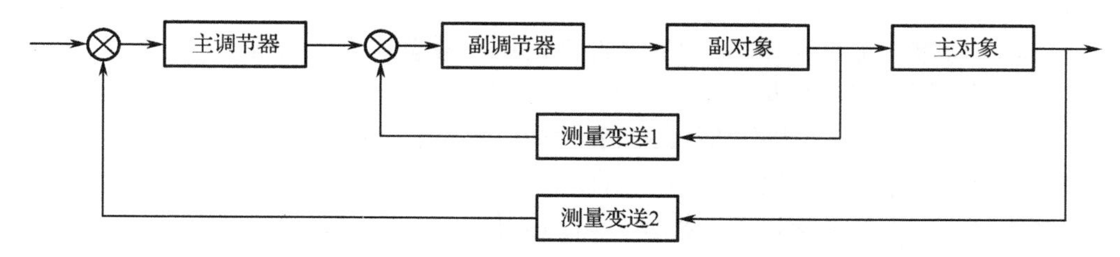

图 5-4　加热炉出口温度控制方案

5.2　系统硬件配置

1．硬件的选型

根据要求进行硬件选型，一般按照以下步骤进行。

（1）了解生产控制工艺，根据“测点清单”中测点性质确定全系统 I/O 卡件的类型及数量（适当留有裕量），分配信号通道地址，对于重要的信号点要考虑是否进行冗余配置。

（2）根据 I/O 卡件的数量和工艺要求确定控制站、操作站和工程师站的台数，分配各站 IP 地址。

（3）控制站选配及 IP 地址设置，主控卡、数据转发卡以及 I/O 组态。

（4）工艺流程分析确定控制方案。控制方案组态（4 种组态方法）系统中常用的直接调用，特殊控制方案需选用一种方法组态。特殊控制方案的组态方法如下。

① 图形编程方法。

② 语言编写程序的方法。

（5）操作站的组态，完成控制回路的 P、I、D 设置；生产报表、报警、流程图、趋势、控制分组、总貌画面和数据一览等组态。

（6）在有防爆要求的场合，需要考虑选配合适的安全栅。

（7）对于开关量，根据其数量和性质要考虑是否选配相应的端子板、转接端子和继电器等。

（8）编译、修正及下载和发布工作。

2．系统硬件确定

对测点信号进行分析，得知：

（1）测点中热电偶 AI 点共 7 点，其中 K 型热电偶 5 点，E 型热电偶 2 点，均不参与控制。热电偶信号由 SP314 卡件来采集，SP314 卡件为 4 点卡，1 块卡件采集 4 路信号。对于不同类型的热电偶信号，一般建议在有条件的情况下采用不同的卡件进行采集。对于 K 型热电偶 AI 点，需要 2 块 SP314 卡件，富余 3 个通道。对于 E 型热电偶 AI 点，需要 1 块 SP314 卡件，富余 2 个通道，所以总计需要 3 块 SP314 卡件。

（2）测点中热电阻 AI 点共 1 点，参与控制。热电阻信号由 SP316 卡件来采集，SP316 卡件为 2 点卡，1 块卡件可采集两路信号，所以至少需要 1 块 SP316 卡件，富余 1 个通道。考虑到参与控制的信号的安全性，建议采用冗余配置，所以需要 2 块 SP316 卡件。

（3）测点中标准电流 AI 点（配电）共 2 点，参与控制。标准电流 AI 点（不配电）共 2

点，参与控制。标准电流信号由 SP313 卡件来采集，考虑到信号的质量，建议配电和不配电的信号分别采用不同的卡件采集，尽量不要集中在 1 块卡件上。SP313 卡件为 4 点卡，1 块卡件采集 4 路信号，所以至少需要 2 块 SP313 卡件，每块卡件各富余 2 个通道。考虑到参与控制的信号的安全性，建议采用冗余配置，所以需要 4 块相同的 SP313 卡件。

（4）测点中 AO 点共 4 点，参与控制。AO 信号由 SP322 卡件来处理，SP322 卡件为 4 点卡，1 块卡件处理 4 路信号，所以至少需要 1 块 SP322 卡件。考虑到参与控制的信号的安全性，建议采用冗余配置，所以需要 2 块相同的 SP322 卡件。

（5）测点中 DI 点共 1 点，为干触点信号。该 DI 信号可由 SP363 卡件来处理，SP363 卡件为 7 点卡，1 块卡件处理 7 路信号，所以至少需要 1 块 SP363 卡件。

（6）测点中干触点 DO 点共 1 点。该 DO 信号可由 SP362 卡件来处理，SP362 卡件为 7 点卡，1 块卡件处理 7 路信号，所以至少需要 1 块 SP362 卡件。对于 DO 信号，需要考虑卡件的驱动能力以及与现场设备的隔离，因此，在这里还需要选购 1 只继电器（如 RM2SU）。

通过上面的分析可知，实现测点清单上的所有信号的采集和控制需要的 I/O 卡件为：SP313 卡件 4 块、SP314 卡件 3 块、SP316 卡件 2 块、SP322 卡件 2 块、SP362 卡件 1 块、SP363 卡件 1 块，共计 13 块 I/O 卡。在以上统计数据中，如果考虑将来的系统扩展及备品、备件要求，各种卡件还需要相应增加。由此分析得知，系统控制站规模不大，1 个控制站（需 1 对冗余配置的主控制卡）、1 个 I/O 机笼（需 1 对冗余配置的数据转发卡）即可。1 个 I/O 机笼中可以插放 16 块 I/O 卡件，本例中只需要 13 块卡件，剩余的 3 个空槽位需要配上空卡。相应的，硬件配置上需要配 1 个机柜、1 个电源箱机笼、2 个互为冗余的电源模块。根据实际要求，系统至少需配置 1 台操作站（兼工程师站）。系统硬件的配置基本上就完成了，具体配置如表 5-2 所示。

表 5-2　系统配置表

序　号	名　称	型　号	单　位	数　量
1	I/O 机笼	SP211	个	1
2	数据转发卡	SP233	块	2
3	主控制卡	SP243X	块	2
4	电源箱机笼	SP251	个	1
5	电源	SP251-1	个	2
6	电流信号输入卡	SP313	块	4
7	电压信号输入卡	SP314	块	3
8	热电阻信号输入卡	SP316	块	2
9	模拟量输出卡	SP322	块	2
10	触点型开关输入卡	SP363	块	1
11	晶体管触点开关量输出卡	SP362	块	1
12	开关量转接端子板	SP590	块	1
13	空卡	SP000	块	3
14	操作员键盘	SP032	个	1

续表

软件				
序号	名称	型号规格	单位	数量
1	AdvanTrol 软件（含工程师狗）		套	1
2	操作系统	WIN2000	套	1
其他				
序号	名称	型号规格	单位	数量
1	机柜	SP202	个	1
2	Scnet 网卡	SP023	块	2
3	操作站主机	DELL/GX-260	台	1
4	显示器	DELLP1130	台	1
5	立式操作台	SP071	台	1
6	集线器	SP423	个	2

3．操作配置

（1）操作小组配置

操作小组配置如表 5-3 所示。

表 5-3　操作小组配置

操作小组名称	切换等级	光字牌名称及对应分区
原料加热炉	操作员	
反应物加热炉	操作员	
工程师	工程师	

（2）用户管理

根据操作要求需要，建立用户表如表 5-4 所示，用户管理如图 5-5 所示。

表 5-4　用户表

权限	用户名	用户密码	相应权限
特权	系统维护	SUPCONDCS	PID 参数设置、报表打印、报表在线修改、报警查询、报警声音修改、报警使能、查看操作记录、查看故障诊断信息、查找位号、调节器正反作用设置等
工程师+	工程师	******	PID 参数设置、报表打印、报表在线修改、报警查询、报警声音修改、报警使能、查看操作记录、查看故障诊断信息、查找位号等
操作员 A	原料组操作员	******	重载组态、报表打印、查看故障诊断信息、屏幕复制打印、查看操作记录、修改趋势画面、报警查询
操作员 B	反应物组操作员	******	重载组态、报表打印、查看故障诊断信息、屏幕复制打印、查看操作记录、修改趋势画面、报警查询

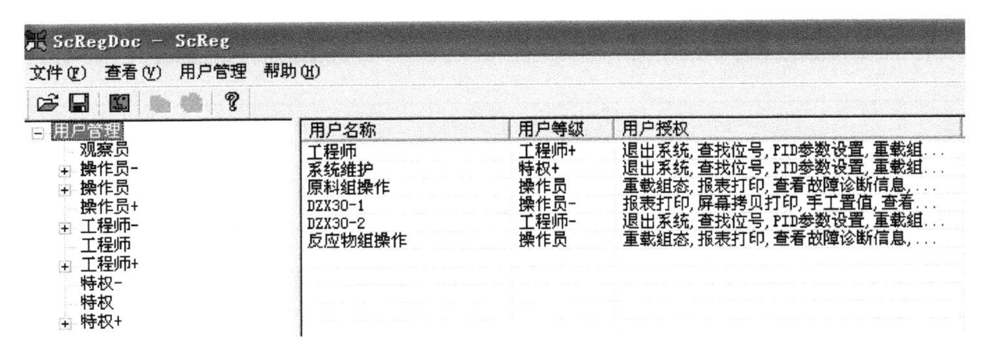

图 5-5　用户管理

进一步进行权限、用户名、用户密码和相应权限的修改，如图 5-6 所示。

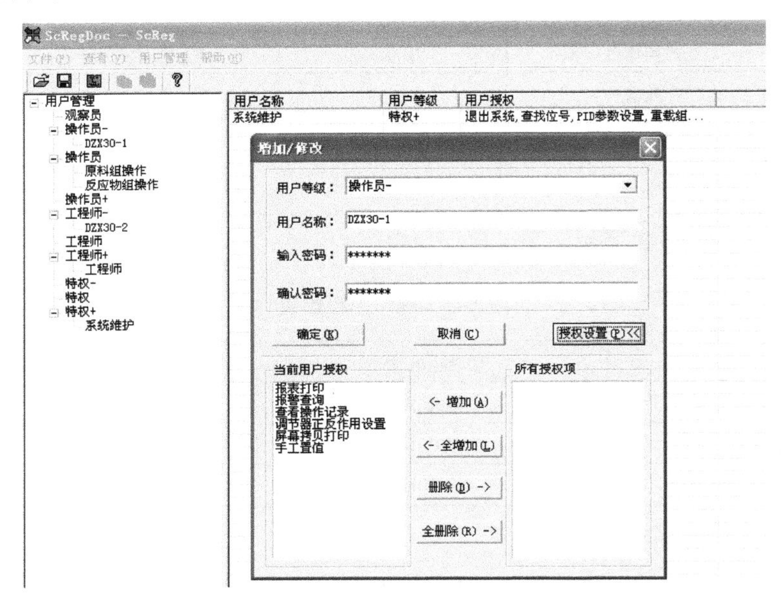

图 5-6　用户密码和相应权限的修改

4. 监控操作要求

当原料加热炉操作员进行监控时，监控操作要求如表 5-5 所示。

表 5-5　监控操作要求

页　码	页 标 题	内　容
1	索引画面 （待画面完成后添加）	索引：原料加热炉参数操作小组流程图，分组画面，一览画面的所有画面
2	原料加热炉参数	所有原料加热炉相关 I/O 数据实时状态

① 参数设置及设置画面如图 5-7 和图 5-8 所示。

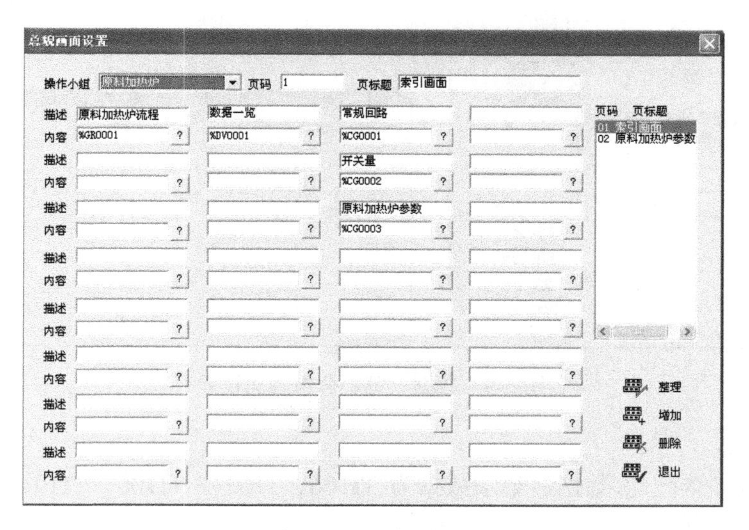

图 5-7　参数设置

图 5-8　设置画面

② 可浏览分组画面内容如表 5-6 所示。

表 5-6　可浏览分组画面内容

页　码	页 标 题	内　　容
1	常规回路	PIC102　FIC104　TIC101
2	开关量	KI301　KI302　KO302　KO303
3	原料加热炉参数	PI102　FI104　TI104　TI107　TI108　TI111　TI101

③ 可浏览一览画面：数据一览内容如表 5-7 所示。数据一览、分组画面设置如图 5-9 所示。

表 5-7　数据一览内容

页　码	页 标 题	内　　容
1	数据一览	PI102　FI104　TI106　TI107　TI108　TI111　TI101

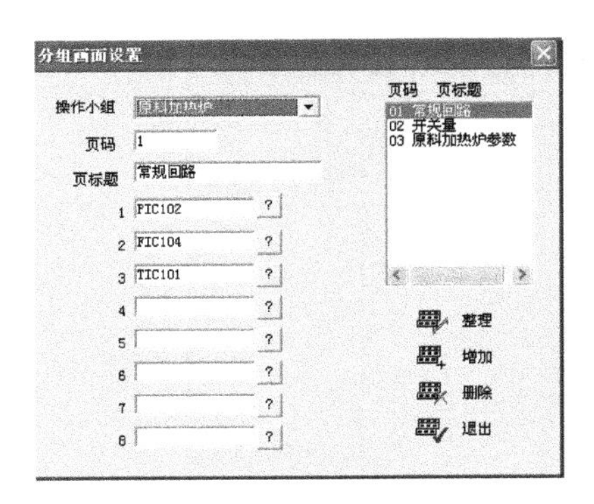

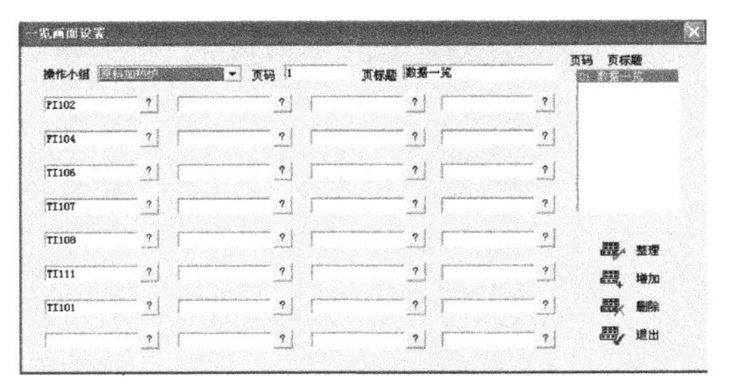

图 5-9　数据一览、分组画面设置

④ 报表记录。

要求：每 1s 记录一次数据，记录数据为 TI106、TI107、TI108、TI101；10s 输出报表。报表格式如图 5-10 所示。

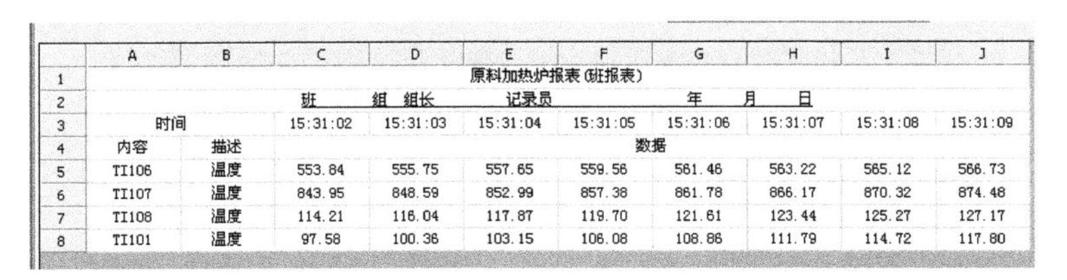

	A	B	C	D	E	F	G	H	I	J
1	原料加热炉报表（班报表）									
2	班　组　组长　记录员　年　月　日									
3	时间		15:31:02	15:31:03	15:31:04	15:31:05	15:31:06	15:31:07	15:31:08	15:31:09
4	内容	描述	数据							
5	TI106	温度	553.84	555.75	557.65	559.56	561.46	563.22	565.12	566.73
6	TI107	温度	843.95	848.59	852.99	857.38	861.78	866.17	870.32	874.48
7	TI108	温度	114.21	116.04	117.87	119.70	121.61	123.44	125.27	127.17
8	TI101	温度	97.58	100.36	103.15	106.08	108.86	111.79	114.72	117.80

图 5-10　报表格式

5.3　组态操作

1．建立组态文件

正式开始进行组态时，首先需要新建一个组态文件，将系统的配置信息集中、完整地体现在组态文件中，如图 5-11 所示。新建组态文件时要指定文件的存放路径及文件名，将出现一个提示框，如图 5-12 所示，单击“确定”按钮，出现一个对话框，如图 5-13 所示。

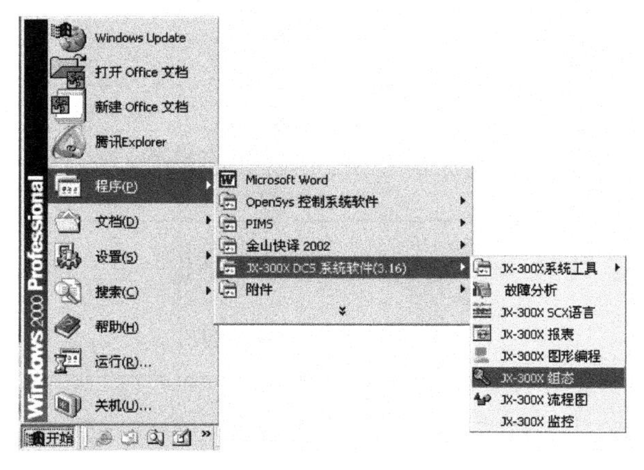

图 5-11　组态文件启动界面

图 5-12　提示框

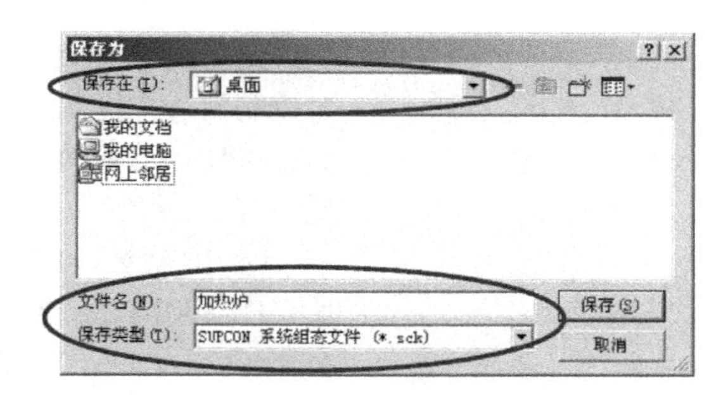

图 5-13　确定存放位置、类型

设置文件名，如本案例中设置“加热炉”，指定保存路线。单击“保存”按钮，弹出组态软件的界面，如图 5-14 所示。

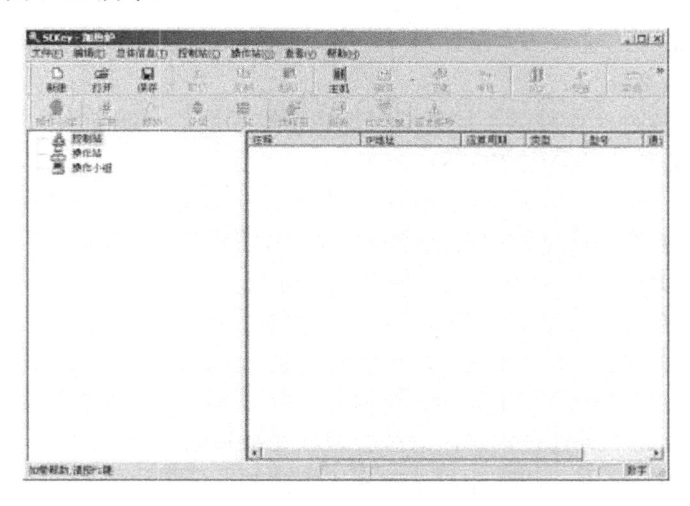

图 5-14　组态软件的界面

说明：如果是一个已经存在的组态文件，则提示是否重新命名。在组态软件的界面中，单击“新建”按钮，或使用“文件”→“新建”菜单项命令也可以完成新建一个组态文件的操作。

2．主机设置

单击组态软件界面上的“主机”按钮，在弹出的对话框中设置主机，如图 5-15 所示。

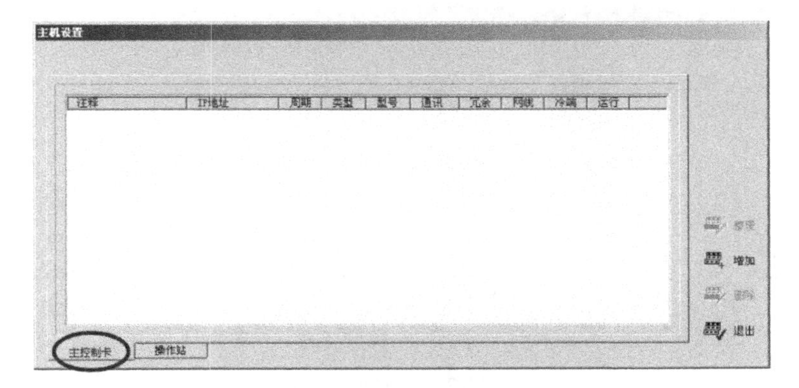

图 5-15　主机设置

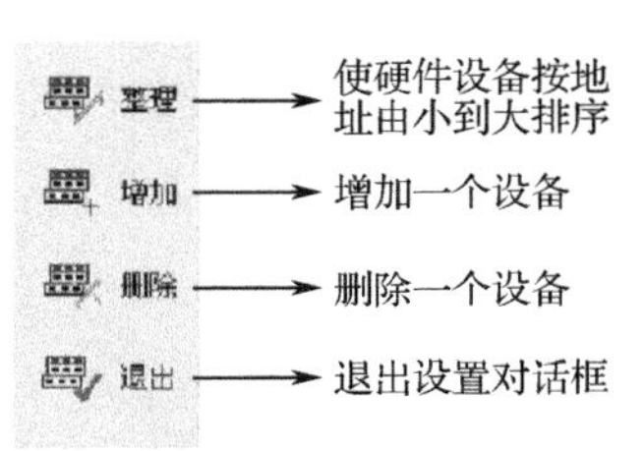

图 5-16　命令按钮说明

这时对话框突出显示“主控制卡”选项卡，在这里可以进行对控制站（主控制卡）的设置。在对话框的右侧纵向排列了 4 个命令按钮，分别为整理、增加、删除、退出，这些命令按钮的作用如图 5-16 所示。

① IP 地址：JX-300XP 系统主控制卡在 SCnet II 网络中的地址。JX-300XP 系统中最多可组 63 个控制站，控制站 IP 地址要求在 2～127 之间，对 TCP/IP 协议地址采用本系统约定。由于本例系统中只有一个控制站，并且主控制卡必须冗余配置，所以将互为冗余的两块主控制卡 IP 分别指定为“2”和“3”，此处只需在 IP 地址一栏中填写“128.128.1.2”。

② 周期：表示采样、控制和运算的周期，默认为 0.5，单位为 s，该周期值范围在 0.1～5.0s 之间，必须为 0.1s 的整数倍。在大部分场合下，0.5s 的周期已经可以满足控制要求，因此本例中采用的周期为 0.5s。

③ 类型：通过软件和硬件的不同配置可构成不同功能的控制结构，如控制站、逻辑站、采集站，它们的核心单元都是主控制 SP243X。

④ 型号：主控卡的型号，在 JX-300XP 中只有一个型号，设为 SP243X。

⑤ 通信：选择数据通信过程中要遵守的协议。目前通信采用 UDP 用户数据报协议。UDP 协议是 TCP/IP 协议的一种，它具有通信速度快的特点。

⑥ 冗余：冗余单元栏默认显示为√，则表示当前主控制卡设为冗余单元，即该控制站中具备两块互为冗余的主控制卡。要取消冗余单元设置，再单击相应冗余单元栏，使√消隐。本例为冗余配置，所以单击相应的单元栏，使其显示√。采用了这样的配置，就不再需要对 IP 地址为 3 的那块主控制卡进行设置了，系统会根据冗余规则自行寻找另一块卡件。

⑦ 网线：JX-300XP 中，每个控制站有两块主控制卡，每块主控制卡都具有两个通信口，位于上方的通信口称为网络 A，位于下方的通信口称为网络 B，当两个通信口同时被使用时称为冗余网络通信，所以在此必须填写需要使用网络 A、网络 B 还是冗余网络进行通信冗余。本例中采用冗余网络，选择“冗余”选项。

⑧ 冷端和运行：冷端采用“就地”，运行采用“实时”设置。

填写完整上述参数，主控制卡设置完毕，效果如图 5-17 所示。

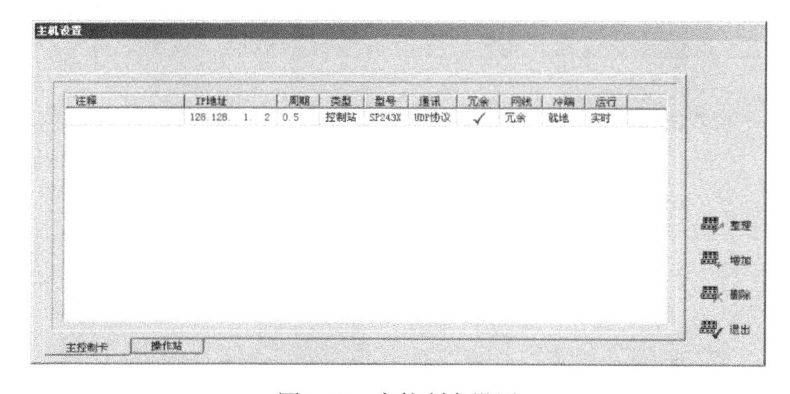

图 5-17　主控制卡设置

3．操作站的设置

单击“操作站”标签名，使操作站选项卡突出显示，可对操作站进行配置，如图 5-18 所示。

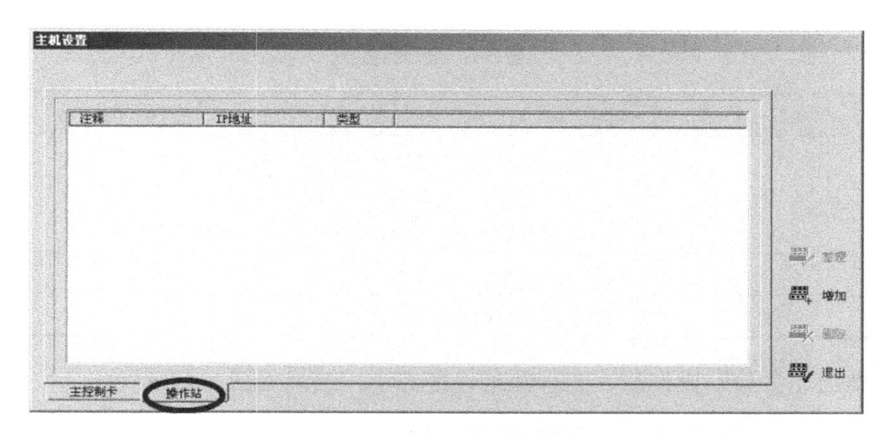

图 5-18 操作站的配置

（1）增加操作站

单击“增加”按钮，增加操作站，如图 5-19 所示。

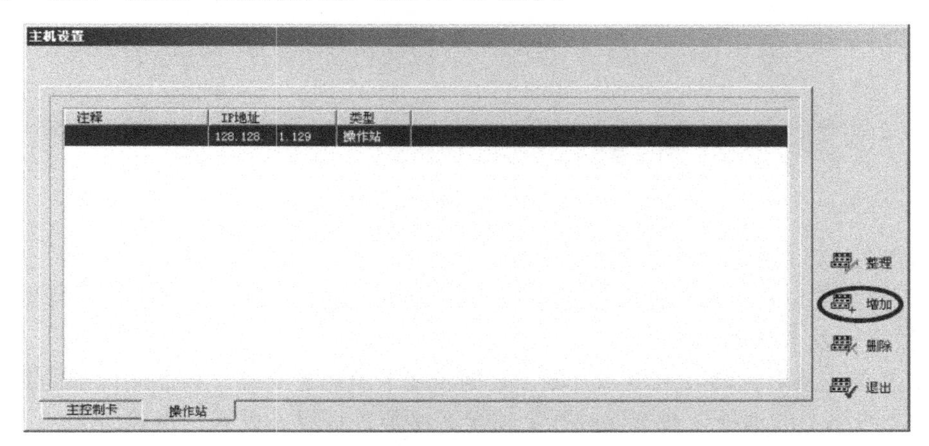

图 5-19 增加操作站

（2）填写相应的参数

IP 地址是 JX-300XP 系统操作站在 SCnet II 网络中的地址。JX-300XP 系统中最多可组 72 个操作站或工程师站，这些站点的 IP 要求在 129～200 之间，对 TCP/IP 协议地址采用本系统的约定。

① 类型。操作站类型分为工程师站、数据站和操作站 3 种，可在下拉组合框中选择。工程师站主要用于系统维护、系统设置及扩展。操作站是操作人员完成过程监控任务的操作界面。

在组态工作中，为了使工程组态具有可读性及一致性，方便系统维护人员以及其他人员对系统组态进行维护，必须遵循一定的规范来进行。一般对操作站或工程师站的地址及计算机名采用：工程师站 IP 地址 130，普通操作站 IP 地址 131、132、133……，计算机名为“OS131”、“OS132”、“OS133”……

② 在本例的项目中只配置了一台计算机作为工程师站兼操作站，在这里可将系统中的工程师站（代操作站）IP 分别指定为 130，所以在 IP 地址一栏中填写“128.128.1.130”。系统会根据冗余规则自动识别该站点的另一块网卡的地址“128.128.2.130”等，如表 5-8 所示。

表 5-8　IP 地址

类　型	数　量	IP 地址	备　注
控制站	1	02	主控卡和数据转发卡均冗余配置 主控卡：1#控制站 数据站发卡：1#数据转发卡、2#数据转发卡等
工程师站	1	130	工程师站 130
操作员站	2	131、132	操作员站 131、操作员站 132

填写完整上述参数，操作站、工程师站设置完毕，效果如图 5-20 所示。

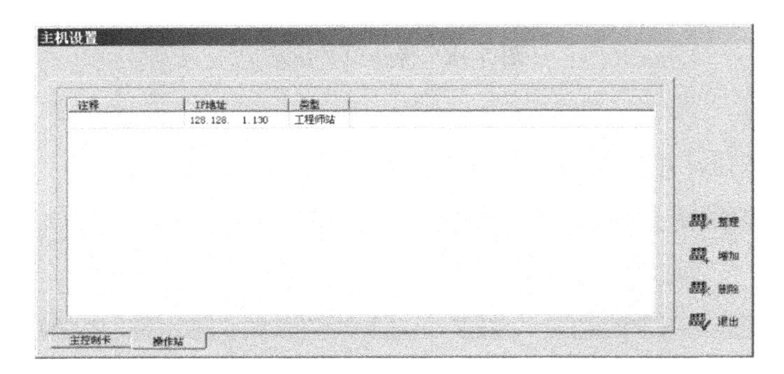

图 5-20　工程师站设置

4. 控制站 I/O 组态

主机设置完成以后，可以进行控制站的 I/O 组态，I/O 组态主要包括以下内容。

（1）数据转发卡设置

I/O 组态首先从数据转发卡组态开始。数据转发卡组态是对某一控制站内部的数据转发卡在 SBUS-S2 网络上的地址以及卡件的冗余情况等参数进行组态设置，步骤如下。

单击“I/O”工具按钮，或选择“控制站”→“I/O 组态”菜单项，弹出 I/O 设置对话框，如图 5-21 所示。

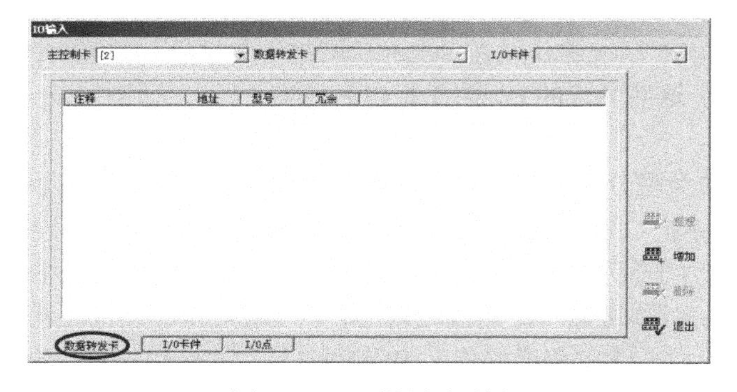

图 5-21　I/O 设置对话框

在 I/O 设置对话框中，当前突出显示的选项卡就是数据转发卡，在该画面中可以进行数据转发卡的设置。画面上方有主控制卡下拉选择菜单，如图 5-22 所示。

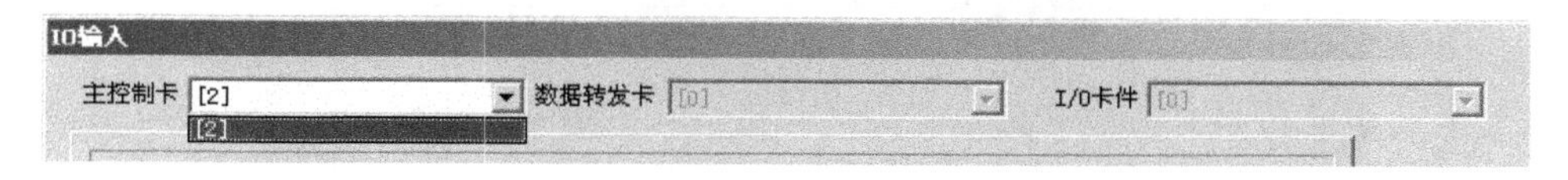

图 5-22 选择主控制卡

选择好控制站以后，单击“增加”按钮，在该控制站增加数据转发卡，如图 5-23 所示。

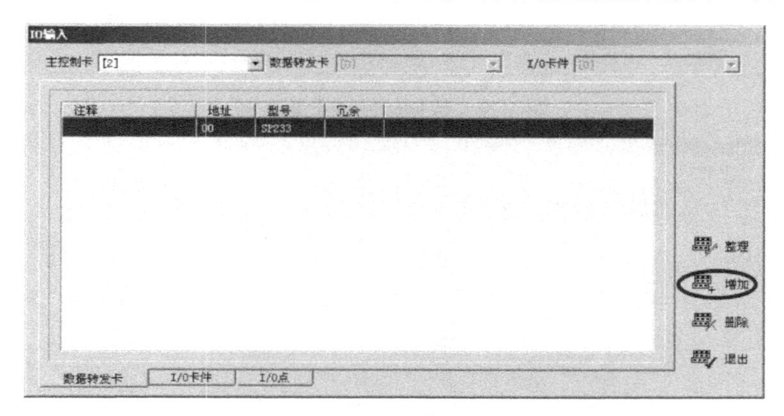

图 5-23 增加数据转发卡

填写如下相应的参数。

① 地址：当前数据转发卡在挂接的主控制卡上的地址，地址值设置为 0～15 内的偶数，并要求遵循冗余规则，地址不可重复。如系统中有多对数据转发卡时，地址必须递增上升，不能跳跃。根据本例的项目配置，可知控制站中只有一对冗余的数据转发卡，即数据转发卡要和主控制卡放在同一个 I/O 机笼，对于放置了主控制卡的机笼，必须将该机笼的数据转发卡的地址设置成 00 和 01。所以在地址栏中，需要填写的地址为“00”。

② 型号：目前只有 SP233 可供选择。

③ 冗余：单击此栏将当前组态的数据转发卡设为冗余单元。设置冗余单元的方法及注意事项同主控制卡。

本例中系统采用的数据转发卡为冗余配置，所以需要在相应的栏目中打钩。这样与地址为“00”的数据转发卡冗余的那块卡件就不必重新设置了，系统会根据冗余规则自动识别该机笼的另一块数据转发卡的地址“01”。填写完整上述参数，数据转发卡设置完毕，如图 5-24 所示。

（2）I/O 卡件设置

数据转发卡设置完毕后，即可进行 I/O 卡件参数设置。I/O 卡件设置是对 SBUS-S1 网络上的 I/O 卡件型号及地址等参数进行组态。I/O 卡件参数设置要在 I/O 卡件组态画面中进行，具体操作步骤如下。

第一步，单击“I/O”工具按钮，或选择“控制站”→“I/O 组态”菜单项，在弹出的对话框中单击下方“I/O 卡件”选项卡，会将相应的组态画面突出显示。在该画面中，可以进行 I/O 卡件的参数设置，如图 5-25 所示。

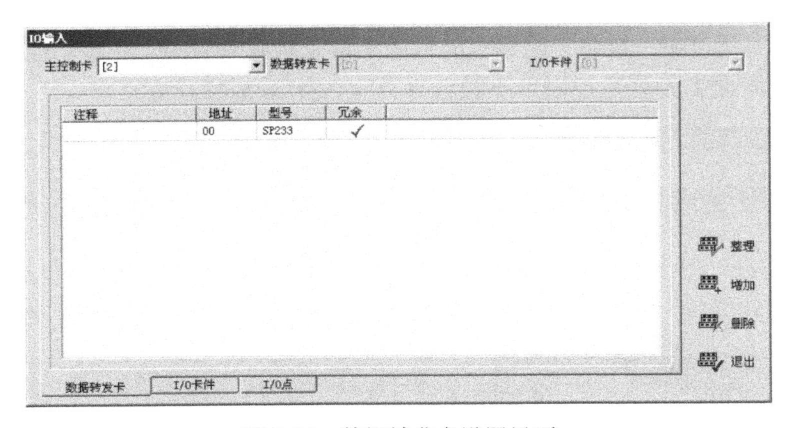

图 5-24　数据转发卡设置界面

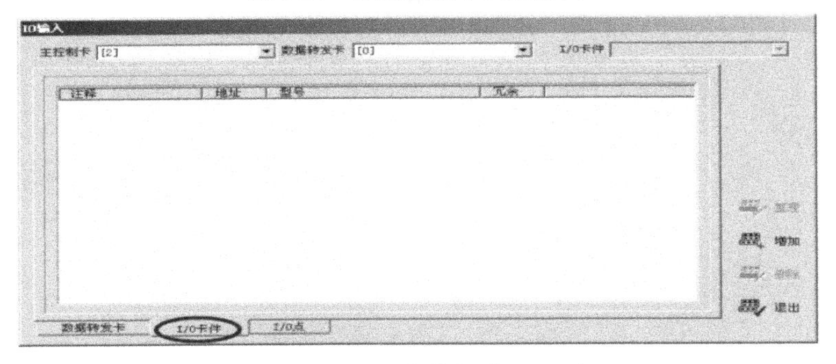

图 5-25　I/O 卡件的设置界面

第二步，画面上方有“主控制卡”和“数据转发卡”选择项，进行选择设置，如图 5-26 所示。

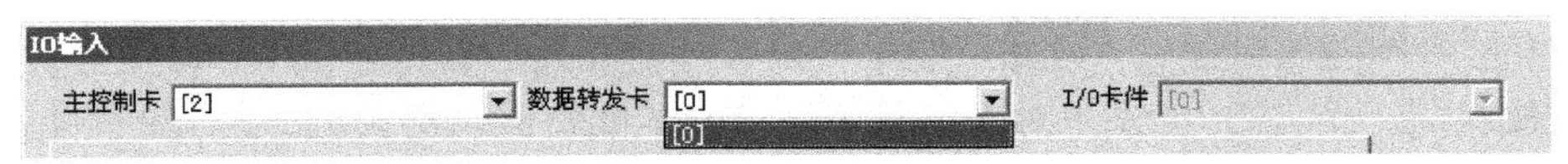

图 5-26　“主控制卡”和“数据转发卡”选择项

第三步，选择好控制站及数据转发卡以后，单击“增加”按钮，在该机笼中增加 I/O 卡件，如图 5-27 所示。

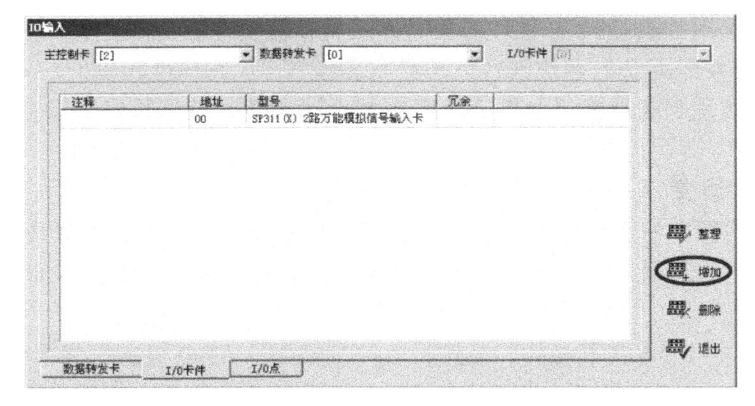

图 5-27　I/O 卡界面

I/O 卡件设置前必须对测点进行统计，得到如表5-9的结果，根据信号类型得到不同I/O 卡件类型和数量。全部设置完，卡件安排示意图如图5-28所示。

表5-9 测点清单

		信号			趋势要求					
序号	位号	描述	I/O	类型	量程	单位	报警要求	周期	压缩方式和统计数据	位号地址
1	PI 102	原料加热炉烟气压力	AI	不配电 4～20mA	-100～0	Pa	90%高报	1	低精度并记录	02000000
2	LI 101	原料油储罐液位	AI	不配电 4～20mA	0～100	%	100%高高报	2	低精度并记录	02000001
3	FI 001	加热炉原料油流量	AI	不配电 4～20mA	0～500	%	跟踪值250高偏差40报警	60	低精度并记录	02000002
4	FI 104	加热炉燃料气流量	AI	不配电 4～20mA	0～500	%	下降速度/秒10%报警	60	低精度并记录	02000003
5	TI 106	原料加热炉炉膛温度	TC	K	0～600	%	上升速度/秒10%报警	2	低精度并记录	02000100
6	TI 107	原料加热炉辐射段温度	TC	K	0～1000	%	10%低报	1	低精度并记录	02000101
7	TI 102	反应物加热炉炉膛温度	TC	K	0～600	%	跟踪值300高偏100报警低偏80报警	2	低精度并记录	02000102
8	TI 103	反应物加热炉入口温度	TC	K	0～400	%	跟踪值300高偏30报警低偏20报警	2	低精度并记录	02000103
9	TI 104	反应物加热炉出口温度	TC	K	0～600	%	90%高报	2	低精度并记录	02000104
10	TI 108	原料加热炉烟囱段温度	TC	E	0～300	%	下降速度/秒15%报警	2	低精度并记录	02000001
11	TI 111	原料加热炉热风道温度	TC	E	0～200	%	上升速度/秒15%报警	2	低精度并记录	02000200
12	TI 101	原料加热炉出口温度	RTD	Pt100	0～600	%	90%高报	1	低精度并记录	02000300
13	PV 102	加热炉烟气压力调节	AO	正输出						02000004
14	FV 104	加热炉燃料气流量调节	AO	正输出						02040001
15	LV 1011	原料油罐液位A阀调节	AO	正输出						02000402

续表

		信　号			趋 势 要 求					
序号	位号	描　述	I/O	类　型	量　程	单位	报警要求	周期	压缩方式和统计数据	位号地址
16	LV 1012	原料油罐液位 B 阀调节	AO	正输出						02000403
17	KI 301	泵开关指示	DI	NC			ON 报警	1	低精度并记录	02000500
18	KI 302	泵开关指示	DI	NC				1	低精度并记录	02000501
19	KI 303	泵开关指示	DI	NC				1	低精度并记录	02000502
20	KI 304	泵开关指示	DI	NC				1	低精度并记录	02000503
21	KI 305	泵开关指示	DI	NC				1	低精度并记录	02000504
22	KI 306	泵开关指示	DI	NC				1	低精度并记录	02000505
23	KO 302	泵开关操作	DO	NC				1	低精度并记录	02000600
24	KO 303	泵开关操作	DO	NC				1	低精度并记录	02000601
25	KO 304	泵开关操作	DO	NC				1	低精度并记录	02000602
26	KO 305	泵开关操作	DO	NC				1	低精度并记录	02000603
27	KO 306	泵开关操作	DI	NC				1	低精度并记录	02000604
28	KO 307	泵开关操作	DI	NC				1	低精度并记录	02000605

1	2	3	4	00	01	02	03	04	05	06	07	08	09	10	11	12	13	14	15
冗余		冗余		冗余		冗余						冗余		冗余					
SP243X	SP243X	SP233	SP233	SP313	SP313	SP313	SP313	SP314	SP314	SP314	SP000	SP316	SP316	SP322	SP322	SP000	SP000	SP362	SP363

图 5-28　卡件布置图

① 地址：卡件的地址设置。在系统中 I/O 卡件的地址范围为 00～15，I/O 卡件的组态地址应与它在控制站机笼中的排列编号相匹配，并要求遵循冗余规则。根据卡件布置图，00、01

槽位上插放冗余工作的 2 块 SP313 卡件，所以本例中地址填写“00”。

位号地址规定：首位为主控卡的地址，第二位为数据转发卡地址，第三、四位为卡槽地址，后两位为每个卡件信号通道号。

② 型号：从下拉列表中选定当前组态 I/O 卡件的类型。JX-300XP 系统提供多种 I/O 卡件以供用户选择。本例中该槽位上插放的卡件为 SP313，所以型号从下拉菜单中选择“SP313（X）4 路电流信号输入卡”，如图 5-29 所示。

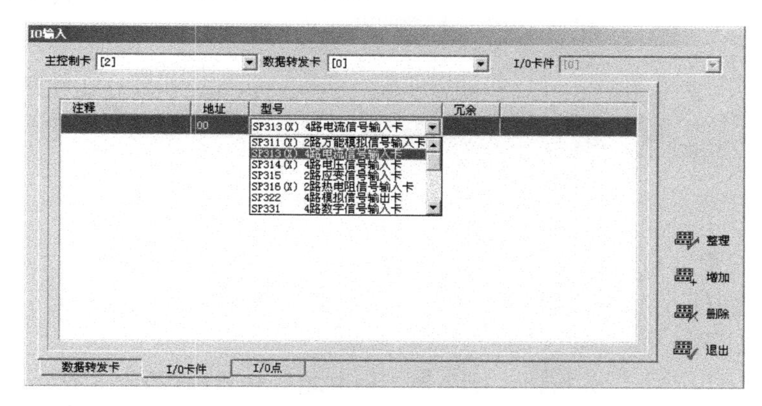

图 5-29 卡件的类型选择

③ 冗余：单击此栏将当前组态的卡件设为冗余单元。设置冗余单元的方法及注意事项同主控制卡。若 I/O 卡件采用冗余配置，只要在相应的栏目中打钩。与该卡件冗余的那块卡件不必重新设置，系统会根据冗余规则自动识别另一块 I/O 卡件。

本例中该槽位卡件是冗余配置的，所以冗余一栏中打钩，系统会自动识别与 00 号卡件冗余的 01 号 SP313 卡件。因此 01 号卡件不必单独设置，如图 5-30 所示。

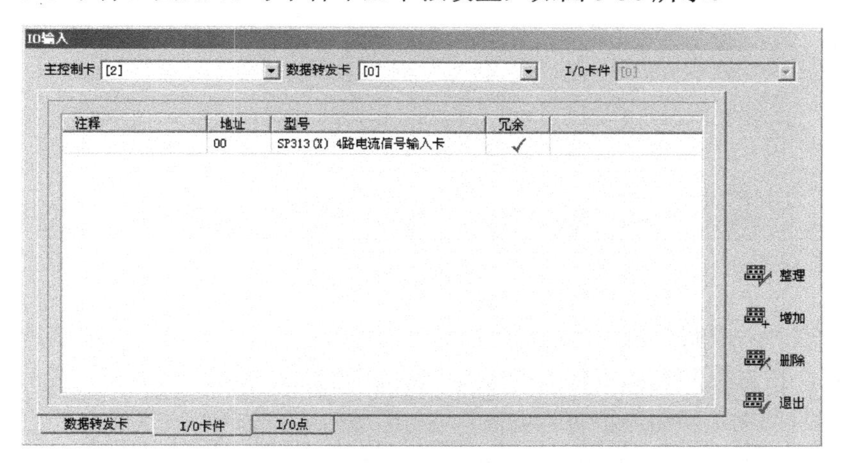

图 5-30 卡件设置

这样 00、01 号槽位上的卡件就组态完毕了。用同样的方法，根据卡件布置图对系统中用到的卡件一一进行组态。组态完毕的效果图如图 5-31 所示。

根据卡件布置图进行 I/O 卡件的组态，将所有的卡件全部组态完毕以后，单击“退出”按钮，I/O 卡件设置完毕。

图 5-31 所有卡件设置

（3）信号点设置

I/O 卡件设置好后，就可以进行 I/O 信号点设置。在 I/O 点组态画面中进行 I/O 信号点设置，操作步骤如下。

第一步，单击“I/O”工具按钮，或选择“控制站”→“I/O 组态”菜单项，弹出对话框。在下方单击“I/O 输入”对话框中的“I/O 点”选项卡，会将相应的组态画面突出显示。在该画面中，可以进行 I/O 卡件的相关参数设置，如图 5-32 所示。

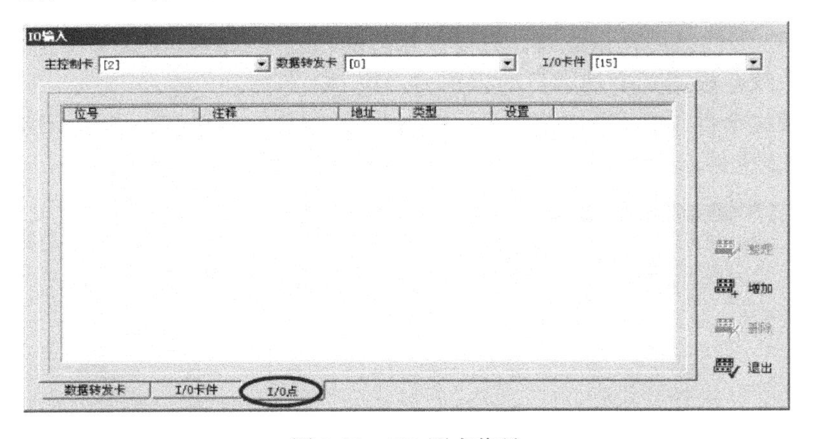

图 5-32 I/O 测点信号

画面上方有“主控制卡”、“数据转发卡”和“I/O 卡件”下拉选择菜单，分别选择相关内容进行设定。在主控制卡的下拉选择菜单中，选择[2]号地址，在数据转发卡的下拉选择菜单中，选择[0]号地址，如图 5-33 所示。

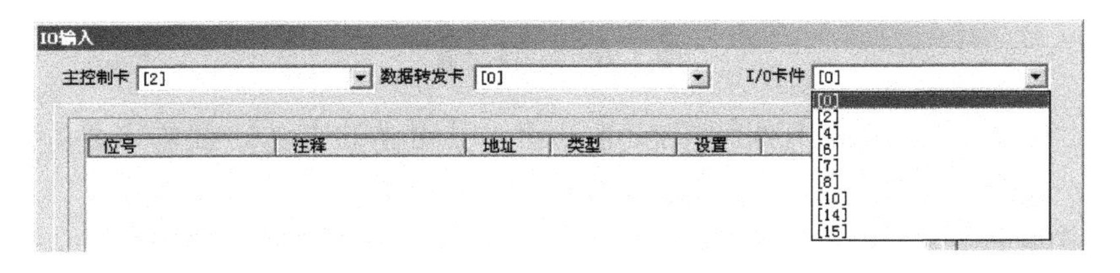

图 5-33 地址选择

第二步，在本例中，根据测点分配图，卡件安排如表 5-10 所示。

表 5-10　卡件安排

	序号	卡件型号	卡件通道						
			00	01	02	03	04	05	06
测点分配图	00	SP313	PI-102	LI-101	备用	备用			
	01	SP313	PI-102	LI-101	备用	备用			
	02	SP313	FI-001	FI-104	备用	备用			
	03	SP313	FI-001	FI-104	备用	备用			
	04	SP314	TI-106	TI-107	备用	备用			
	05	SP314	TI-102	TI-103	TI-104	备用			
	06	SP314	TI-108	TI-111	备用	备用			
	07	SP000							
	08	SP316	TI-101	备用					
	09	SP316	TI-101	备用					
	10	SP322	PV-102	FV-104	LV-1011	LV-1012			
	11	SP322	PV-102	FV-104	LV-1011	LV-1012			
	12	SP000							
	13	SP000							
	14	SP362	KO-302	备用	备用	备用	备用	备用	备用
	15	SP363	KI-301	备用	备用	备用	备用	备用	备用

选择好控制站、数据转发卡及 I/O 卡件以后，单击“增加”按钮，在卡件下增加信号点。首先将设置机笼中的 00、01 号这两块冗余卡件挂接的信号点。参数设置时按照如下格式填写。

AI XX XX XX XX：

① ② ③ ④ ⑤

其中，①测点类型；②主控卡地址；③数据卡地址；④I/O 卡地址；⑤I/O 通道地址，如图 5-34 所示。

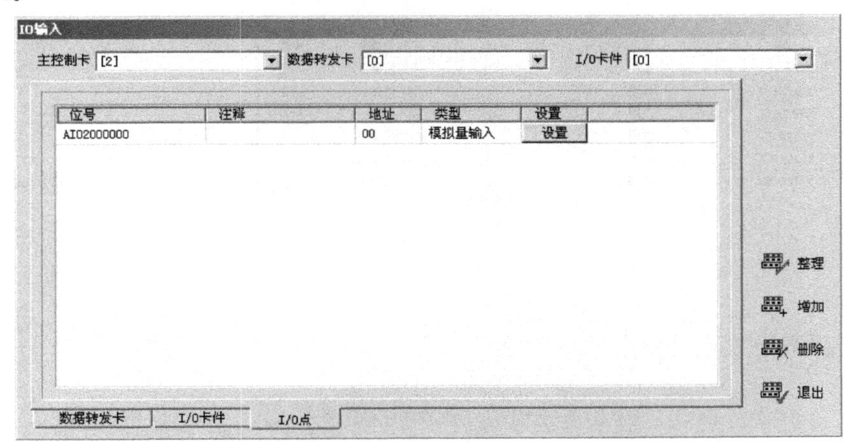

图 5-34　测点设置

第三步，填写相应的参数。

位号：为了区别不同的信号，需要给每一个信号取唯一的名字，即位号名。根据测点分配图，在该步骤中首先设置位号名为 PI-102，并需按要求修改原默认值。

地址：信号的通道地址设置。通道地址范围的大小与卡件的点数有关，不同的卡件可能会有不同的通道个数。在本例中，根据测点分配图，PI-102 被安排在 00 号卡件的 0 号通道中。在这里，地址应填写“00”。

类型：此项显示当前信号点信号的输入/输出类型，本栏目用户无权修改，栏目中的填充文字是根据卡件的性质来决定的。由于本卡件为 SP313，所以类型为“模拟量输入”。

设置：单击“设置”按钮，在弹出的对话框中，主要包括信号类型、上下限、补偿等信息，可以对相应信号点的具体参数进行配置，如图 5-35 所示。

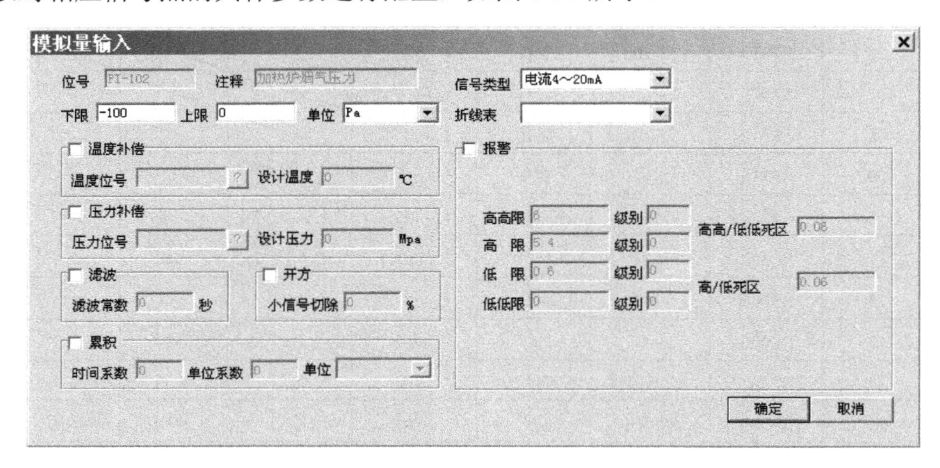

图 5-35　信号点的具体参数配置

单击“确定”按钮，确认上面的操作。第一个信号点就组态完毕了，依此类推，对其他输入/输出点进行设置，如图 5-36 所示。

IO输入

主控制卡 [2]　数据转发卡 [0]　I/O卡件 [15]

位号	注释	地址	类型	设置
KI-301	泵开关指示	00	开关量输入	设置
NDI20151	备用	01	开关量输入	设置
NDI20152	备用	02	开关量输入	设置
NDI20153	备用	03	开关量输入	设置
NDI20154	备用	04	开关量输入	设置
NDI20155	备用	05	开关量输入	设置
NDI20156	备用	06	开关量输入	设置

整理　增加　删除　退出

数据转发卡　I/O卡件　I/O点

图 5-36　所有信号点设置

配电：这是卡件向外供电，在表格中单击“确定”按钮，其他参数、趋势、报警均可根

据实际情况设置相关内容。

最后，单击“退出”按钮，至此，I/O 组态全部完成。

在组态软件界面左侧的显示区中，可以看见树状的系统结构图，前面所组态的卡件和信号点都可以在该结构图中找到，如图 5-37 所示。此图展开了控制站地址为 2，数据转发卡为地址 0，卡件地址分别为 0、2 下的各 4 个通道设备以及未展开的 4、6 到 15 的卡件情况。

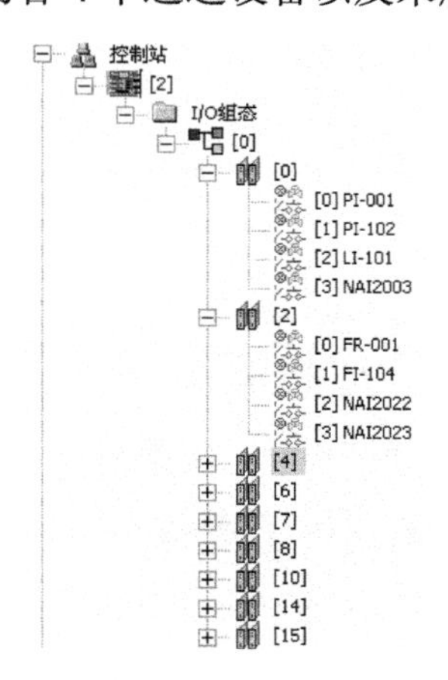

图 5-37　组态目录树

5. 控制方案的组态

I/O 组态完毕以后，即可进行控制方案组态以实现各种控制。控制方案的组态分为常规控制方案组态和自定义控制方案的组态两种。

（1）常规控制方案组态

① 单回路，如图 5-38 所示。

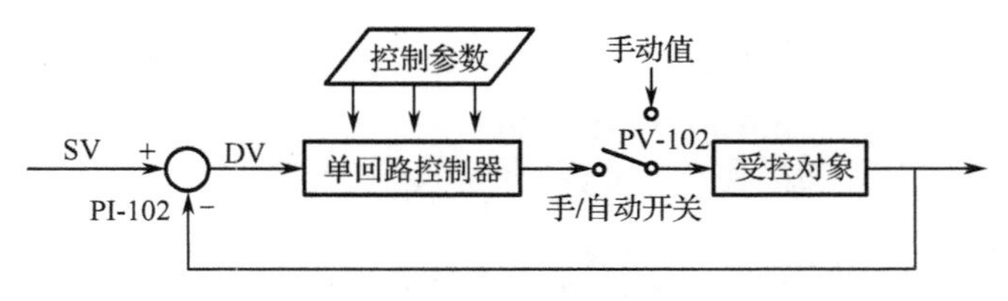

图 5-38　单回路示意图

② 串级回路，如图 5-39 所示。

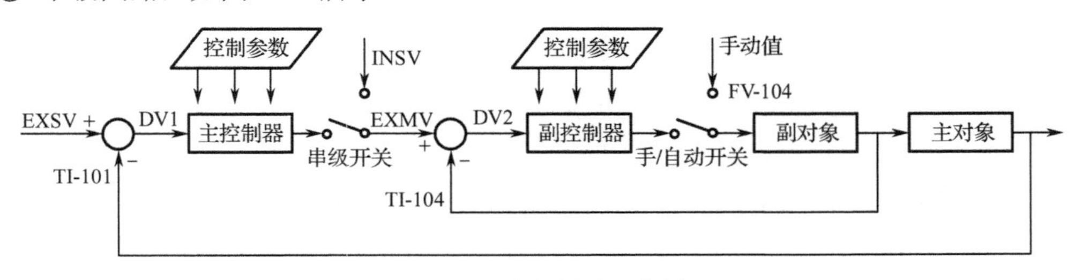

图 5-39　串级回路示意图

③ 手操器设置，如图 5-40 和图 5-41 所示。单击“控制站”、“I/O”按钮设置。

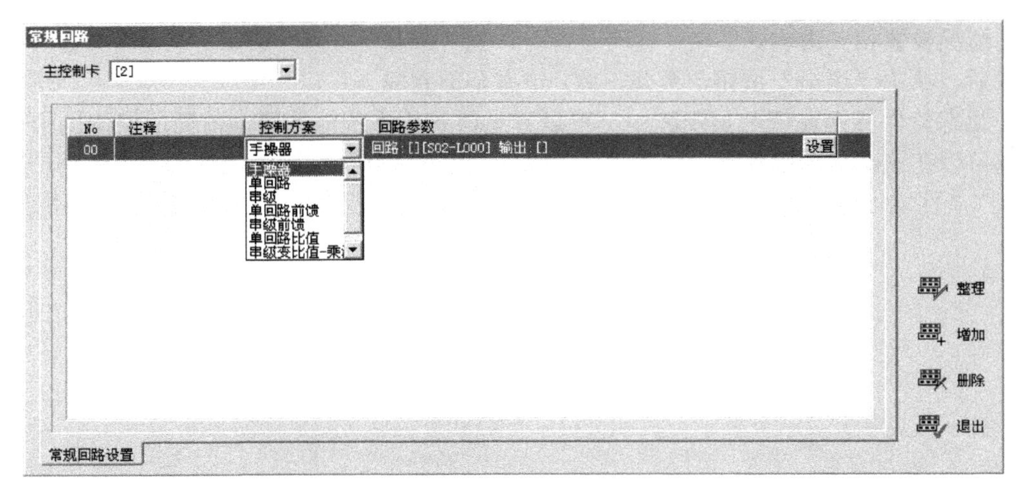

图 5-40　手操器设置一

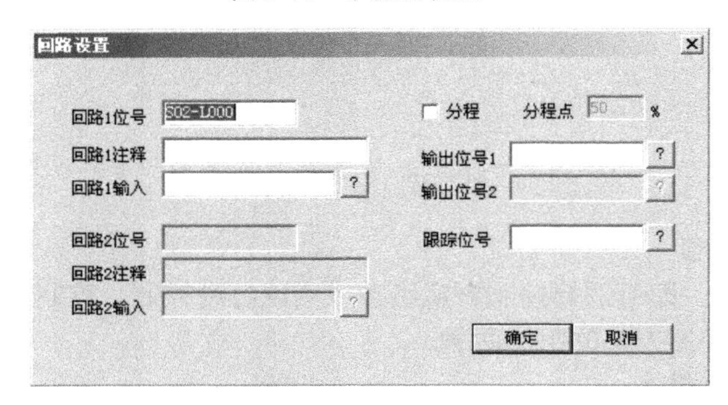

图 5-41　手操器设置二

④ 单回路设置，如图 5-42 所示。

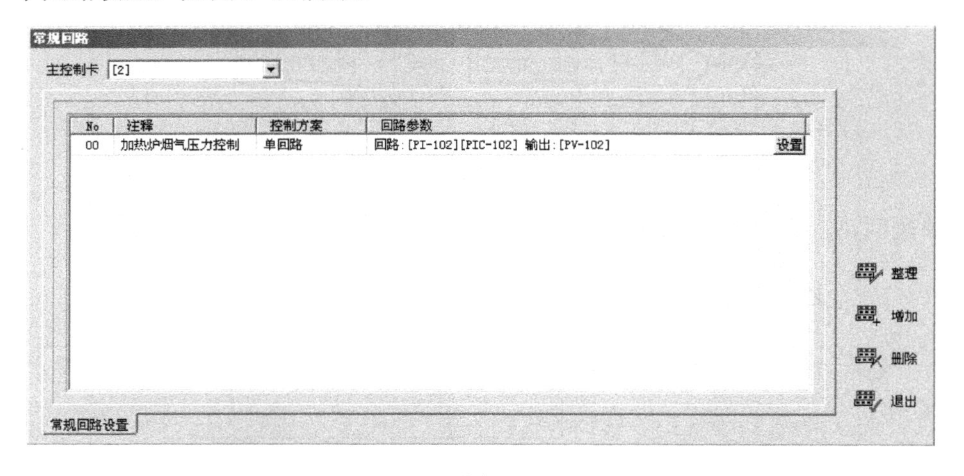

（a）

图 5-42　单回路设置

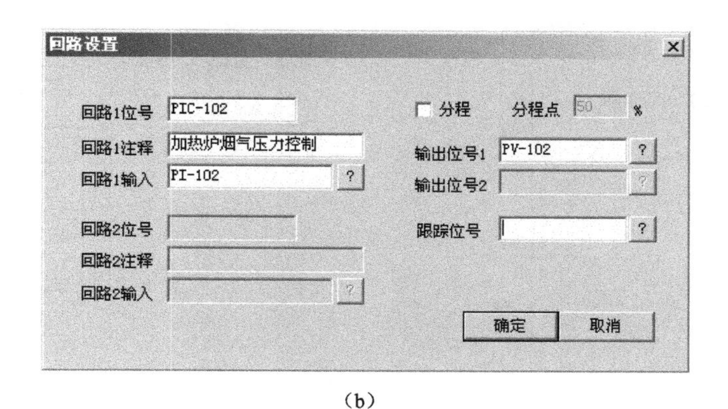

（b）

图 5-42 单回路设置（续）

⑤ 串级控制回路设置，如图 5-43 所示。

（a）

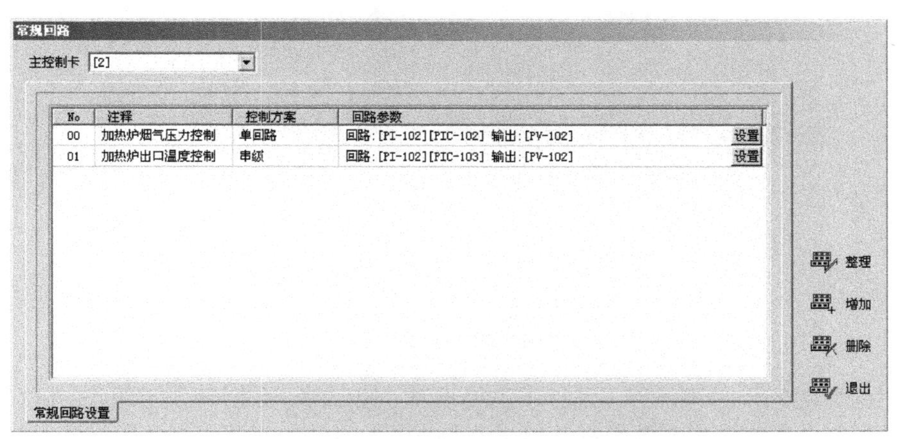

No	注释	控制方案	回路参数
00	加热炉烟气压力控制	单回路	回路：[PI-102][PIC-102] 输出：[PV-102] 设置
01	加热炉出口温度控制	串级	回路：[PI-102][PIC-103] 输出：[PV-102] 设置

（b）

图 5-43 串级控制回路设置

（2）自定义控制方案的组态

①SCX 语言、图形化软件的登录，如图 5-44 所示。

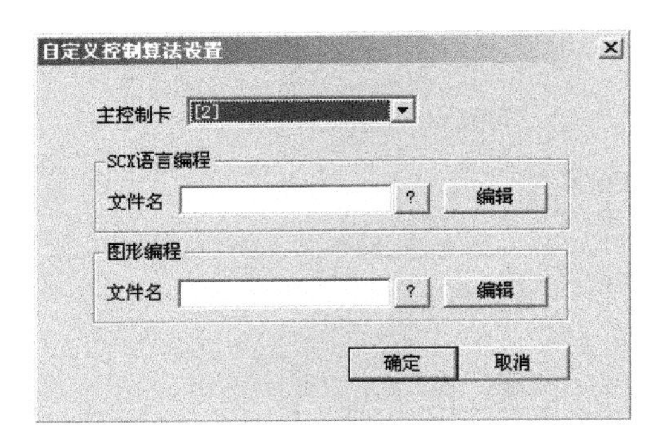

（a）

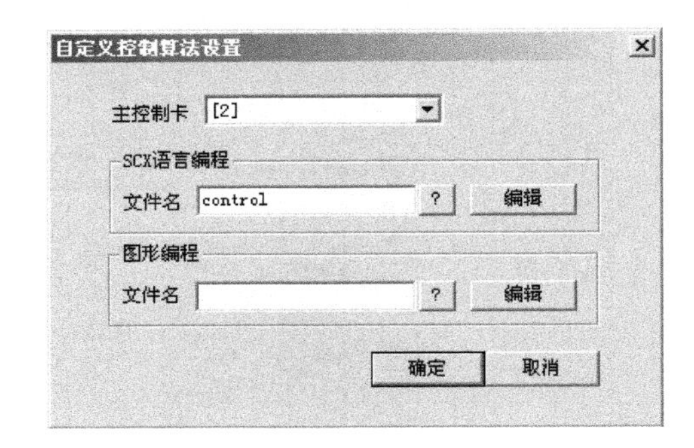

（b）

图 5-44　登录界面

② 单击“编辑”按钮后，编写相应的控制程序或编写图形化程序，以实现所设计的控制算法，如图 5-45 所示。

图 5-45　编辑界面

经过上面所述的一系列操作，进行了主机设置、控制站、数据转发卡组态、I/O 卡件组态、I/O 信号点组态、常规控制方案组态和自定义控制方案组态。至此，控制站的组态工作就已经完成了。

5.4　画面制作

1. 操作小组的组态

单击“操作小组”标签，出现如图 5-46 所示界面。

单击“增加”按钮，出现如图 5-47 所示界面。

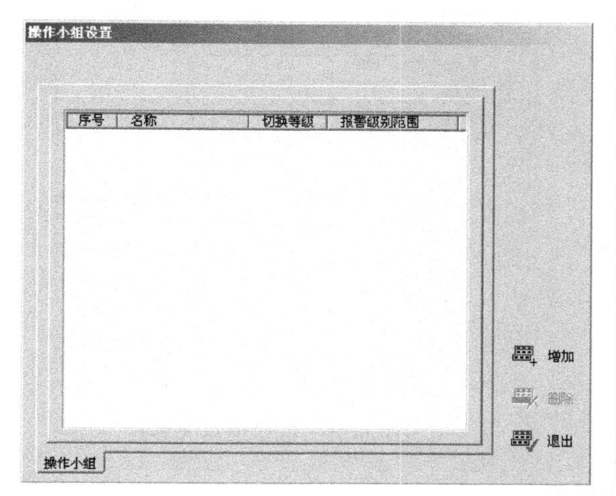

图 5-46 操作站的组态

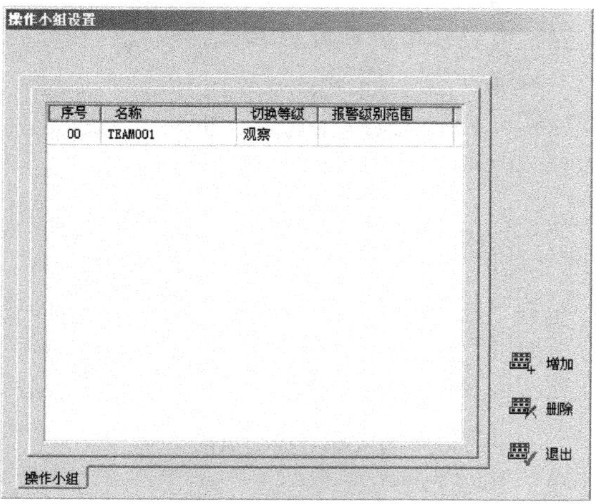

图 5-47 操作小组设置

对相关项目内容进行具体修改，如图 5-48 所示。

2. 趋势画面

单击“趋势”标签，出现如图 5-49 所示界面，并进行选择设置。

图 5-48 修改内容

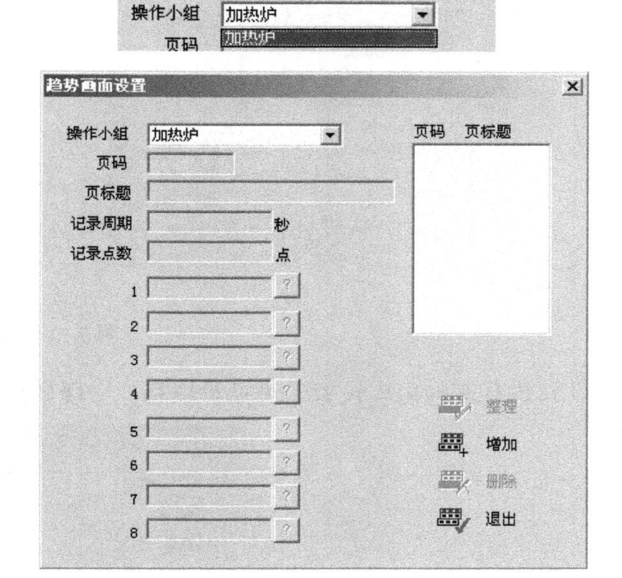

图 5-49 趋势画面设置

单击“增加”按钮，出现如图 5-50 所示界面。

进行其他内容设置，可批量填写，出现如图 5-51 所示界面。

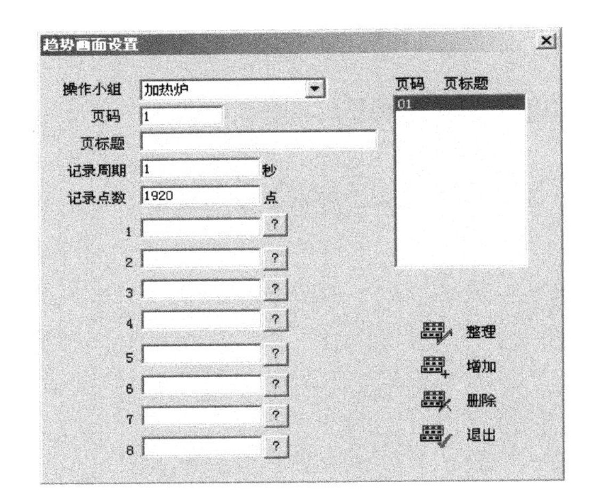

图 5-50　增加界面

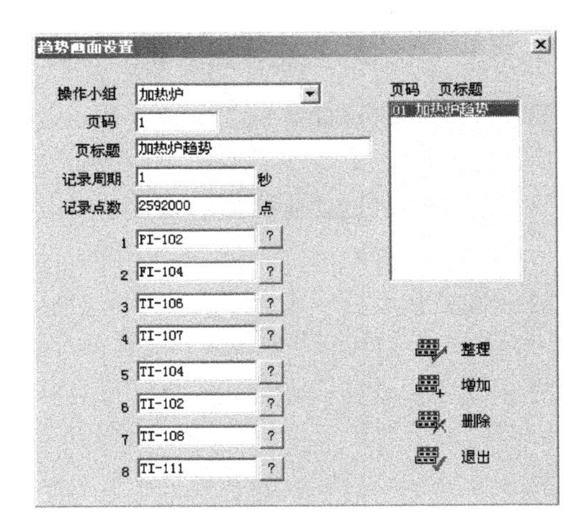

图 5-51　批量填写效果图

图 5-52　分组画面选择

3．分组画面

单击“分组”标签，选择操作小组，如图 5-52 所示。

单击“增加”按钮，出现如图 5-53 所示界面，进行其他内容设置，可批量填写。

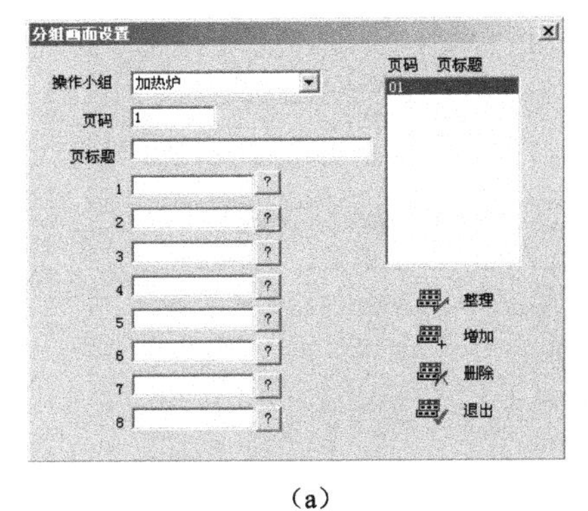

(a)

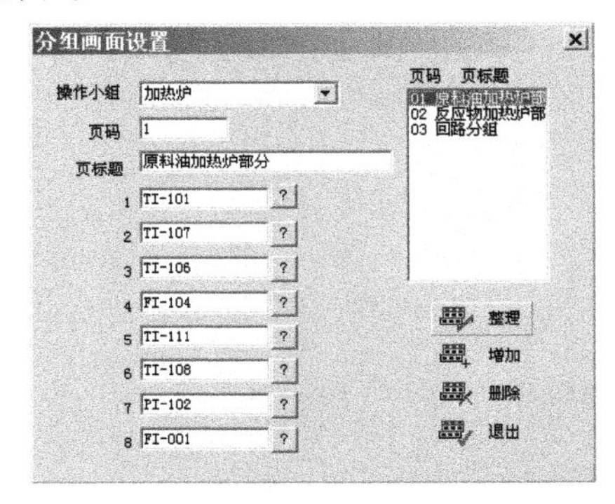

(b)

图 5-53　内容设置

进行其他内容设置，可批量填写，出现如图 5-54 所示界面。

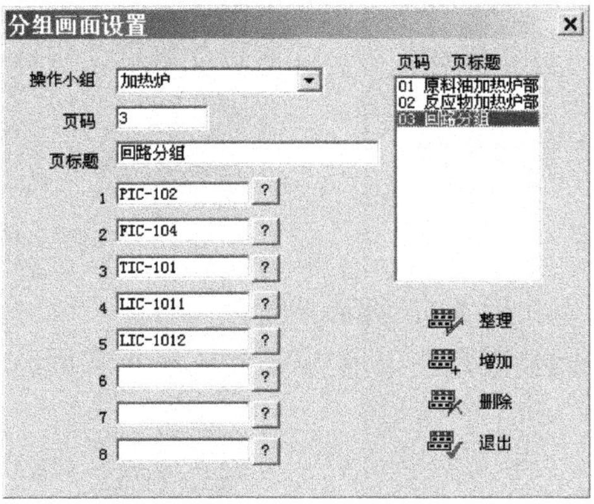

图 5-54　其他内容设置

4．一览画面

单击“一览”标签，选择操作小组，出现如图 5-55 所示界面。

图 5-55 一览画面选择

单击“增加”按钮，出现如图 5-56 所示界面，进行其他内容设置，可批量填写。

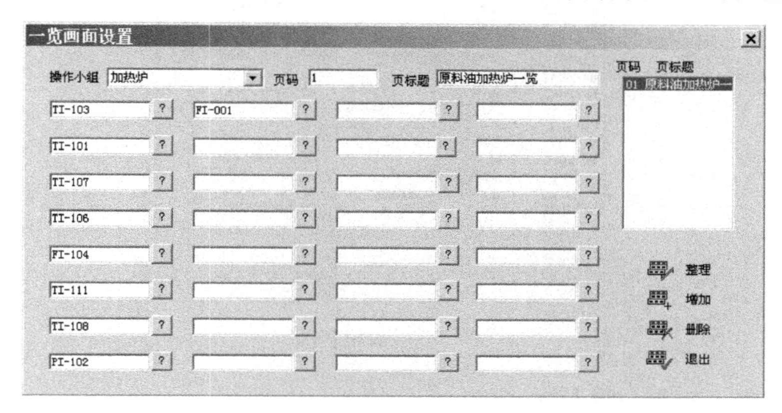

图 5-56 批量填写效果

5．总貌画面

单击“总貌”标签，选择操作小组，出现如图 5-57 所示界面。

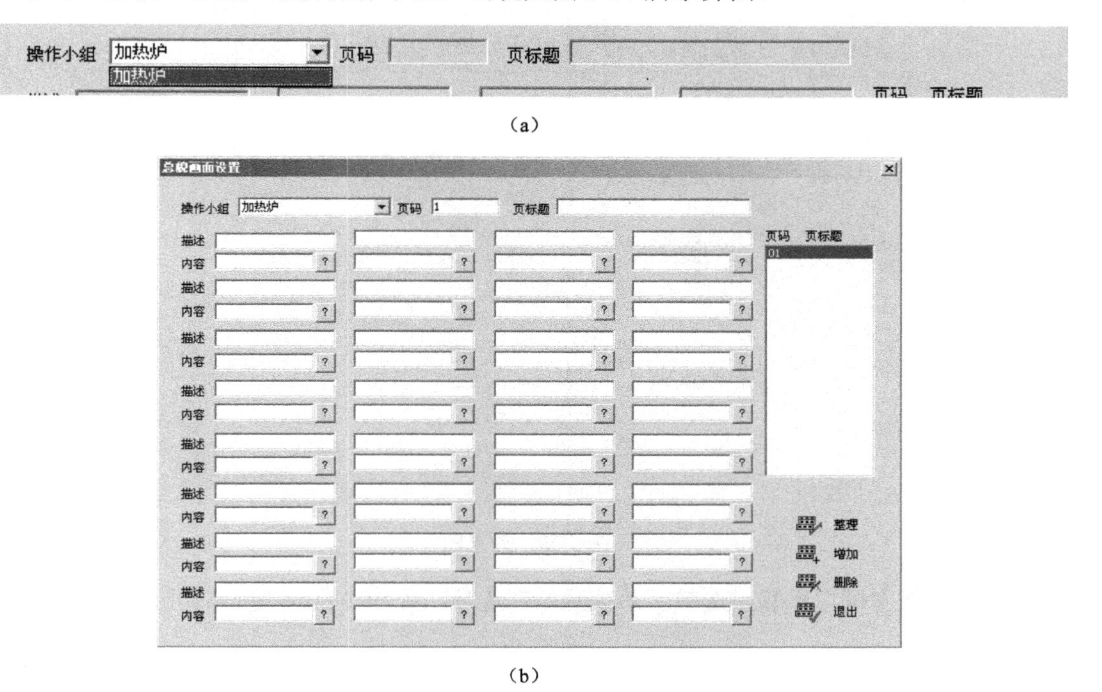

图 5-57 总貌选择

在“内容”选项后单击“？”按钮，出现如图 5-58 所示界面。

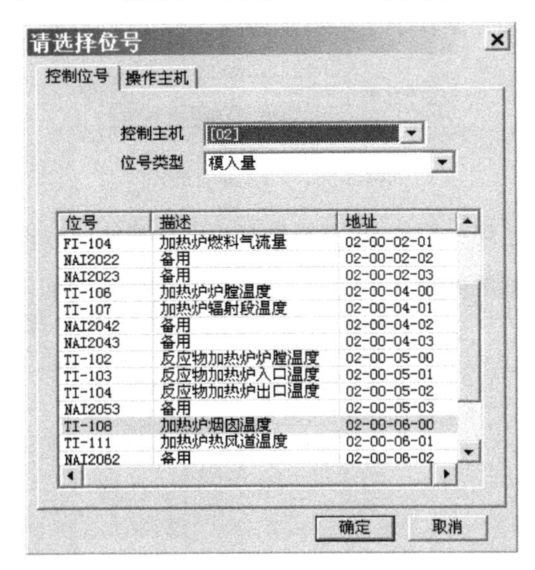

图 5-58 编辑界面

填写所有内容，如图 5-59 所示。

总貌画面设置

操作小组 加热炉 页码 1 页标题 加热炉总貌

	第1列	第2列	第3列	第4列
描述	加热炉烟气压力	加热炉烟囱温度		
内容	PI-102	TI-108		
描述	加热炉原料油流量	反应物加热炉出口温		
内容	FI-001	TI-104		
描述	原料油储罐液位	反应物加热炉炉膛温		
内容	LI-101	TI-102		
描述	加热炉出口温度	反应物加热炉入口温		
内容	TI-101	TI-103		
描述	加热炉辐射段温度	反应物加热炉炉膛温		
内容	TI-107	TI-102		
描述	加热炉炉膛温度			
内容	TI-106			
描述	加热炉燃料气流量			
内容	FI-104			
描述	加热炉热风道温度			
内容	TI-111			

页码 页标题
01 加热炉总貌

整理 增加 删除 退出

图 5-59 效果图

单击“操作主机”标签，选择“总貌画面”选项，如图 5-60、图 5-61 所示。

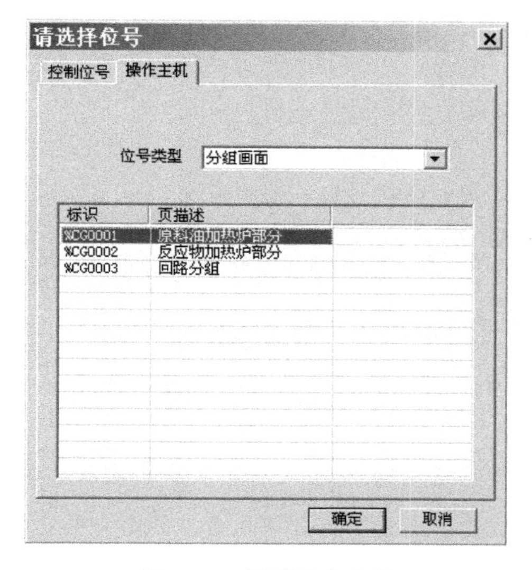

图 5-60　选择操作主机

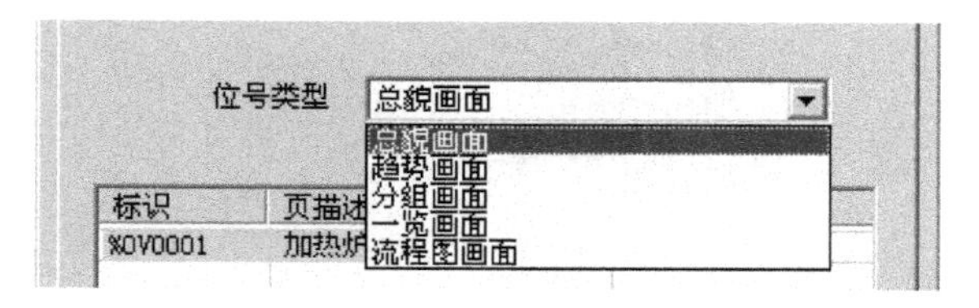

图 5-61　选择位号类型

“总貌画面”设置如图 5-62 所示。

总貌画面设置

操作小组　加热炉　页码　1　页标题　加热炉总貌

	第1列	第2列	第3列	第4列
描述	加热炉烟气压力	加热炉烟囱温度	原料油加热炉部分	
内容	PI-102	TI-108	%CG0001	
描述	加热炉原料油流量	反应物加热炉出口温	反应物加热炉部分	
内容	FI-001	TI-104	%CG0002	
描述	原料油储罐液位	反应物加热炉炉膛温	回路分组	
内容	LI-101	TI-102	%CG0003	
描述	加热炉出口温度	反应物加热炉入口温	加热炉趋势	
内容	TI-101	TI-103	%TG0001	
描述	加热炉辐射段温度	反应物加热炉炉膛温	原料油加热炉一览	
内容	TI-107	TI-102	%DV0001	
描述	加热炉炉膛温度		加热炉流程	
内容	TI-106		%GR0001	
描述	加热炉燃料气流量			
内容	FI-104			
描述	加热炉热风道温度			
内容	TI-111			

页码　页标题
01　加热炉总貌

整理
增加
删除
退出

图 5-62　总貌画面设置

5.5　建立流程图文件

第一步，单击“流程图”标签，出现如图 5-63 所示目录树。

① 已有流程图时可直接调用，如图 5-64 所示。

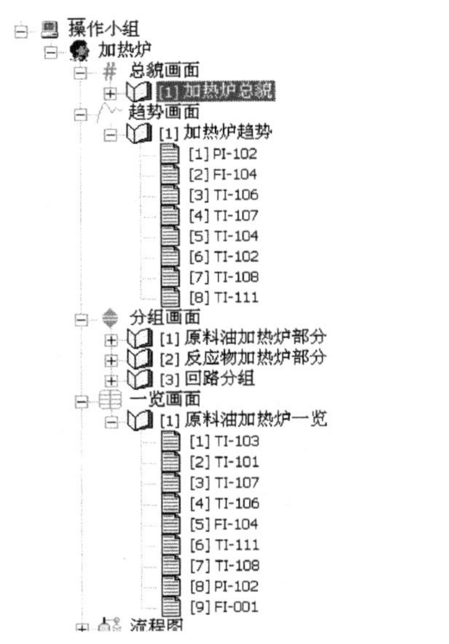

图 5-63　目录树

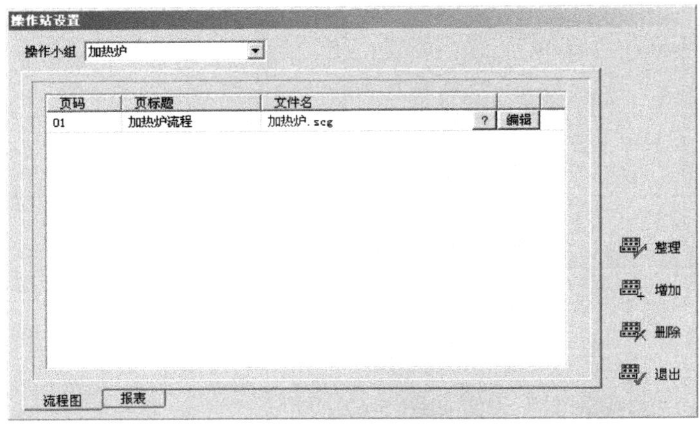

图 5-64　调用流程图

② 自己绘制新的流程图，进入流程图绘制界面，如图 5-65 所示。

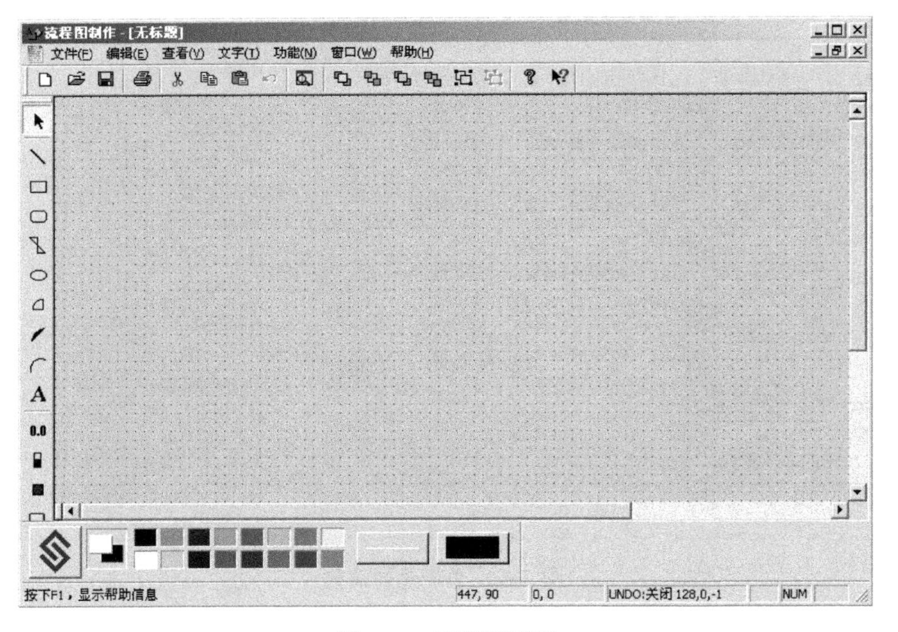

图 5-65　流程图画面

进行相关设置，如图 5-66 所示。

第二步，采用相关工具，如线、圆、矩形、多边形、曲线、管道等，以及各种字符和绘图控件（图库），在界面上绘制工艺流程图，如图 5-67 所示。

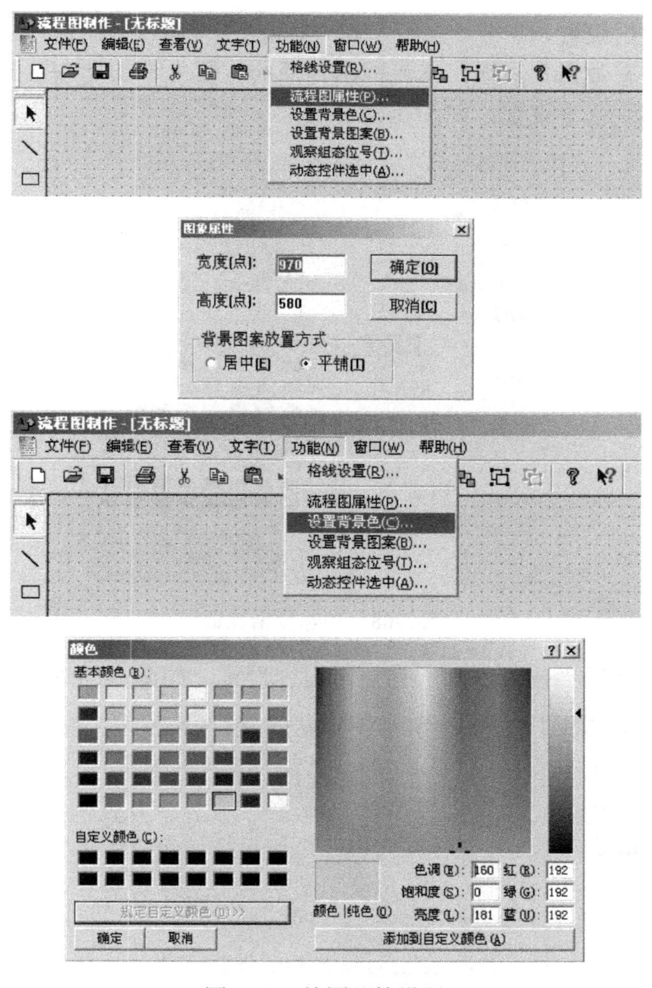

图 5-66　绘图环境设置

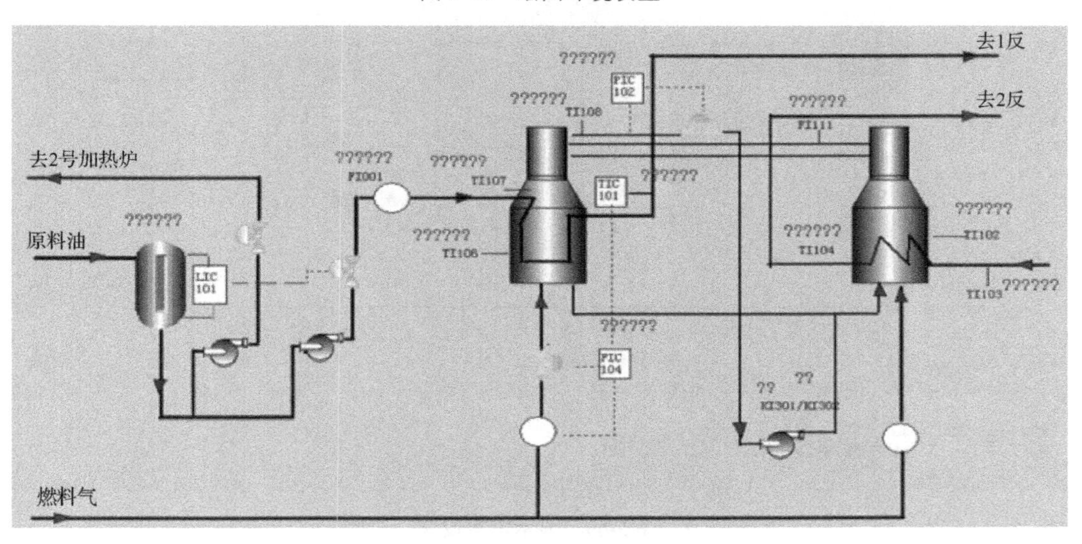

图 5-67　绘制的流程控制图

第三步，动态数据设置。

单击工具栏“动态数据”按钮，在流程图合适的位置上添加动态数据，双击动态数据框，进行位号、小数点和颜色等设置，如图 5-68 所示。

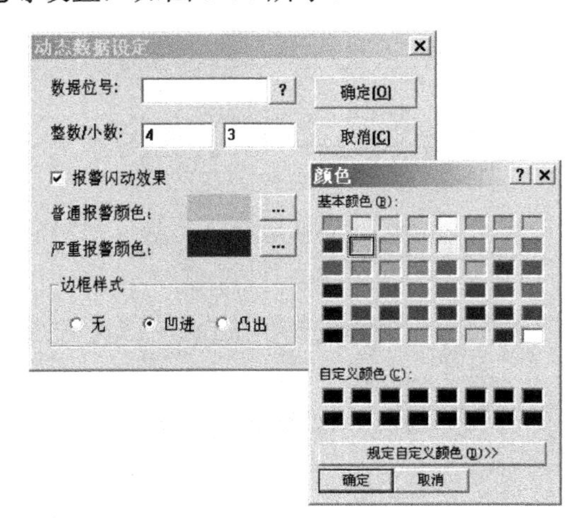

图 5-68 动态数据设置

根据生产工艺，在适当位置进行所有显示内容设置，如图 5-69 所示。

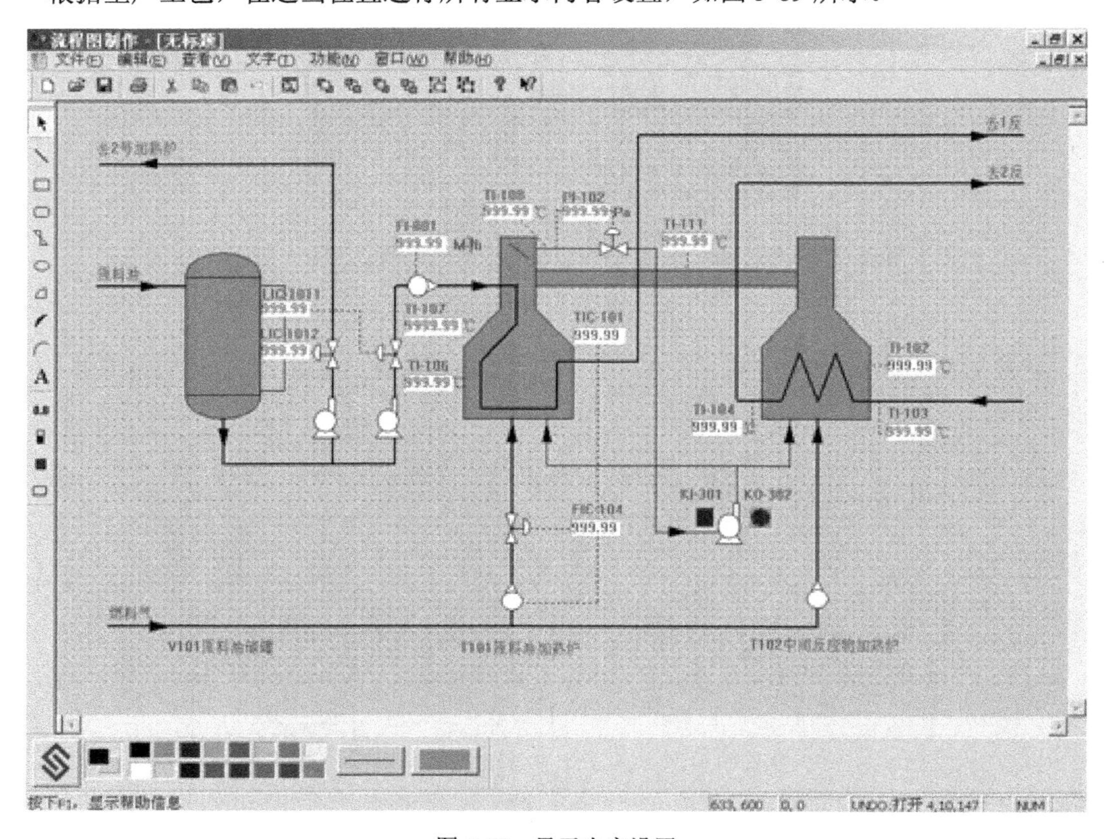

图 5-69 显示内容设置

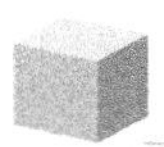

5.6 报表制作及运行

在报表界面中绘制表格（和 Excel 表类似），提供报表制作功能，填写相关固定不变的表格项目内容（表头和文字描述等）。实时运行部分集成在 AdvanTrol 监控软件中。单击“报表”按钮，选定操作小组，单击“编辑”按钮后进行表头等输入，如图 5-70 所示。

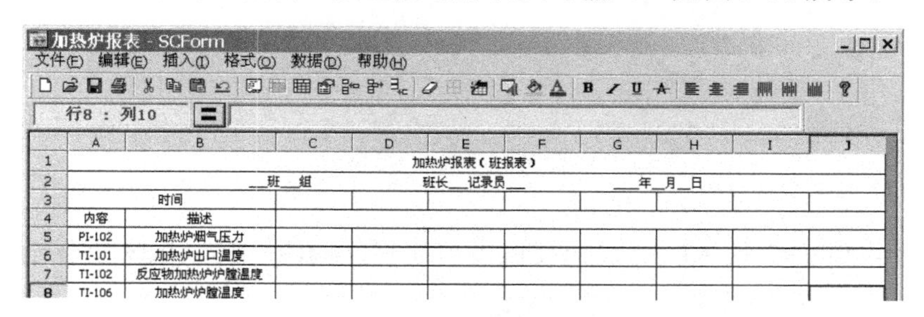

图 5-70 报表设置制作

进行表格内容（变化的数据）连接设置，能够满足实时报表生成、打印、存储等。时间设置可按图 5-71、图 5-72 所示进行操作。

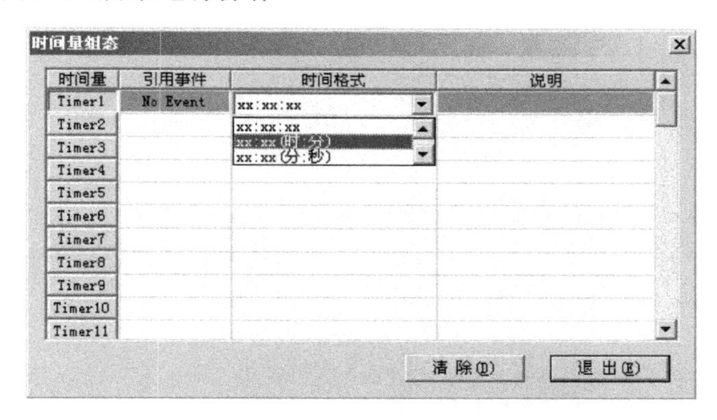

图 5-71 时间格式选择

加热炉报表 - SCForm--- 软件狗没有正确安装 剩余时间 01:35:00

文件(F) 编辑(E) 插入(I) 格式(O) 数据(D) 帮助(H)

1行 × 8列　数据

	A	B	C	D	E	F	G	H	I	J
1	加热炉报表（班报表）									
2	__班__组			班长__记录员__			__年__月__日			
3	时间		=Timer1[0]	=Timer1[1]	=Timer1[2]	=Timer1[3]	=Timer1[4]	=Timer1[5]	=Timer1[6]	=Timer1[7]
4	内容	描述	数据							
5	PI-102	加热炉烟气压力								
6	TI-101	加热炉出口温度								
7	TI-102	反应物加热炉炉膛温度								
8	TI-106	加热炉炉膛温度								

图 5-72 时间填写方式

控制位号选择和填充序列设置如图 5-73、图 5-74 所示。

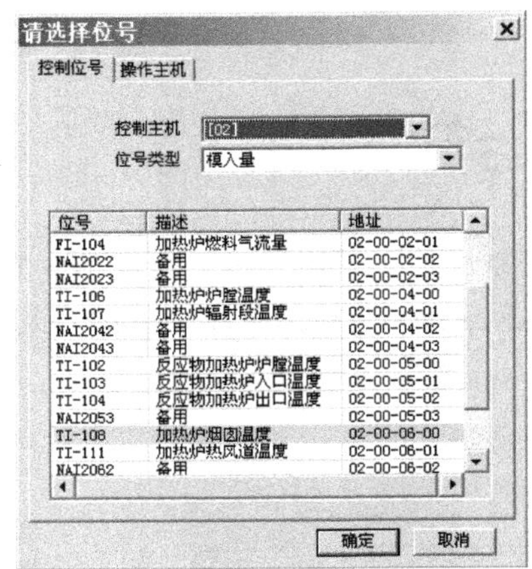

图 5-73　控制位号选择

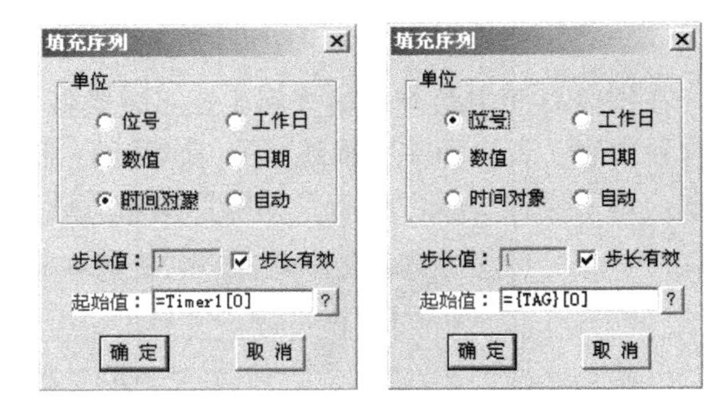

图 5-74　填充序列设置

用控件引用“={}”快速完成其他表格内容填写，如图 5-75、图 5-76 和图 5-77 所示。

位号量组态

	位号名	引用事件	模拟量小数位数	说明
1	PI-102	No Event	2	
2	TI-101	No Event	2	
3	TI-102	No Event	2	
4	TI-106	No Event	2	
5				
6				
7				
8				
9				
10				
11				
12				
13				

清 除(D)　退 出(E)

图 5-75　位号设置

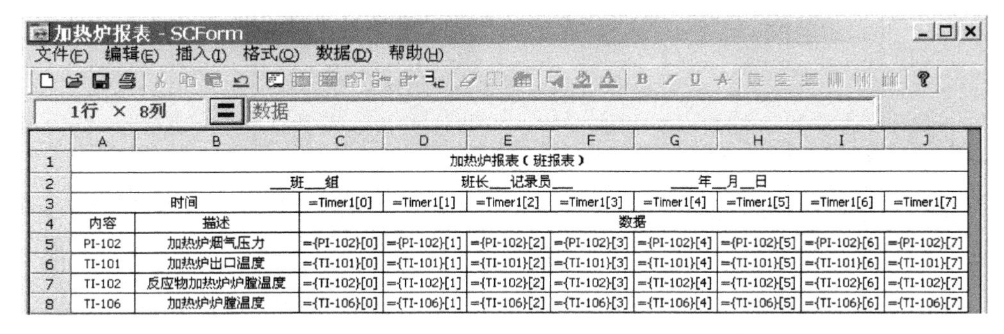
加热炉报表 - SCForm

文件(F) 编辑(E) 插入(I) 格式(O) 数据(D) 帮助(H)

1行 × 8列　数据

	A	B	C	D	E	F	G	H	I	J
1	加热炉报表（班报表）									
2	___班___组　班长___记录员___　___年___月___日									
3	时间		=Timer1[0]	=Timer1[1]	=Timer1[2]	=Timer1[3]	=Timer1[4]	=Timer1[5]	=Timer1[6]	=Timer1[7]
4	内容	描述	数据							
5	PI-102	加热炉烟气压力	={PI-102}[0]	={PI-102}[1]	={PI-102}[2]	={PI-102}[3]	={PI-102}[4]	={PI-102}[5]	={PI-102}[6]	={PI-102}[7]
6	TI-101	加热炉出口温度	={TI-101}[0]	={TI-101}[1]	={TI-101}[2]	={TI-101}[3]	={TI-101}[4]	={TI-101}[5]	={TI-101}[6]	={TI-101}[7]
7	TI-102	反应物加热炉炉膛温度	={TI-102}[0]	={TI-102}[1]	={TI-102}[2]	={TI-102}[3]	={TI-102}[4]	={TI-102}[5]	={TI-102}[6]	={TI-102}[7]
8	TI-106	加热炉炉膛温度	={TI-106}[0]	={TI-106}[1]	={TI-106}[2]	={TI-106}[3]	={TI-106}[4]	={TI-106}[5]	={TI-106}[6]	={TI-106}[7]

图 5-76　表格内容快速填充

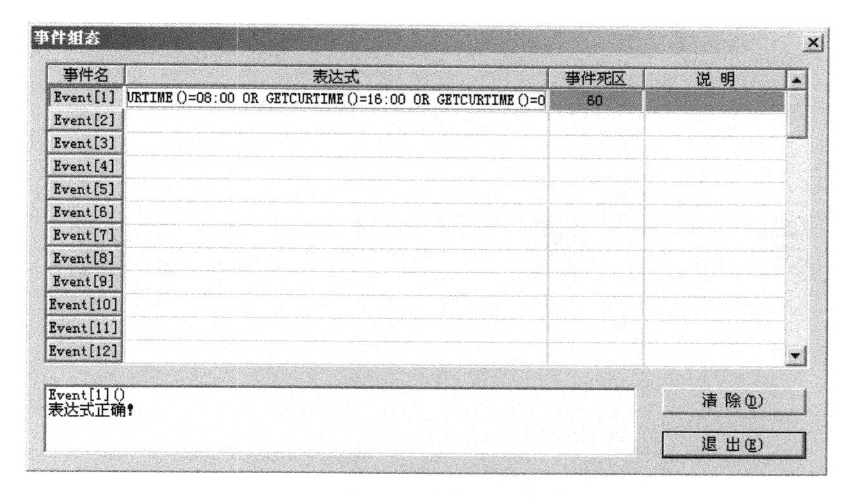

图 5-77　表格事件触发设置

练 习 题

一、简答题

1．操作监控画面有哪 4 种？

2．自定义键组态的目的是什么？

3．设置操作小组的目的是什么？如何设置？

4．如何进行总貌画面组态？

5．简述分组画面组态的步骤。

6．实时监控软件的作用是什么？

7．实时监控软件操作主要有哪些画面？

8．操作员工应具备哪些操作技能？

9．DCS 操作时应注意哪些事项？

10．故障报警时操作人员如何处理？

11．简述 JX-300DCS 控制站组态的具体操作步骤以及主要内容。

12．简述 JX-300DCS 操作站组态的具体操作步骤以及主要内容。

13．简述生产操作人员工作时主要操作的内容和工作技巧。

14．针对化工生产装置，简述 JX-300DCS 卡件的类型、数量选购的理由。

15．和其他国外典型 DCS 相比，JX-300 应用有什么优势？

二、编程题

在 JX-300XP 系统中，分别采用梯形图（LD）语言、顺控图（SFC）语言和 ST 语言，对应设计 3 路模拟信号（AI）取中值输出、道路交通灯控制和 4 路抢答器应用工程组态，分别画出程序流程图，编写相应程序，并给出相应的分析和说明。

三、设计题

某化工装置需设置 2 个控制站和 2 个操作站，请绘制 JX-300XP 网络连接方法图以及各设备 IP 地址分配。

第6章 安全仪表系统

学习内容	1. 安全仪表系统基本知识。
	2. 安全等级及标准。
	3. Tricon 控制器。
操作技能	安全仪表系统应用。

6.1 安全仪表系统基本知识

1. 安全仪表系统概述

安全仪表系统是用仪表实现安全功能的系统。安全仪表系统包括传感器、逻辑运算器、最终执行元件及相应软件等。

安全仪表系统不同于批量控制、顺序控制及过程控制的工艺联锁。当过程变量越限，机械设备发生故障，系统本身发生故障或能源中断时，安全仪表系统能自动（必要时可手动）地完成预先设定的动作，使操作人员、工艺装置及社会环境转入安全状态。

安全仪表系统各种称谓如下。

① 安全仪表系统（Safety Instrumented System，SIS）。

② 紧急停车系统（Emergency Shut Down System，ESD）。

③ 安全联锁系统（Safety Interlocking System，SIS）。

④ 安全关联系统（Safety Related System，SRS）。

⑤ 故障安全控制系统（Fail Safe Control Savety Manager，FSC）。

⑥ 安全停车系统（Safety Shut Down，SSD）。

⑦ 安全保护系统（Safety Protect System，SPS）。

2. 安全仪表系统应用的目的和作用

目的：为了保障工业企业的生产安全，配备恰当的安全仪表系统，降低生产过程发生事故的风险，减少生产装置发生恶性事故的概率，减少计划外停车，避免重大人身伤害、重大设备损坏和重大经济损失等事故的发生。

作用：对工业企业生产装置可能发生的危险进行自动响应和干预，从而保障生产安全，避免造成重大人身伤害及重大财产损失。

安全仪表系统应用的场合：安全仪表系统主要用于生产过程的安全联锁控制、紧急停车控制和装置的整体安全控制，具体的应用场合主要如下。

① 火焰和气体检测控制。

② 锅炉安全控制。

③ 燃气轮机、透平机、压缩机的机组控制。

④ 化学反应器控制。

⑤ 电站、核电站控制等。

3. 安全仪表系统的类型

安全仪表系统按照功能分类，可分为仪表保护系统（IPS）、安全联锁系统（SIS）和紧急停车（ESD）三类。

提高安全控制系统可靠性有两种途径，即采用高可靠性元器件和采用冗余容错技术。由于可靠性元器件的指标受工艺技术、成本等限制，对系统可靠性提升潜力有限。余度技术包含软件冗余、硬件冗余、时间冗余和信息冗余。硬件容错系统是在总线级进行数据比较和表决，而软件容错则在系统级实现容错，在实时控制系统领域，采用硬件容错比软件容错更为可靠。安全仪表系统按照结构可分为双重化冗余和三重化冗余两种。

（1）双重化冗余结构的安全仪表系统

双重化冗余结构的安全仪表系统从 I/O 模件到 CPU、通信模件都是双重化配置的。其中一套处于工作状态，另一套则处于热备状态。

从现场来的信号被分配到两个输入单元，分别进入冗余结构的中央处理模件，通过表决或者诊断将结果输送到现场。当 CPU 检测到正在运行的卡件有故障出现时，就会自动切换到正常的卡件上。CPU 不断检测正在运行的硬件和热备的硬件，同时，系统还会周期性地切换工作卡件和热备卡件，以确保系统的安全运行。

（2）三重化冗余（Triple Modular Redundancy）结构的安全仪表系统

三重化冗余是常用的一种硬件容错技术，简称 TMR。它对控制系统的输入、处理器、输出、总线系统等模块都进行了三重化冗余。

现场使用三重化冗余的传感器分别采集同一点的数据，表决系统对多路数据进行表决处理，选出一个正确数据。三个处理器相互独立，仅定时进行少量的数据交流，它们同时执行相同的控制程序，分别给出输出数据，经表决后作为系统最终输出驱动现场设备。对于三重冗余系统，同一环节中只要不同时出现两个冗余模块错误，系统就能掩蔽故障模块的错误，保证其正确输出。由于冗余模块间是互相独立的，两个模块同时出现错误是极小概率事件，故可以大大提高系统的可靠性。同时，为保障每个模块的可靠性，保证及时处理一次故障的影响，系统还具有故障检测能力，周期性或在需要时检测故障，发现故障后能及时定位，进行故障处理，减少二次故障发生概率。因此，三重冗余系统是一个高可靠性和高安全性的冗余结构。

三重化冗余安全仪表系统需要有更强大的硬件诊断功能，在检测到某一通道的硬件有故障时，立即发出系统报警并适当地调整相应通道的选择运算方式，但系统仍能安全地运行，所以三重化系统也被称为“冗余容错”系统。

4. 安全仪表系统性能递减表示方式

（1）系统性能递减表示方式

① 3-2-1-0 表决自适应方案

即三路数据都有效时，系统根据 2oo3 表决逻辑方式进行表决；当只有两路数据有效时，系统进入失效-运行状态，使用事先设置好的 DUPLEX 值代替失效路数据进行三选二表决；当三路中仅有一路数据有效，其他两路均失效时，系统不经表决直接采用有效路的数据作为正确数据；当三路数据都失效时，系统进入失效-安全状态，使用事先设定的默认值，使系统处于安全状态。

② 三取二 2oo3（2out of 3）

系统故障时性能递减方式：3-2-0。

采用三取二表决方式，即在三个 CPU 中，若一个运算结果与其他两个不同，该 CPU 故障，其余两个继续工作。若其余两个 CPU 运算结果再有不同时，无法表示出哪一个是正确的，则系统停车。即 3-2-0 方案是在系统两路失效时直接进入失效-安全状态。

③ 二取一带自诊断 1oo2D（1 out of 2 with Diagnostic）

系统故障时性能递减方式：2-1-0。

当一个 CPU 被检测出故障时，该 CPU 被切除，另一个 CPU 继续工作；若第二个 CPU 再被检测出故障时，则系统停车。

④ 双重化二取一带自诊断 2oo4D（2 out of 4 with Diagnostic）

系统故障时性能递减方式：4-2-0。

系统中两个控制模块各有两个 CPU，同时工作又相对独立。当一个控制模块中 CPU 被检测出故障时，该 CPU 被切除，切换到 2-0 工作方式：其余一个控制模块中两个 CPU 以 1oo2D 方式投入运行，若这一个控制模块中再有一个 CPU 被检测出故障时，则系统停车。

（2）安全仪表系统逻辑结构框图

① 一个系统中一个处理器 1oo1（1 out of 1），如图 6-1 所示。

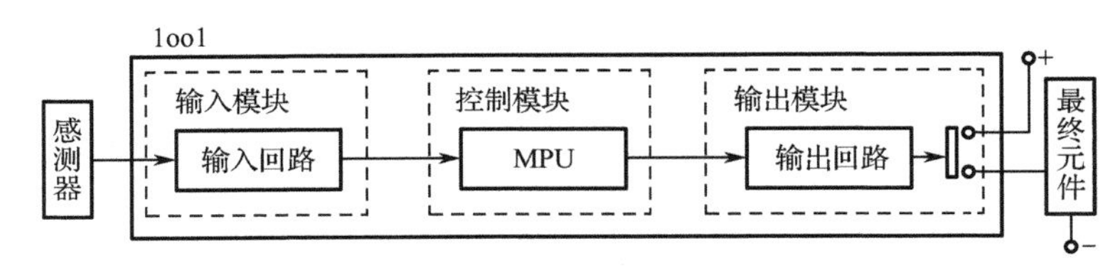

图 6-1　1oo1 逻辑结构示意框图

② 一个系统中一个处理器带自诊断 1oo1D（1 out of 1 with Diagnostic）

③ 二取一 1oo2（1 out of 2）

④ 二取一带自诊断 1oo2D（1 out of 2 with Diagnostic），如图 6-2 所示。

⑤ 三取二 2oo3（2 out of 3）

⑥ 双重化二取一带自诊断 2oo4D（2 out of 4 with Diagnostic）。

5. 安全仪表系统的特点

尽管安全仪表系统的结构和类型不同，采用的硬件也各异，但它们都具有一些共同的特点。

① 系统的最终目标都是为了确保工艺生产的安全，保护生产设备和操作人员不受伤害。

② 开关量输入检出元件选择正常状态下闭合，线路断开等同于联锁动作，即系统为故障安全型。

③ 输出电磁阀或继电器选择为正常励磁，只有当输出线路发生故障时才产生动作。

④ 无论何种原因使生产装置停车（Shutdown）时，安全仪表系统所控制的目标元件所处的状态都要确保生产安全。

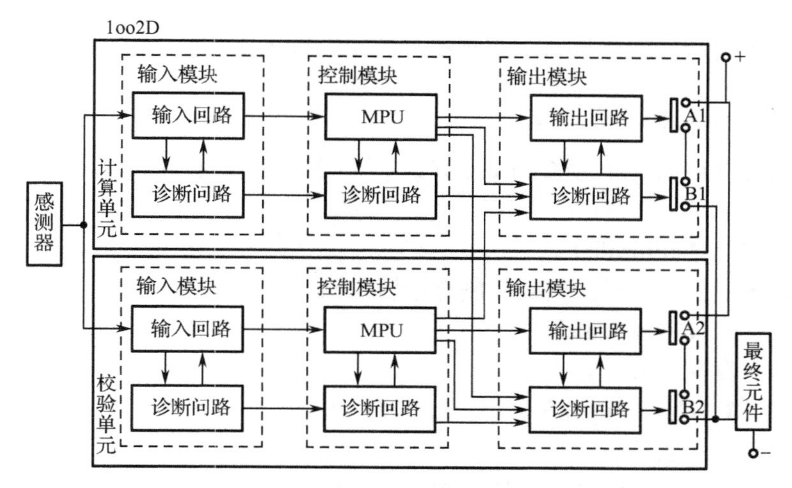

图 6-2 1oo2D 逻辑结构示意框图

6．安全仪表系统中的名词

（1）危险故障

能够导致安全仪表系统处于危险或失去功能的故障。

（2）安全故障

不会导致安全仪表系统处于危险的故障。

（3）安全仪表系统

用仪表实现安全功能的系统。

（4）安全度等级（Safety Integrity Level，SIL）

用于描述安全仪表系统安全综合评价的等级。

安全完整性级别（Safety Integrity Level，SIL）是指定性分析安全仪表系统故障对生产装置和周围人员的伤害程度。根据 IEC 61508 标准划分为 4 级。

SIL1 级适用于财产和产品的一般保护。

SIL2 级适用于主要财产和产品保护，有可能造成人身伤害。

SIL3 级适用于保护人员。

SIL4 级适用于灾难性伤害。

（5）最终执行元件（Final Element）

安全仪表系统的一部分，执行必要的动作，使过程达到安全状态。

（6）逻辑运算器（Logic Solver）

安全仪表系统或过程控制系统中完成一个或多个逻辑功能的部件。

（7）可编程电子系统（Programmable Electronic System，PES）

由一个或多个可编程电子设备组成，用于控制、保护或监视的系统。

（8）过程控制系统（Process Control System，PCS）

用于直接或间接控制过程及相关设备的控制系统。

（9）冗余（Redundancy）

用多个相同的模块或部件实现特定功能或数据处理。

（10）容错（Fault Tolerant）

功能模块在出现故障或错误时仍继续执行特定功能的能力。容错是通过冗余和故障屏蔽的结合来实现。

（11）表决（Voting）

用多数原则确定结论。如 1oo2（1 out of 2）表示 2 取 1 表决，2 oo 2 表示 2 取 2 表决，2 oo 3 表示 3 取 2 表决等。

（12）故障安全（Failtosafe）

安全仪表系统发生故障时，使被控制过程转入预定安全状态。

（13）显性故障（Overt Fault）

能够显示自身存在的故障。

（14）隐性故障（Covert Fault）

不能显示自身存在的故障。

（15）平均故障间隔时间（Mean Time Between Failures，MTBF）

相邻故障间隔的平均时间（包括平均修复时间和平均失效时间）。

（16）平均修复时间（Mean Time To Repair，MTTR）

故障修复所需要的平均时间（包括诊断、确认及等待时间）。

（17）平均失效时间（Mean Time To Failure，MTTF）

功能单元实现规定功能失效平均时间。

（18）可用性（Availability，A）

系统可以使用的工作时间的概率。指系统在任何情况下都可使用的工作时间，用百分数计算。

（19）可靠性（Reliability，R）

系统在规定的时间间隔内发生故障的概率。

（20）传感器（Sensor）

用于测量过程变量的单一或组合设备。

6.2 安全等级及标准

在石油化工、火力发电、钢铁和有色金属冶炼等行业选用生产设备、设计安全仪表系统时，都有危险性分析和可操作性分析，要求将关系到生产安全的工艺变量控制在工程设计规定的范围内。如果这种变量超过此范围，则表示不安全，需要安全仪表系统发挥作用。

在正常情况下，允许对过程控制系统进行手动与自动切换以及手动操作，但操作人员某些重大失误有可能造成安全事故。为了克服人为的不安全因素，要求安全仪表系统从一般过程控制系统中分离出来。这样，当发生火灾或可燃性气体、有毒气体泄漏影响人身安全和设备安全时，安全仪表系统就能及时发挥作用，防止事故的发生或进一步扩大，或者将事故造成的损失减少到最低程度。

安全等级的划分很重要，目前国内尚无国家标准，石化行业制定了相关的设计导则和规范，如《石油化工紧急停车及安全联锁系统设计导则（SHB—Z06—1999）》、《石油化工安全仪表系统设计规范（SH—T 3018—2003）》，它们采用了 IEC 的 SIL 概念。

1．安全仪表系统主要的通用安全标准

① DIN V 19250 标准，德国标准。安全仪表系统的设计等级必须符合生产过程现场的危险性等级 AK1～AK8（1～8 级）。该标准力图使它的用户必须考虑工艺现场的危险级别，并强制使用具有相应安全等级认证的安全控制设备。

② DIN V VDE 0801 标准，德国标准。主要用于安全仪表系统的计算机，用来判定某种控制器从设计、编码、程序执行到确定是否完全符合上述 DIN V 19250 的要求。

③ IEC 61508 标准，是国际电工委员会制定的国际标准。该标准广泛用于确定过程、交通、医药工业等的安全周期，本标准引用了“安全生命周期”（Safety Life Cycle），本标准根据发生故障的可能性来分为 4 个 SIL 等级。

石油化工装置的专利商通过对工艺过程危险进行安全性分析来确定过程的安全等级。

SIL1 级：SIL1 级适用于财产和产品的一般保护，用于事故可能很少发生。一旦发生事故后，不会立即造成界区内环境污染、人员伤亡及经济损失不大的情况。

SIL2 级：用于事故可能偶尔发生。一旦发生事故后，不会造成界区外环境污染、人员伤亡及经济损失较大的情况。

SIL3 级：用于事故可能经常发生。一旦发生事故后，会造成界区外环境污染、人员伤亡及经济损失严重的情况。

SIL4 级：适用于灾难性伤害。

④ ANSI/ISA S84.01—1996 标准，美国标准。是美国对于工业过程的安全仪表系统所制定的标准。它沿用了 IEC 61508 标准并保留了 DIN V 19250 标准。S84 委员会认为 SIL 4 仅适用于医药、交通的保护性仪表这一层次，而对应的工艺流程则可以在设计中融合多个层次的保护性仪表。

⑤ Draft IEC 61511 第 1～4 部分国际标准，是适用于工艺过程工业的安全仪表系统的国际化标准，是 IEC 61508 的补充。IEC 61508 标准主要针对制造商和设备供应商，IEC 61511 适用于工业过程控制安全仪表系统的设计者、系统集成商、最终用户。

DIN V 19250 把危险划分为 8 个等级（AK1～AK8），而 IEC 61508 把危险等级划分为 4 个等级（SIL1～SIL4），ANSI/ISA S84.01 把安全等级划分为 3 个等级（SIL1～SIL3）。风险等级越高，则安全要求等级越高。

大多数使用安全仪表系统的工业应用场合属于 AK4～AK6 级。

- 一般锅炉、加热炉为 AK4 级。
- 石化、化工为 AK5 级。
- 涉及人身安全要求 AK6 级的场合很少，要特殊考虑。

2．生产过程安全度分级

国外类似标准中将过程的危险或过程安全度进行了分级，如德国标准 DIN V19250 将过程危险定义为 8 级（AK1-AK8 ）；国际电工委员会 IEC61508 将过程安全度等级定义为 4 级（SIL1-SIL4），IEC61508 定义的 SIL4 用于核工业；美国国家标准学会/美国仪表学会 ANSI/ISA-S84.01 将过程安全度等级定义为 3 级（SIL1-SIL3）。

（1）过程的危险或过程安全度分级

① 标准规范有关安全度等级划分对照如表 6-1、表 6-2 和表 6-3 所示。

表 6-1　相关案例度等级对照表

IEC 61508 SIL	ANSI/ISA S84.01 SIL	TüV AK	DIN V 19250
1	1	AK2、AK3	1、2
2	2	AK4	3、4
3	3	AK5、AK6	5、6
4	—	AK7、AK8	7、8

② 安全仪表的性能要求（要求低的操作模式）。

表 6-2　安全仪表的性能要求（要求低的操作模式）

安全度等级	平均故障率	可　用　度
1	10^{-2}～10^{-1}	90.00%～99.00%
2	10^{-3}～10^{-2}	99.00%～99.90%
3	10^{-4}～10^{-3}	99.90%～99.99%

③ 安全仪表的性能要求（要求高或连续操作模式）。

表 6-3　安全仪表的性能要求（要求高或连续操作模式）

安全度等级	平均故障率	可　用　度
1	10^{-6}～10^{-5}	99.999 000 0%～99.999 900 0%
2	10^{-7}～10^{-6}	99.999 900 0%～99.999 990 0%
3	10^{-9}～10^{-8}	99.999 990 0%～99.999 999 0%

（2）生产过程安全度等级的确定

1 级：生产装置可能很少发生事故。若发生事故，对生产装置和产品有轻微的影响，不会立即造成环境污染和人员伤亡，经济损失不大。

2 级：生产装置可能偶尔发生事故。若发生事故，对生产装置和产品有较大的影响，并有可能造成环境污染和人员伤亡，经济损失较大。

3 级：生产装置可能经常发生事故。若发生事故，对生产装置和产品将造成严重的影响，并造成严重的环境污染和人员伤亡，经济损失严重。

6.3　Tricon 控制器

Tricon 系统是 Triconex 公司移植美国军用航天技术开发的三重冗余容错控制系统，在石油、化工、冶金、铁路等方面应用广泛。它是一种具有高容错能力的可编程逻辑及过程控制技术的控制器，是达到 SIL3 级标准并获得 AK6 级标准认证的控制器，被广泛应用于石油、化工等行业的安全仪表系统（SIS）、机组控制系统（ITCC）及火灾报警和气体检测（FGS）等系统中。

Tricon 控制器是一种三重化模块冗余容错控制器（Triple Modular Redundant，TMR），它

采用“3 取 2”表决方式进行工作。由于该控制器是美国 Triconex 公司首先开发的，所以也称其为 Tricon 控制器。Tricon 控制器具有完整的过程控制联锁、数据采集与监控、机组综合控制等功能，能同时完成多套机组的控制以及装置的联锁保护，其主要特点如下。

① 具有三重模件冗余结构。CPU、总线、部分输入/输出卡件均采用三重化冗余结构。三个完全相同的分电路能够各自独立地执行控制程序，每个控制器都有三个微处理器，可以在三个、两个或一个主处理器完好的情况下正确操作，不会因单点的故障而导致系统失效。

容错（Fault Tolerance）是指对失效的控制系统元件（包括硬件和软件）进行识别和补偿，并能够在继续完成指定任务、不中断过程控制的情况下进行修复的能力。容错是通过冗余和故障屏蔽（旁路）的结合来实现的。容错是 Tricon 控制器最重要的特性，它可以在线识别瞬态和稳态的故障并进行适当修正，容错技术提高了控制器的安全能力和可用性。从用户的观点看，使用简单，因为此三重系统工作起来和一个控制系统一样。用户将传感器或执行机构连接到一路接线端上，并且应用一组逻辑为 Tricon 控制器编程，其余的工作都由 Tricon 控制器自行完成。

② 对环境要求低，能耐受严酷的工业环境。

③ 可以在 Tricon 正常运行时进行常规维护而不需要中断控制过程。

④ 更换方便，能够现场在线更换、安装和修复模块，而无须打乱现场接线。

⑤ 能够支持多达 118 个 I/O 模件和选装的通信模件。通信模件可以与 Modbus 主机及从机连接，或者与 Foxboro 和 Honeywell 的分布控制系统（DCS）、其他在 Peer to Peer（两个平级计算机节点之间互传数据）网络内的各个 Tricon 以及与 TCP/IP 网络上的外部主机相连接。

⑥ 支持远离主机架 12km 以内的远程 I/O 模件。

⑦ 利用基于 Windows NT 系统的编程软件，完成应用程序的开发及调试。

⑧ 在输入和输出模件内备有智能功能，减轻主处理器的工作负荷。输入模件的微处理器对输入信号进行滤波和信号修复，并诊断模件上的硬件故障。输出模件的微处理器对输出数据提供表决信息，通过输出端的反馈回路电压检查输出状态的有效性，并能诊断现场线路的问题。

⑨ 具有全面的硬件和软件系统的在线诊断和修理能力。

⑩ 应急效果好。可用在某些不能及时提供服务的关键场合对 I/O 模件提供“热备”支持，具有很高的可靠性和可用率。

6.3.1 Tricon 控制器的结构

Tricon 控制系统由电源模块、输入模块、主处理器模块、输出模块、I/O 总线、Tribus 总线、通信总线、通信模块、表决器、端子模块等构成。其中，Tribus 总线负责三个主处理器间的通信以及数字量输入的硬件表决，I/O 总线负责主处理器与输入、输出模块的通信，通信总线则负责处理器与通信模块之间的通信。从硬件上来看，Tricon 系统的三个输入分支路集成在一个卡件上，输出分支路与表决器也集成在一个卡件上，这两个卡件都设有自动热备件。Tricon 系统工作原理示意图如图 6-3 所示。

一个基本的 Tricon 控制器通常由下列部件组成。

① 微处理器。

② I/O 模件。

③ 通信模件。

④ 电源模件。

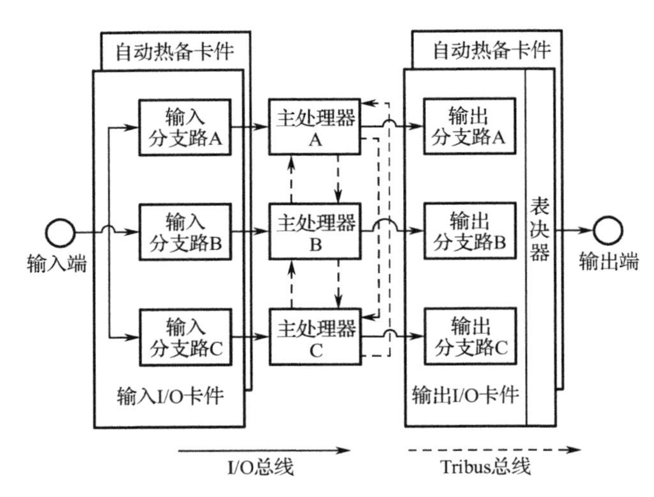

图 6-3　Tricon 系统工作原理图

⑤ 现场端子板（用于连接现场信号电缆电线）。

⑥ 机架（用来安装各种模件）。

需要外配用来编程的工作站或操作站。

6.3.2　Tricon 模件

Tricon 模件由装在一金属框架内的电子组件构成，可就地更换。Tricon 系统可用的模件如表 6-4 所示。

表 6-4　Tricon 系统可用的模件

电压/类型	说　　明	点　　数	型　　号
一、电源（主机架、扩展与远程机架用）			
120V AC/DC	可支持全部 Tricon 的电源要求；提供 NO、C 及 NC 报警接点		8310
24V DC			8311
230V AC			8312
二、主处理器			
16MB RAM	执行控制程序并对输入和输出表决		3007
三、数字输入			
115V AC/DC	隔离的，非公共的	32	3501E
48V AC/DC	每组 8 点，共用，带自测试功能	32	3502E
24V AC/DC	每组 8 点，共用，带自测试功能	32	3503E
24/48V DC	高密度—公共的，DC 耦合的	64	3504E1
24V DC	低门槛电压，带自测，公共	32	3505E
24V DC	简易型，公共的	64	3564
四、数字输出			
115V AC	光隔离，非公共的	16	3601E

续表

电压/类型	说　明	点　数	型　号
120V DC	光隔离，非公共的	16	3603E
120V DC	光隔离，公共的	16	3603E
24V DC	光隔离，非公共的	16	3604E
48V DC	光隔离，非公共的	16	3607E
48V DC	光隔离，非公共的	16	3608E
115V AC	监督型，光隔离的，公共的	8	3611E
24V AC 低功耗	监督型，光隔离的，公共的	8	3615E
120V AC	监督型，光隔离的，公共的	8	3613E
48V AC	监督型，光隔离的，公共的	8	3617E
24V DC	监督型，光隔离的，公共的	8	3614E
120V DC	监督型，光隔离的，公共的	16	3623
24V DC	监督型，光隔离的，公共的	16	3624
48V DC	双通道输出，公共的	32	3664/3674
五、继电器输出			
继电器，NO	非三重的，非公共的	32	3636R
六、模拟输入			
0～5V DC	差分的，DC 耦合的	32	3700
0～5V DC	差分的，DC 耦合的，+6%超限	32	3700A
0～10V DC	差分的，DC 耦合的	32	3701
0～5V DC 0～10V DC	差分，隔离的，+6%超限	16	3703E2
0～5V DC 0～10V DC	高密度—公共的， DC 耦合的，+6%超限	64	3704E2
七、热电偶输入			
J，K，T 型	差分的，DC 耦合的，非隔离的	32	37063
J，K，T，E 型	差分的，隔离的	16	3708E3
八、脉冲累计输入			
0～20kHz	非公共的，AC 耦合的	8	3510
0～20kHz	非公共的，AC 耦合的，快速更新	8	3511
九、模拟输出			
0～20mA	DC 耦合的，公共返回	8	3805E
0～20mA，6 点输出 16～320mA，2 点输出	DC 耦合的，公共返回	8	3805E
十、远程模件（RXM）			
光纤	用于主 RXM 机架的一组三个模件，多模，最远 2km		4200-3
光纤	初级 RXM 机架用的一组三个模件		4201-3

续表

电压/类型	说　明	点　数	型　号
光纤	初级 RXM 机架用的一组三个模件		4210-3
光纤	初级 RXM 机架用的一组三个模件		4211-3
十一、通信模件			
EICM（增强型智能通信模件）	MODBUS 主机或从机，TRISTAION 和 centronics 打印机，选用 RS-232、RS-422 或 RS-485 串行口		4119
NCM（网络通信模件）	TriStation，Peer-to-Peer，TSAA 和 TCP-IP/UDP-IP		4329
SMM（安全通信模件）	在 Honeywell 的通用控制网络（UCN）内的过程临界点		4409
HIM	在 Honeywell 数据高速通道的节点		4509
ACM	在 Foxboro 的 IA 分布控制系统（DCS）内的过程—临界点		4609

6.3.3　Tricon 控制器机架

Tricon 控制器有三种型式的机架：主机架、扩展机架（与主机架的距离最远 30m）、远程机架（与主机架的距离最远 1200m）。

1．主机架

主机架中可以安装电源模件、主处理器模件、通信模件和最多 6 个 I/O 模件等，如图 6-4 所示。

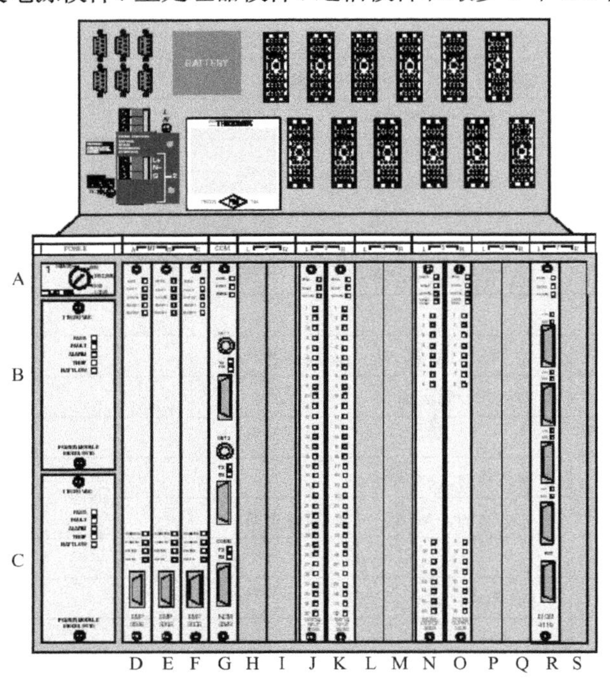

A—带有机架号的键开关；B、C—冗余电源模件；D、E、F—三个主处理器；G—网络通信模件（NCM），在 COM 槽内；H、I—空白；J、K—数字输入模件，带热备插件；L、M—空白；N、O—数字输出模件，带热备插件；P、Q—留空；R—增强型智能通信模件（EICM）；S—空白

图 6-4　主机架前视图

主机架可以支持下列模件。

① 两个电源模件。

② 三个主处理器。

③ 通信模件，如 ICM、NCM、ACM 或者 SMM。

④ I/O 模件，带热备通信模件（仅限于#2 扩展机架）。

每个机架具有不同的总线地址（1～15）；机架内的每个模件具有地址，由插槽位置决定它的具体地址。

主机架上有一个四位置的键开关，用以控制整个 Tricon 系统。开关设定为 RUN（运行）、PROGRAM（编程）、STOP（停止）和 REMOTE（远程）。

2．扩展机架

扩展机架（机架 2～15）每一个可以支持最多 8 个 I/O 组。扩展机架通过一个三重的 RS-485 双向通信接口和主机架连接，如图 6-5 所示。

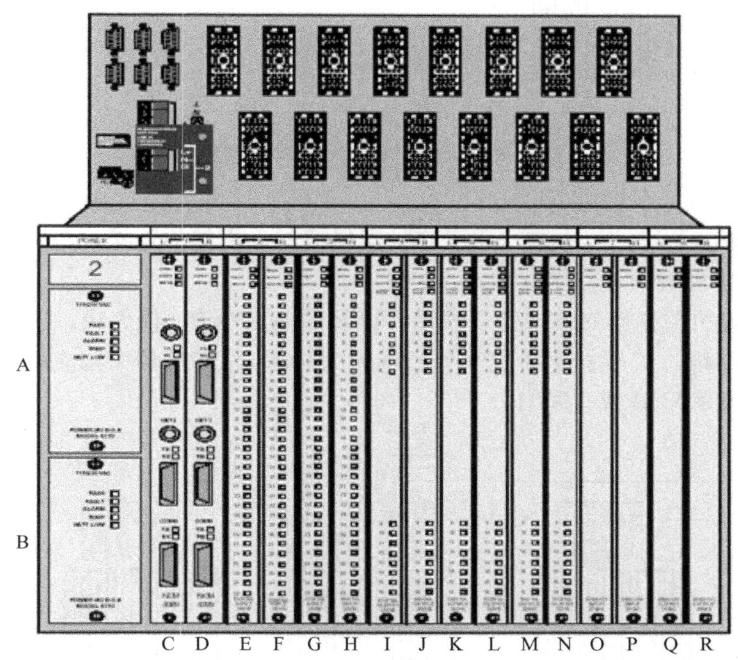

A、B—冗余电源模件；C、D—网络通信模件，相邻槽口；E、F—数字输入模件，带热备；G、H—数字输入模件，带热备；I、J—数字输入模件，带热备；K、L—数字输入模件，带热备；M、N—数字输入模件，带热备；O、P—数字输入模件，带热备；Q、R—数字输入模件，带热备

图 6-5　扩展机架前视图

3．V9 Tricon 机架的连接

一个 Tricon 系统最多可以包含 15 个机架，用以安装各种输入、输出和热插备用模件以及通信模件等。卡件总数为 118 块，如图 6-6 所示。

① #9001 型 I/O COMM 总线扩展电缆（当通信模件装于#2 扩展机架内时使用）。

② Tricon 扩展机架（#2 号架）。

③ Tricon 主机架（#1 机架）。

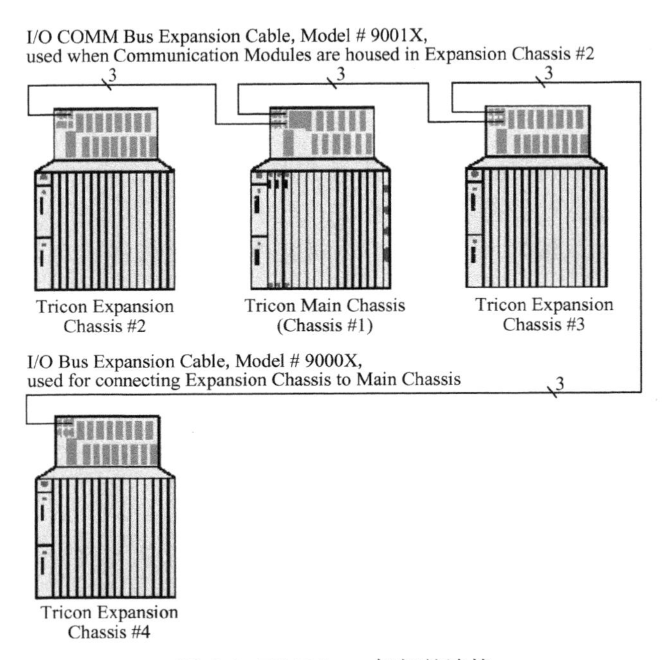

图 6-6　V9 Tricon 机架的连接

④ Tricon 扩展机架（#3 号架）。

⑤ #9000 型 I/O 总线扩展电缆（用于将扩展机架与主机架的连接）。

⑥ Tricon 扩展机架#4 号。

Tricon 控制器的主机架安装主处理器模件以及最多 6 个 I/O 模件组，每一个扩展机架可以支持最多 8 个 I/O 组。扩展机架通过一个三重的 RS-485 双向通信口与主机架连接，如图 6-7 所示。通信电缆为＃9000 或＃9001。

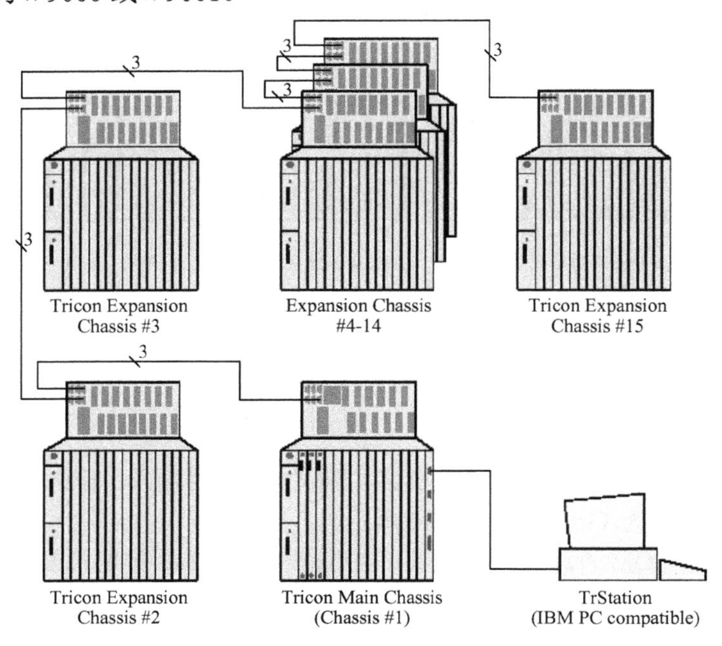

图 6-7　V9 Tricon 系统的配置

① Tricon 扩展机架#3。

② Tricon 扩展机架#4～#14。

③ Tricon 扩展机架#15。

④ Tricon 扩展机架#2。

⑤ Tricon 主机架（机架#1）。

⑥ TriStation［IBM PC 兼容（compatible 兼容的，相容，能共存）］。

主机架和扩展机架的标准电缆的总长最多为 30m（100 英尺）。

主机架和远程扩展机架，最多距离主机架 12km（7.5 英里）。

主机架电池使用时间。当系统停电后，主机架电池可保持程序不丢失，理论时间连续 6 个月，寿命 5 年。

6.3.4 Tricon 控制器的维护

Tricon 在石化生产装置上的应用情况如图 6-8 所示。

图 6-8 Tricon 在石化生产装置上的应用

Tricon 系统日常维护工作包括下列内容。

（1）定期检查系统电源的完好性

每间隔 3～6 个月，做一次电源模件安全性试验。即把其中一个电源模件断开几分钟，以验证在满负荷条件下另一个电源模件工作的稳定性。在恢复正常供电后，再重复对另一个电源模件进行试验。

（2）定期使用“禁止”输出表决器诊断（OVD）

输出表决诊断（OVD）是一个用四方输出表决机制来检测 Tricon 中有无故障的例行程序，它可在不需要操作者干预和监视的情况下进行，使 Tricon 连续地自动检验自身的完好性。如果发生故障，应立即更换故障模件，以便使 Tricon 继续保持其容错能力和三重化模件冗余（TMR）特性。

（3）定期对现场 I/O 点反向置位

每间隔 3～6 个月，应将各现场点的正常运行状态反向置位到相反的状态，以保证完全的电路故障覆盖率，让每个点在相反的状态下停留几分钟。

（4）更换机架背板上的电池

电池的更换应该按下列步骤在计划的离线检修期内进行。如果电源发生故障，Tricon 的冗余电池组可以将数据和程序累计保存 6 个月的时间。每个电池的储存寿命为 5 年。Triconex 建议每 5 年更换一次电池，或者在它们累计使用了 6 个月以后更换一次。

（5）面板上信号灯的报警信息处理

根据 Tricon 模件面板上信号灯的报警信息，识别和诊断模件的故障，以便采取相应的维修措施，主要检查下列模件。

① 电源模件。

② 主处理器（MP）模件。

③ 数字输入模件。

④ 数字输出模件。

⑤ 继电器输出模件。

⑥ 模拟输入模件。

⑦ 热电偶输入模件。

⑧ 模拟输出模件。

⑨ 脉冲输入模件。

⑩ 增强型智能通信模件。

（6）识别和诊断模件故障报警信息

识别和诊断模件故障报警信息通常可采用以下两种方法。

① 检查每个模件面板上的指示灯（LED），识别模件故障。

② 利用 TriStation 1131 诊断画面，运用 TriStation 软件诊断模件故障。

如果 Tricon 系统有报警情况发生，可采用如下处理方法。

① 更换故障的 Tricon 模件。

② 修理故障的现场电路或装置。

③ 更换熔断的熔丝。

6.4　安全仪表系统应用案例

6.4.1　工艺简介

某乙烯装置分为 7 个单元。10 号单元为原料预热单元，完成不同原料经过缓冲罐脱除水分和杂质，以便降低原料变化对下游生产的影响。20 号单元为裂解炉单元，裂解炉区共有 5 台裂解炉，在不同通道都可以同时裂解两种原料，相互生产独立，具有裂解原料分配灵活的特点。30 号单元为急冷单元。将来自裂解炉单元急冷后的裂解气冷却，脱除裂解焦油、焦炭颗粒，最大限度地回收热量。40 号单元为压缩碱洗单元，用来提高裂解气的压力，脱除裂解气中的二氧化碳和硫化氢。50 号单元为冷热分离组分单元。60 号单元为乙烯分离及制冷单元。70 号单元为公用单元，主要包括各种等级的蒸汽系统、循环水系统、化学品注入系统、空气系统等。

乙烯装置共有 5 台裂解炉，主要的联锁条件有烃进料流量低低值联锁停车，稀释蒸汽流量低低值联锁停车，高压汽包液位高高值、低低值联锁停车，燃料气压力高高值、低低值联锁停车等。但在开车时烃的进料量为零，此时不能触发联锁停车系统。现介绍开车时烃加料量为零旁通联锁的逻辑及组态方法。

6.4.2 系统配置

乙烯生产装置采用 HIMA 公司 H51q ESD 系统，共采用 4 个控制站，一个工程师站，一个 SOE 站。其中 1 号 ESD 控制站用来承担 1 号、2 号裂解炉的联锁控制，2 号 ESD 控制站用来承担 4 号、5 号裂解炉的联锁控制，3 号 ESD 控制站承担 3 号裂解炉及乙烯三机的联锁控制，4 号 ESD 控制站用来承担加氢反应器的联锁控制。整个乙烯生产装置 ESD 系统的配置如图 6-9 所示。

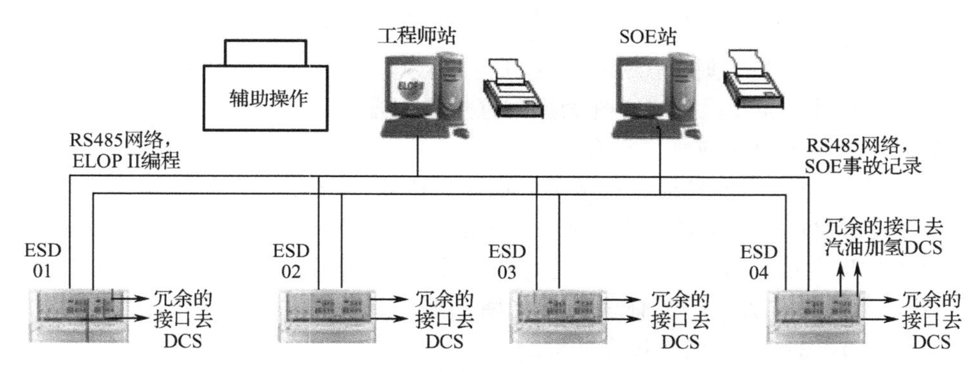

图 6-9 乙烯装置 ESD 系统配置图

6.4.3 系统软件 ELOP II 介绍

1. ELOP II 软件简介

ELOP II 软件包是符合 IEC 61131—3 标准的工业化软件包，它通过了 TUV 认证，符合 TUV AK6 标准。该软件提供标准功能块语言进行编程，可执行逻辑运算、PID、顺序控制等各种控制程序。ELOP II-Windows 2000 软件包的反向编译功能允许在线修改、下装程序，而无须进行下装后 100%地逐点测试（此功能经 TUV 认证），完全可以满足炼油、石化、天然气等行业的安全控制要求。

ELOP II 的运行基于 Windows 2000/XP 以上操作系统系统，计算机配置要求不低于 Pentium 700 MHz，128 MB 内存。ELOP II 具有编程、下装、监视和文档处理等功能，通常被预装在工程师站中。

应用 ELOP II 软件，配置系统硬件。根据硬件的实际安装情况，从卡件列表中选出所用的 I/O 模件和机架，用拖/放（Drag & Drop）功能进行硬件配置组态，如图 6-10 所示。

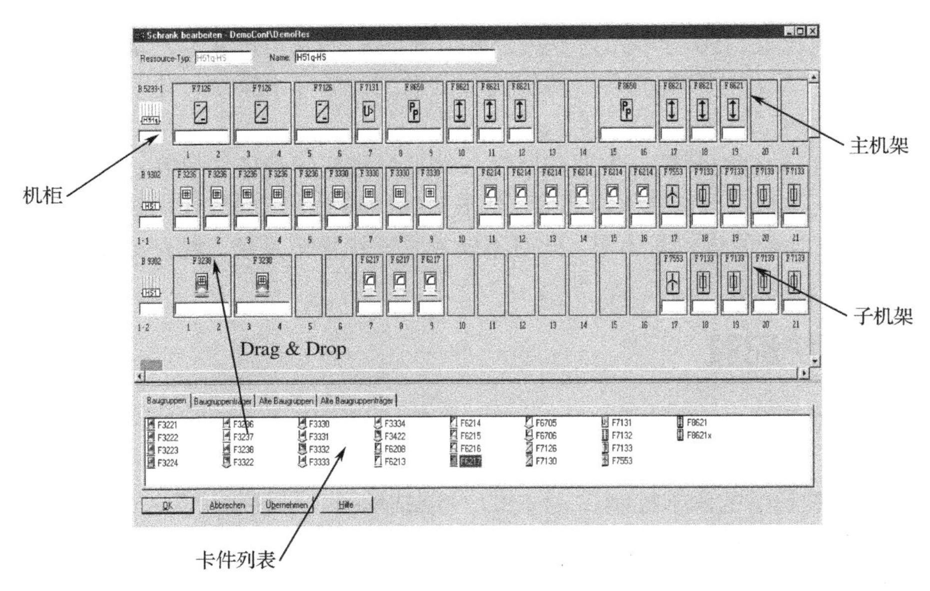

图 6-10　利用 ELOP II 进行系统硬件组态

① 在图 6-10 中，整个画面代表一个 ESD 控制站，其中第一排为主机架，下面几排为子机架。按照实际主机架和子机架中卡件类型配置规定，适当选择卡件类型，并在相应的硬件物理位置上加以定义，即可完成硬件组态。

② 利用 I/O 卡件的自检功能查找故障。ELOP II 软件采用系统的 HZ-FAN-3 功能块，对所有 I/O 模件进行自诊断。如果卡件或某个通道的外部电路出现故障，则会在相应的 CU 卡上报出故障卡的物理地址（包括机柜号、机架号、模件号和通道号等），同时还可在 ELOP II 的用户程序里查看故障所在。具体做法是先将需要自诊断的每个通道创建为变量，然后将如图 6-11 所示的逻辑图写入用户程序即可。

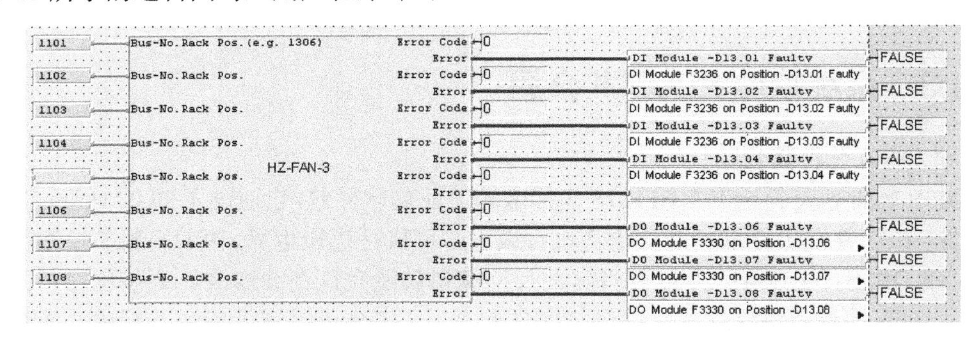

图 6-11　ELOP II 的功能块组态 I/O 自诊断

在图 6-11 中，数字 1101 各位从左到右依次代表总线编号，子机架编号及该子机架上的槽路编号（最后两位）。其中 HIMA　ESD 系统有两条总线，每条总线最多可以连接 16 个子机架，每个子机架上最多可安装 16 块卡件，这是系统的最大容量。工程上，通常都留有充足的裕量，以保证系统的扫描周期满足要求。这样，一旦 I/O 卡件出现故障，只要利用系统软件在线查看，即可得到故障卡的物理地址和发出的错误代码信息，由此便可及时判断出是哪个卡件发生了哪种性质的故障。例如，AI Module –D13.12 Faulty 报告故障，Error Code 是 4，这就说明位于第一条总线上、第 3 个 I/O 子机架上、12 号卡槽中的 AI 模块的第 3 通道的外部线路出现了故障。错误代码的含义见表 6-5。

表 6-5 错误代码的含义

Bit：8……1	值	故障原因
00 000 000	0	无故障
00 000 001	1	通道 1 的外部回路故障（短路或断路）
00 000 010	2	通道 2 的外部回路故障（短路或断路）
00 000 100	4	通道 3 的外部回路故障（短路或断路）
00 001 000	8	通道 4 的外部回路故障（短路或断路）
00 010 000	1	通道 5 的外部回路故障（短路或断路）
00 100 000	32	通道 6 的外部回路故障（短路或断路）
01 000 000	64	通道 7 的外部回路故障（短路或断路）
10 000 000	128	通道 8 的外部回路故障（短路或断路）
11 111 111	255	自身卡件故障

③ 用户逻辑组态。逻辑组态时，首先创建一个项目，然后根据用户的需要，离线完成逻辑组态。ELOP II 软件使用类似 Windows 的操作环境，并提供了符合 IEC 标准的功能模块（如与、或、非、同或、异或等），用户还可以根据任务的需要编写一些常用程序模块（如三取二、模拟量输入小于 3.6mA 或大于 20.5mA 的判断等），利用这些功能模块组态所需要的逻辑，定义所需要的变量，并引入逻辑组态中，如图 6-12 所示。

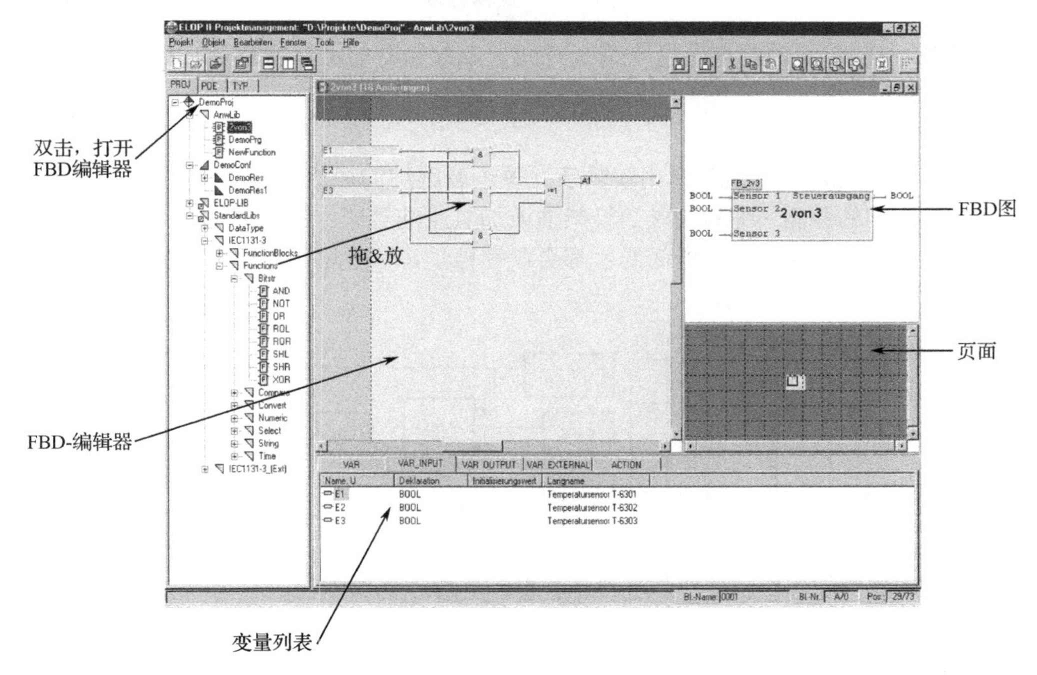

图 6-12 功能模块逻辑组态画面

图 6-12 是一个功能模块组态画面，用户可以方便地利用 ELOP II 的标准功能模块，经过简单地“拖放”组态需要的逻辑，同时也完成变量定义。

当逻辑组态、变量定义都完成之后，在项目下单击鼠标右键选择 ON LINE，然后双击项目程序名就可以进行在线逻辑运行，其中红色线条表示为“1”，蓝色线条表示为“0”，如图 6-13 所示。

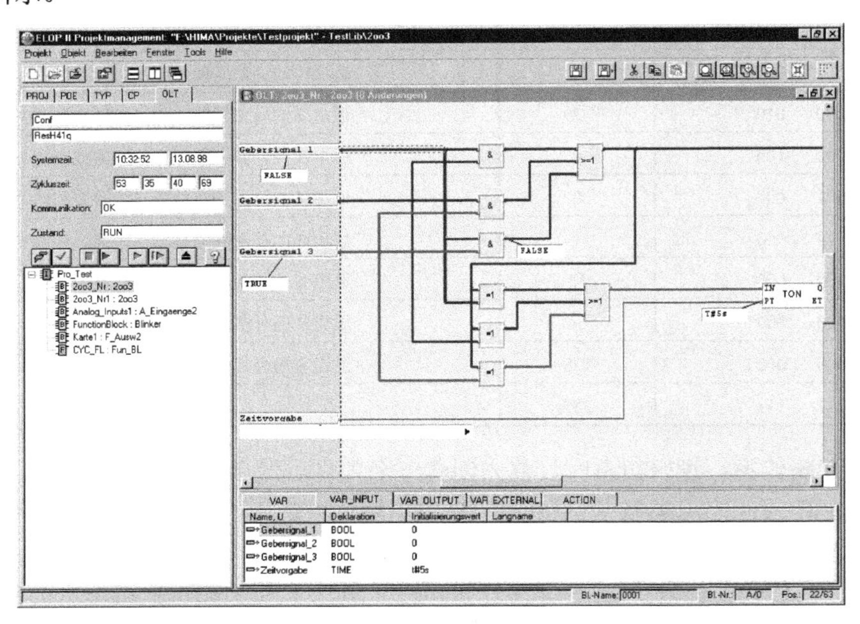

图 6-13　逻辑组态

在图 6-13 中，左面控制盘上显示系统时间、本控制器的运行状态及扫描周期，右面为在线逻辑测试显示。

2. 主要控制方案

乙烯生产装置裂解炉联锁逻辑比较复杂，每个裂解炉的烃进料分 8 个通道进入炉子，每个通道可以进不同的原料（如石脑油、轻柴油或加氢尾油等），在每个通道上都有独立的流量测量，如果任何一路通道流量达到低低值都会联锁停炉，但在开车时烃进料量为零时却不能触发联锁，其逻辑如图 6-14 所示。

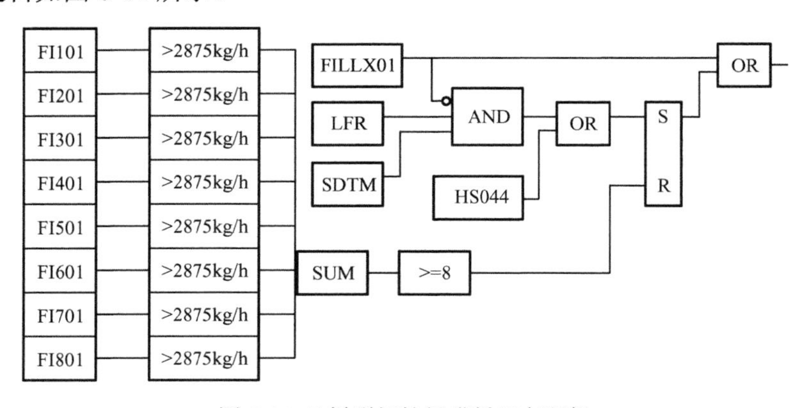

图 6-14 乙烯裂解炉烃进料开车逻辑

在图 6-14 中，FI101～FI801 分别为一台裂解炉 8 个通道的烃进料量指示值。SDTM（完全停车）是裂解炉全火停车状态标志，当裂解炉全火停车时，SDTM 为“0”，正常时 SDTM 为“1”。LFR 是裂解炉半火停车状态标志，当裂解炉半火停车时，LFR 为“0”，正常时 LFR 为“1”。FILLX01 是裂解炉 8 个通道中任意一个通道烃进料流量达到低低值时的状态标志，当某个通道烃进料流量达到低低值时，FILLX01 为“0”，正常流量时为“1”。HS044 是一个手动开关，当裂解炉在裂解状态时，HS044 为“0”，在清焦状态时，HS044 为“1”。

从上述逻辑可以看出，裂解炉投入原料油之前处于清焦状态，HS044 为“1”，此时每个通道的烃进料流量为“0”，RS 触发器的 S 端为“1”，R 端为“0”，所以 RS 触发器输出为“1”。经过“或门”后输出为“1”，裂解炉正常开车。当裂解炉投料正常生产时，将 HS044 改为“0”，当 8 个通道的烃进料流量都超过 2875kg/h 时，此时 RS 触发器的 R 端为“1”，S 端为“0”，所以 RS 触发器输出为“0”，而此时裂解炉 8 个通道的流量都超过了低低流量值，则 FILLX01 为 1，经过“或门”后输出为“1”，裂解炉处于正常运行状态。

案例分析中用到的逻辑原理主要有与、或、非和触发器有关知识，请参照数字电路学习。

3．实际应用处理

（1）工程量程之间的转换

ESD 与 DCS 之间模拟量的通信规定采用无符号整数，主要是考虑有的模拟量量程有负数。若通信时定义为浮点数，则占用系统资源太大，而工艺变量信号传送到 DCS 只是为了显示用，并非用于运算。因此，规定 ESD 与 DCS 之间模拟量的通信采用无符号整数，此时就需要进行量程转换。

由于输入的模拟量不管其实际量程是多少，它产生的电流值范围都是 4～20mA DC。例如，某一模拟量 PT111，它原有的量程和需要转换的量程之间具有以下关系

$$\text{OUT} = \frac{(\text{SCAL END} - \text{SCAL BGIN}) \times (\text{AIN VAL} - \text{AIN BGIN})}{\text{AIN ENG} - \text{AIN BGIN}} + \text{SCAL BGIN}$$

式中，SCAL END——目标量程上限；

SCAL BGIN——目标量程下限；

AIN END——原量程上限；

AIN BGIN——原量程下限；

AIN VAL——实际测量值；

OUT——转换后输出显示值。

依据上面公式做出相应的逻辑图，如图 6-15 所示。

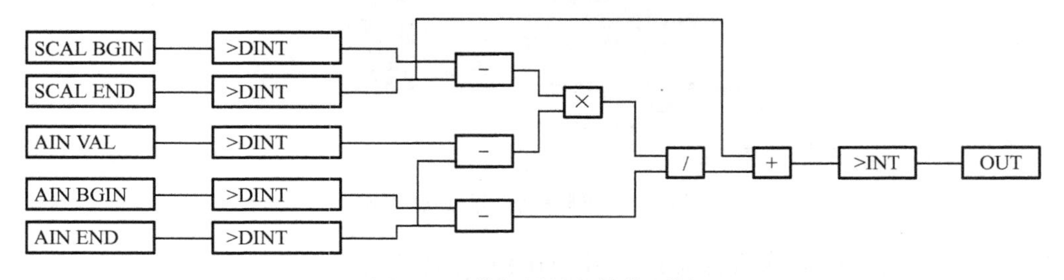

图 6-15 模拟量量程转换逻辑

把这一逻辑组合成一个功能块（Function Block），命名为 Rang Convert 保存，在需要量

程转换时即可随时调用。例如，140TT582A 的量程为-50～50℃，送至 DCS 显示时则需相应转换到 0～100℃。应用功能模块 Rang Convert 来实现这种转换，其量程转换功能模块如图 6-16 所示。

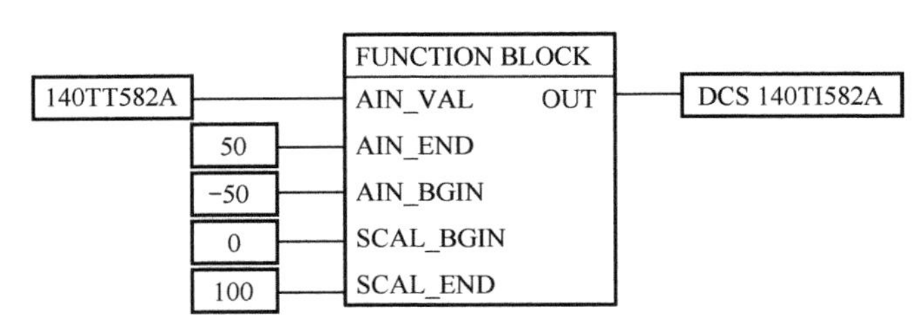

图 6-16　量程转换功能模块

（2）超量程值的切除

在逻辑设计中，当输入模拟信号小于 3.6mA DC 或者大于 20.5mA DC 时，则应在 DCS 上显示开路、短路报警，输出显示为“0”，并发出高、低报警。一般情况下，输入模拟信号在 3.6～4mA 和 20～20.5mA 之间的值并没有进行处理，若将这个段间信号送到 DCS，则在 DCS 上的显示值将为最大，这与实际情况不符。为解决这一问题，需要做超量程值的切除。

HIMA 在 ELOP II 中建有标准的功能模块 H_FS06-1_AIRED_R 和 FS06-1_AIRED_INRT。将相应的变量及其变化范围与该功能模块相连，做成逻辑写入用户程序，即可实现超量程值的切除功能。现选用基本功能模块 LIMIT，对变量输出进行限幅处理，将变量输出限制在其量程内。现以 112FT021 为例，说明具体的组态方法。

112FT021 检测仪表的量程为 0～8400kg/h，流量低低报警设定值为 700 kg/h。这里选用功能模块 FS06-1_AIRED_INRT、LIMIT 和低选功能模块 H_FS05-1_LIML_R。由此设计出的逻辑图如图 6-17 所示。

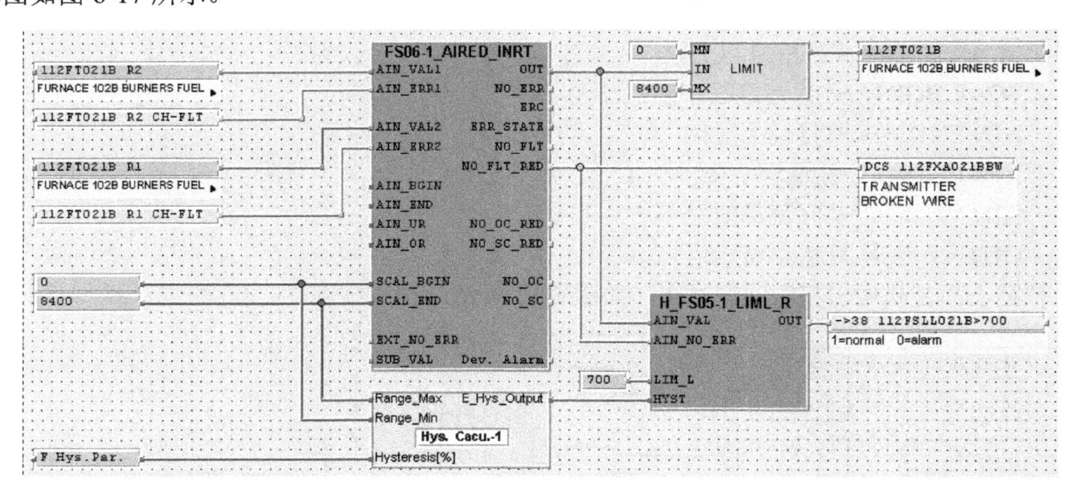

图 6-17　超量程值切除逻辑组态

图 6-17 中利用系统标准功能块 FS06-1_AIRED_INRT 对模拟量 112FT021 进行判断，当模拟量大于 20.5mA 或小于 3.6mA 时输出故障报警。然后利用 LIMIT 功能模块限制输出，当模拟量大于 3.6mA 而小于 4mADC 时输出为量程下限 0，当模拟量大于 20mA 且小于 20.5mA 时

输出量程上限 8400 kg/h。功能块 H_FS05-1_LIML_R 的作用是当模拟量小于 700 kg/h 且模拟量在 4～20mA 范围内时产生低值报警信号。

练 习 题

一、简答题

1．安全仪表系统有哪些特点？

2．简述化工生产安全等级及标准。

3．安全仪表系统应用的目的和作用是什么？

4．紧急停车系统有哪些特点？

5．简述 ESD 系统主要的通用安全标准。

6．试说明“3-2-1-0”和“3-2-0”的含义。

7．试比较三重化冗余结构与双重化冗余结构安全仪表系统的异同点。

8．简述 Tricon 控制器的基本工作原理。

9．简述 ELOP II 组态内容。

10．举例说明 ELOP II 操作步骤。

11．安全仪表系统有哪些设计原则？

12． 以 HIMA ESD 系统为例，说明中央处理器单元的冗余结构和工作原理。

13．简述 HIMA ESD 系统工作站的功能特性，说明 HIMA ESD 系统的主要的 I/O 卡件及性能。

14．画出 Tricon 控制器的示意图，Tricon 控制器主要由哪些部件构成？

15．在 Tricon 使用过程中，有哪些维护操作技术？

二、判断题

1．衡量集散控制系统的可靠性指标有可靠度、MTBF、MTTF 及故障率。（　　）

2．操作站和工程师站的硬件配置基本一样，区别在于安装的软件不同。（　　）

3．MTBF= MTTR+MTTF。（　　）

4．顺序控制功能的表示方法有 3 种：顺控表模块、逻辑图表模块、SFC 模块。（　　）

5．安全仪表系统等同于批量控制、顺序控制及过程控制的工艺联锁。（　　）

6．安全仪表系统的功能通常是简单的开环控制逻辑。（　　）

7．标有“NC”的接点在发生报警情况时断开。（　　）

8．Tricon 主机架中可以安装主处理器模件、电源模件、通信模件和最多 8 个 I/O 模件等部件。（　　）

9．Tricon 机架内的每个模件的具体地址由模件所在的槽位决定。（　　）

10．TriBus 直接存取存储器中的数据，并对三个主处理器运算的结果进行同步、传送、比较和表决。（　　）

11．Tricon 是一种三重模块冗余（TMR）控制器，它采用 3-2-1-0 运行方式。（　　）

12．Tricon 控制器中 3 个完全相同的分电路各自独立地执行控制程序。（　　）

13．Tricon 控制器中 I/O 通信处理器支持广播机制，通过通信总线管理着主处理器和通信模件之间的数据交换。（　　）

14．外部电源故障时，DRAM 可完好地保存用户程序和内部接点信息，时间至少为 6 个月。（　　）

15．一条三重 I/O 总线位于机架的背板上，机架间通过 I/O 总线电缆（#9000 或#9001）连接。（　　）

三、选择题

1．下列参数（　　）不是 DCS 的可靠性评价指标。

A．MTTR　　B．MTBF　　C．容错能力　　D．扫描周期

2．安全仪表系统包括传感器、逻辑运算器、最终执行元件及相应（　　）等。

A．机器　　B．设备　　C．硬件　　D．软件

3．安全仪表系统采用经权威机构认证的（　　）控制系统。

A．集散　　B．仪表　　C．可编程序　　D．现场总线

4．安全仪表系统又称为（　　）。

A．紧急停车系统

B．安全联锁系统、安全关联系统和安全保护系统

C．安全停车系统和故障安全控制系统

D．以上都是

5．安全仪表系统是用（　　）实现安全功能的系统。

A．人员　　B．仪表　　C．环境　　D．工艺装置

6．Tricon 控制器的制造商是（　　）公司。

A．Invensys　　B．Triconex　　C．Honeywell　　D．GE

7．Tricon 控制器支持远离主机架（　　）km 以内的远程 I/O 模件。

A．5　　B．10　　C．12　　D．30

8．一个 Tricon 系统最多可以包含（　　）个机架。

A．13　　B．14　　C．15　　D．16

9．一个 Tricon 系统最多可以包含（　　）个卡件。

A．116　　B．118　　C．120　　D．122

10．Tricon 系统的主机架安装主处理器模件以及最多（　　）个 I/O 模件组。

A．2　　B．4　　C．6　　D．8

11．Tricon 系统的每一个扩展机架可以支持最多（　　）个 I/O 组。

A．2　　B．4　　C．6　　D．8

12．主机架和扩展机架的标准电缆的总长最多为（　　）m。

A．10　　B．20　　C．30　　D．40

13．Tricon 是一种达到（　　）级标准并获得 TüV AK6 级标准认证的三重模块冗余（TMR）控制器。

A．SIL1　　B．SIL2　　C．SIL3　　D．SIL4

14．电源模件面板的 LED 指示灯（　　）点亮时表明电源模件故障。

A．PASS　　B．FAULT　　C．ALARM　　D．TEMP

15．生产过程安全度等级分为（　　）级。

A．2　　B．3　　C．4　　D．5

第7章 DCS维护技术

学习内容	1．DCS 维护方法。
	2．DCS 维护内容。
操作技能	1．DCS 系统调试。
	2．JX-300 维护应用。

7.1 DCS 维护方法

随着工业自动化技术的快速发展，集散控制系统（DCS）在各生产厂家中得到了广泛应用，采用美国霍尼韦尔、日本横河、美国 ABB、中国浙大中控等公司的 DCS 系统作为生产控制系统。DCS 作为工艺生产监控的重要组成部分，决定着整个生产的稳定与运行，延长其使用寿命，对 DCS 系统性能的发挥和保证生产的连续性、安全性等方面是极其重要的。一旦 DCS 系统出现故障，轻则造成工艺波动影响产品产质量，重则全线停产。

DCS 系统硬件设备是由电子元件和大规模集成电路构成的，结构紧密，而且控制部件采用冗余容错技术，运行可靠性提高。但是受安装环境因素（温度、湿度、尘埃、腐蚀、电源、噪声、接地阻抗、振动和鼠害等）和使用方法（元器件老化和软件失效等）的影响，不能保证 DCS 系统长期可靠、稳定地运行；DCS 系统软件系统在运行时不稳定或相冲突，造成 DCS 系统功能不完整，因此，管理和维护好 DCS 系统是一个重要的问题，培养学生综合职业能力和职业素养。

为提高 DCS 系统的维护工作水平，下面几点准备工作是必须做好的。

1．整体认识

根据设计方案提供的文档资料，了解系统总体设计思路，需要熟悉 DCS 系统结构和功能构成，使自己对系统有一个整体的认识。如生产工艺、测点布置、控制要求，具体包括：控制室布置图、端子配线图、控制室电缆敷设图（电缆表）、接地系统图、DCS 系统配置图、说明书、I/O 定义表、联锁系统逻辑图、仪表回路图、端子（安全栅）柜布置图等。对监控部分应了解工艺流程显示图、DCS 操作小组分配表、DCS 趋势组分配表、DCS 生产报表等。

2．熟悉系统外部接线

了解各功能模块的控制原理，形成各模块的信息流与控制流概念。结合外部接线图，以功能模块为单元在系统硬件中逐个走几遍，直到能够比较清楚地知道功能控制与信息反馈实际走向。了解《控制室布置图》《DCS 系统设备安装图》《 DCS 安装尺寸图》《 DCS 系统配置图》《DCS 电缆布线规范》《DCS 系统供电图》《DCS 控制柜电源箱接线原理图》《DCS 系统通信图》《DCS 系统接地图》《测点清单》《卡件布置图》《端子接线图》和《外配部分接线图》等。

3．了解系统仪表和控制元件信息

结合各仪表的产品使用说明书，熟知各部件如控制器、I/O 卡件、电源等的指示灯所代表的信息，如工作状态、故障提示。这在硬件设计的自诊断功能日趋完善和普及的现在更为重要，其自诊断信息覆盖了我们在日常维护工作中所需的大部分信息，是系统故障维修的基本入手点之一。

4．系统的备份

系统的备份主要做好两个方面的工作。

（1）软件备份

包括操作系统、驱动程序、紧急启动盘、控制系统软件、控制组态数据库，并确认控制组态数据是最新的和完整的。针对实际使用中的光盘和软盘容易磨损的缺点，注意多做备份，并采用移动硬盘、U 盘、硬盘等备份形式确保各软件的保存。

（2）硬件备份

对易损、使用周期短的部件和关键部件如键盘、鼠标、I/O 模块、电源、通信卡等都应根据实际情况做适量的备份。

5．服务资料

了解服务资料包括硬件生产厂家、系统设计单位，主要系统设计人员的通讯录；整理各类产品的售后服务范围、时间表等。如果能充分加以利用，可以大大节约时间和金钱，只有做好以上几点工作，才能使自己在系统维护中充分发挥作用，解决问题。

6．下载组态

以工程师级或特权级登录完毕后，用鼠标单击下载组态图标，将显示下传组态画面；选择下传组态的控制站地址、下传内容（一般采用全部组态内容下传，若有特殊需要，并对系统组态信息熟悉，才可挑选下传内容）；若有多个控制站，则需对每个控制站都下传。

7.2 DCS 的维护内容

DCS 自动控制系统是由其自身的软件、硬件，以及操作台盘及现场仪表（变送器、测量开关、电缆及执行结构等）组成的有机整体。系统中任意一个环节出现问题，均会导致系统部分功能失效或引发控制系统故障，严重时会导致生产停车等事故。

DCS 的维护包含日常卫生维护、硬件检查、软件维护、控制系统调整优化改造、操作软件升级更新等。

归纳可分为日常维护、预防性维护和故障维护，日常维护和预防性维护是在系统未发生故障所进行的维护。预防性维护是在系统正常运行时，对系统进行有计划的定期维护，及时掌握系统运行状态、消除系统故障隐患、保证系统长期稳定可靠地运行，形成定期维护的概念。故障维护发生在故障产生之后，往往已造成系统部分功能失灵并对生产造成不良影响。实践证明，定期维护能够有效地防止 DCS 突发故障的产生，形成可观的间接经济效益。

7.2.1 日常维护

系统的日常维护是 DCS 系统稳定高效运行的基础，每日一次，主要的维护工作有以下几点。

① 完善 DCS 系统管理制度。

② 检查主控室和现场控制站的空气温度、湿度，室内照度是否达到使用条件。保证空调设备稳定运行，保证室温变化小于±5℃/h，避免由于温度、湿度急剧变化导致在系统设备上的凝露。

③ 尽量避免电磁场对系统的干扰，避免移动运行中的操作站、显示器等，避免拉动或碰伤设备连接电缆和通信电缆等。

④ 注意防尘，现场与控制室合理隔离，并定时清扫，保持清洁，防止粉尘对元器件运行及散热产生不良影响。

⑤ 严禁使用非正版软件和安装与系统无关软件，防止病毒入侵。

⑥ 做好控制子目录文件的备份，各自控回路的 PID 参数、调节器正反作用等系统数据记录工作。

⑦ 检查控制主机、显示器、鼠标、键盘等硬件是否完好，实时监控工作是否正常。

⑧ 查看故障诊断画面，是否有故障提示。

⑨ 系统上电后，通信接头不能与机柜等导电体相碰，互为冗余的通信线、通信接头不能碰在一起，以免烧坏通信网卡。

⑩ 绝缘检查。把导线和设备断开，用兆欧表测绝缘电阻来判断。信号线路绝缘≥2MΩ，补偿导线之间的绝缘电阻≥0.5MΩ，系统电源带电部分与外壳的绝缘≥5MΩ。

7.2.2 预防性维护

预防性维护是防患于未然，有计划地进行主动性维护，保证系统及元器件运行稳定可靠，运行环境良好及时检测更换元器件，消除隐患。每年应利用大修进行一次预防性维护，以掌握系统运行状态，消除故障隐患。大修期间对 DCS 系统应进行彻底维护，包括以下内容。

1．系统冗余测试

对冗余电源、服务器、控制器、通信网络进行冗余测试；检查网络线缆，上电后做好网络冗余、性能的测试；对主控卡进行冗余测试。预防措施：防尘、防腐蚀、防鼠害及防雷。

2．操作站、控制站停电检修

（1）系统的停电步骤

每个操作站依次退出实时监控及操作系统后，关闭操作站工作机及显示器；逐个关闭控制站电源；关闭各个支路电源开关；关闭不间断电源。

（2）停电维修

包括计算机内部、控制站机笼、电源箱等部件的灰尘清理；系统供电线路检修：并对 UPS（不间断电源）进行供电能力测试和实施放电操作；接地系统检修，包括端子检查、对地电阻测试；现场设备检修，具体做法可参照有关设备说明书。大修后系统维护负责人应确认条件具备方可上电，并应严格遵照上电步骤进行。

（3）系统上电步骤

首先合上配电箱的总断路器，检查输出电压是否在 220V±%10 范围内；合上配电箱的各支断路器，分别检查输出电压；配有 UPS 或稳压电源，检查 UPS 或稳压电源输出电压是否正常，不正常则查找原因，回复后才能继续下一步上电步骤；控制站上电；操作站上电。

3．系统的点检

在工业现场，电子元器件的性能参数会因为温度、湿度的变化产生改变，导致精度下降、信号漂移等问题；控制站的电源、模块、机笼和操作站等部件内可能存在不同程度的积灰，影响各部件之间的接触；系统的接地线与接地铜条之间，由于长时间的氧化等原因，可能导致接地电阻有所变化，影响系统接地性能，计算机病毒侵入等，以上现象均存在不同程度的安全隐患。为了消除这些安全隐患，工厂需在停车时间对 DCS 系统进行全面的检查和维修，尤其是可能引起系统故障的关键点进行全面检测和必要的部件更换，其目的是将系统故障消除在萌芽状态，保证 DCS 系统长期、安全、稳定运行。点检服务是预防性的服务产品，能够减少非计划性停机事件，未雨绸缪，消除现场潜在隐患、提高系统稳定性、降低事故发生率。

点检的主要工作内容如下。

① 接地检查：接地式、多点接地。

② 供电检查：电压、电流、功率。

③ 系统网络检查：使用 ping 命令检查，读取故障信息。

④ 计算机操作系统及组态监控软件设置检查：对比安装规范检查各设置项目。

⑤ 防腐蚀检测：腐蚀性气源、控制室密闭性。

⑥ 综合检查：对比控制规范检查各项目。

⑦ 温度/湿度检测：控制室温度、湿度检测。

⑧ 病毒查杀：使用正版病毒查杀软件进行病毒查杀。

⑨ 数据、组态、参数读取与备份：点检开始前备份主要数据。

⑩ 电磁场强度测试：记录柜内外电磁场强度。

⑪ 计算机、操作站除尘：鼓风机除尘，计算机主机箱吹扫，操作台吹扫等。

⑫ 控制机柜除尘：对电源机笼、I/O 卡件机笼等进行吹扫。

⑬ I/O 卡件精度测试。

⑭ 冗余功能测试：主控卡、数据转发卡、I/O 卡件的冗余性能检测。

⑮ 硬件升级：实施必要的组态修改。

⑯ 监控组态软件升级：升级到最新内容。

⑰ 组态修改：升级到最新内容。

定期点检是在生产装置停车检修期间由工程师执行的一种 DCS 预防性维护工作。其主要内容包括：DCS 系统软件备份、DCS 设备清扫、电源系统检查、功能检查、卡件精度测试、更换劣化部品、控制站、操作站病毒扫描和 DCS 网络诊断等。通过系统定期点检可及时发现 DCS 系统可能存在的隐患，及时保养和维护可以缓解系统的老化速度，减少意外故障的发生，对 DCS 设备长期、稳定、安全地运行起到非常积极的作用。

4．控制程序的调试

DCS 中控制功能是在组态中选择相应的功能块进行连接后实现，主要实现调节功能。控制程序的调试分为连续控制程序测试和非连续控制程序调试。连续控制程序调试是在系统提供的标准操作画面上进行，用户在现场给出输出信号，考核调节回路输出是否正确。非连续性控制程序是指顺序和批量控制程序，调试时应该准备好所需的现场条件才能启动程序，仔细考察运行结果。

① 单回路调节功能检查：在细目画面下将控制方式置于“手动”状态，操作输出，检查流程图画面 OP 值跟随变化，同时确认 SP 跟踪 PV 值；将控制方式置于“自动”状态，检查 SP 值，并观察输出变化方向，确定控制器的正/反作用。

② 串级控制调节功能检查：主调节器按照单回路调节功能检查；副调节器控制方式置于自动或手动（AUTO/MAN），确认主调节器操作功能无效；副调节器控制方式置于“串级”（CAS）状态，主调节器控制方式置于“手动”（MAN）状态，手动输出主调节器输出，检查副调节器的 SP 值跟随变化，同时检查副调节器的控制作用方向。

5．操作画面的调试

调试由用户自行设计编制的流程图操作画面，要求画面能真实反映工艺过程的状态。

6．紧急联锁系统的调试

紧急联锁系统的调试是按逻辑框图逐项进行的，在现场制造联锁源，观察联锁结果是否正确。

7.2.3 故障维护概述

1．DCS 控制系统故障分类

（1）硬件故障

这类故障是指过程控制层的故障，主要是 DCS 系统中的模块，特别是 I/O 模块损坏造成的故障。如参数显示没有变化，排除现场仪表故障可能后仍不能操作执行机构和电动阀门等。它们主要由于使用不当或使用时间较长，模块内元件老化所致。如果模块周围的环境灰尘超标、温度高、湿度大将会大大缩短模块的使用寿命，因此鉴于 DCS 系统对温度、湿度、清洁度的严格要求，在安装前，操作室尤其是过程控制室的土建、安装、电气、装修工程必须完工，如在夏季，空调要及时启用。另外盘柜的电缆孔洞一定要封堵好，否则，一旦管道漏气窜入盘柜，即有可能造成重大爆炸故障。

（2）软件故障

这类故障是软件本身的错误引起的。一般出现在 DCS 系统投运调试阶段，因为应用软件程序复杂、工作量大，所以应用软件错误难以避免，这就要求在 DCS 调试试运阶段，仪表人员和运行人员应十分认真，及时发现并配合 DCS 系统调试人员解决问题，此类故障在 DCS 系统正常运行后很少见。

（3）人为故障

有维护人员操作错误、专业水平欠佳、监护不到位、没有进行事故预想、管理有漏洞等原因。在实际运行操作中，有时会出现 DCS 系统某些功能不能使用，但实际上 DCS 系统并没有问题，而是操作人员操作不熟练或操作人员错误操作引起的，因此 DCS 系统供货厂家应及时向运行人员提供 DCS 操作手册，初次使用 DCS 系统的操作工要经过培训后才能上岗操作。

2. DCS 系统故障防范措施

（1）DCS 系统运行与管理

DCS 系统的运行与管理是指计算机系统日常巡检，各种软件管理，热工备件管理等；加强软件管理，组态的修改必须按有关规定执行，同时必须及时备份修改前后的所有组态信息，存档备查；当 DCS 硬件发生故障，需用备件更换时，使用前必须对备件进行功能测试，以防患于未然。

DCS 系统检修管理是 DCS 系统检修时必须有合理的检修工艺和程序，应重视 DCS 系统检修项目和周期，检修项目依据 DCS 系统设备特点进行项目的检修；软件的备份，核实控制模件标志和地址；清扫电源、模件及防尘滤网，检查及紧固控制柜接线，接地系统检查，冷却风扇检修，电源测试；重要测量和保护信号线路绝缘检查；自控室温度、湿度及含尘量检修前测试；通信、手操器检查等。

（2）DCS 系统抗干扰措施

在中央控制室四周墙壁粉刷之前，先钉上一层钢丝网，再与电气保护 PE 接地系统相连。可以有效地防止高压输电线距离产生的强电磁场干扰，或者高压输电线改为埋地沟敷设，也可以解决高压工频强电磁场对 DCS 干扰的危害。中控室建筑整体结构上是钢筋混凝上梁柱顶面浇筑及砖砌墙，对 DCS 也具有良好的抗干扰作用。地面是水磨石上加 500mm 高立柱架空的抗静电活动地板，防静电接地与 PE 系统相连。另外，各机柜的型钢基础底座也与 PE 相连。采用上述措施从总体环境上对 DCS 的抗干扰性能起了重要的作用。

从现场仪表至中控室 DCS 的仪表电缆，主要采用钢带铠装阻燃型对绞总屏蔽或分屏蔽计算机电缆，这样对仪表电缆的抗干扰性实行双重保护：外钢带铠装层及中间接线箱外壳与就地电气接地站相连，可直接对外界起抗强电磁干扰的作用；内层铜丝编织层全部汇集到中控室 IE 接地母排上接地，起到了抗电场干扰的保护作用。

7.2.4　故障维护

识别最典型故障的现象，分析产生该故障的原因，采用排除法和替代法解决故障，及时有效发现和排除故障，保障正常生产。系统在发生故障后应进行被动性维护，主要包括以下工作。

1. 专业性维护

一般需厂商或厂家指定的维护工程师来进行维护。

2. 用户一般性维护

系统使用者自身进行的日常维护，维护人员应对系统维护技术难度和可操作性有一定的认识，了解应具备的维护工具，明确哪些工作能自己完成，做到心中有数，出现问题要及时制定可行的维护方案。对 DCS 系统故障维护的关键是快速、准确地判断出故障点的位置，故障维护中的一些经验总结如下几点。

① DCS 系统往往具有丰富的自诊断功能。根据报警信息，可以直接找到故障点，并且还可通过报警的消除来验证维修结果。

② 通信接头接触不良会引起通信硬件故障（通信线缆、网卡、交换机、通信接口、通信模块等），确认通信接头接触不良后，可以利用工具重做接头，通信线破损应及时更换。网络设置和配置错误（网卡驱动程序、IP 地址、网关子网掩码、通信协议、波特率 、拨号

开关等）。

③ 某个卡件故障灯闪烁或者卡件上全部数据都为零，可能的原因是组态信息有错、卡件处于备用状态而冗余端子连接线未接、卡件本身故障、该槽位没有组态信息等。

④ 当某一个生产状态异常或报警时，可以先找到反映此状态的仪表，然后顺着信号向上传递的方向，用仪器逐一检查信号的正误，直到查出故障所在。

⑤ 当出现较大规模的硬件故障时，最大的可能是由于 DCS 系统环境维护不力而造成的系统运行故障，除马上采取紧急备件更换和系统清扫工作外，还要及时和厂家取得联系，由厂家专业技术支持工程师进一步确认和排除故障。

3．维护常用工具

软件工具：系统组态软件、流程图软件、报表软件、图形化编程软件、实时监控软件、故障诊断软件、离线浏览器、离线报表查看器等。

硬件工具：防静电手套、仿真器、热工宝典、电子电位差计、电阻箱、信号发生器、线缆测试仪、除尘工具、接地测试仪表、检测仪器、高精度万用表、调试工具等。

4．系统管理

（1）供货方管理

供货方保证所供设备的完整性、成套性，保证所供设备完全适用于项目的工况及环境条件，并能达到设计院的技术要求。设备提供商有责任提供设备的安装、调试方法，以及设备维护要领、操作方法和技术支持。通电启动和调试服务，直到所提供 DCS 能令人满意，控制车间运行达到 DCS 的全部功能要求，并保证系统平均无故障时间和平均故障修复时间达到规范要求，使培训人员得心应手地掌握组态、编程、维护、修改和调试 DCS 操作。

（2）中控室管理

① 应加强中控室人员和设备的管理。

② 将各机柜分配到班组具体人员进行维护保养，始终保持机柜间的整洁。

③ 维持适当的温度和湿度，避免由于温度、湿度急剧变化。

④ 密封所有可能引入灰尘、潮气和鼠害或其他有害昆虫的走线孔（坑）等。

⑤ 避免在控制室内使用无线电或移动通信设备，避免系统受电磁场和无线电频率干扰。

（3）操作站管理

① 文明操作，严谨在操作台进行不必要的操作，防灰防水。

② 严谨擅自拆装机器。

③ 严谨使用非正版软件。

④ 做好系统各种软件的备份。

⑤ 系统工程师在每次参数修改后或大检修前必须进行系统子目录文件（组态、SCX 语言等）的备份，各自控回路的 PID 参数和调节器正反作用等系统数据记录工作。

⑥ 系统工程师不得随意修改组态内容、系统参数并做好记录和备份工作。

（4）控制站管理

① 严谨擅自改装、拆装系统部件。

② 锁好柜门。

③ 定时检查。

5. DCS 系统安装工作环境

① 工作温度：0～50℃。

② 存放温度：-40～70℃。

③ 湿度：50℃时，5%～95%（不凝露）。

④ 高度：海拔 4000m 以下。

⑤ 振动（工作）：0.25G，3～300Hz 下 15 分钟；振动（不工作）：0.5G，3～300Hz 下 15 分钟。

7.3 DCS 系统调试

调试的主要内容：了解 DCS 的选型设计，现场仪表的安装与接线，通信系统；检查数据点组态；操作画面；程序控制和紧急联锁。根据组态内容，运用组态软件对现场的信号调式、回路控制调试、联锁控制调试等，最终进行投运，逐步实现自动控制。

1. DCS 系统调试准备

① 系统和控制器的配置要重点考虑可靠性和负荷率（包括冗余度）指标。通信负荷率必须控制在合理范围内，控制器的负荷率尽可能均衡，避免“高负荷”问题的发生。

② 系统控制逻辑的分配，不宜过分集中在某个控制器上，主要控制器应采用冗余配置。

③ 电源设计必须合理可靠。注意电源设计的负荷率和电源的冗余配置方式，保证两路独立电源。

④ 注重 DCS 系统接口的可靠性，注意重要接口的接口方式和冗余度。

⑤ DCS 系统接地按厂家要求执行，避免接地问题造成系统大面积故障。应注重考虑系统的抗干扰措施，I/O 通道应强调隔离措施。重视电缆质量与屏蔽，重要信号及控制使用计算机专用通信屏蔽电缆。

⑥ 根据设备运行特点和各种工况下机组处理紧急故障的要求，配置操作员站和后备手操装置。紧急停机停炉按钮配置，应采用与 DCS 分开的单独操作回路。

⑦ 对于保护系统，采用多重化信号摄取法。合理使用闭锁条件，使信号回路具有逻辑判断能力。

⑧ 调试期间按照调试大纲、办法，对所有逻辑、回路、工况进行测试，确保各参数设置正确合理。

2. 调试分类

调试分系统调试和联调两部分工作。系统调试是系统到现场后，对系统硬件、组态软件进行现场检验的过程，以确保供应的硬件、软件满足用户的要求。联调工作是系统同现场的一次测量元件联动调试的过程，确保能够正常反映现场实际的工艺状况，驱动现场的执行机构。一般先做调试，后做联调。

3. 联调方法

当现场仪表安装完毕、信号电缆已经按照接线端子图连接完毕，并已通过上电检查等各步骤后，可以进行系统模拟联调。进入实时监控画面，在监控画面上逐一核对现场信号与显示数据是否一一对应。

联调应解决的问题是信号错误（包括接线、组态）问题、DCS 与现场仪表匹配问题、现场仪表是否完好。

在系统模拟联调结束后，操作人员已可通过操作站画面和内部仪表的手操，对工业过程进行监视和操作，然后由工作人员配合用户的自控、工艺人员，逐一对自动控制回路进行投运。

联调采用真实信号。一般现场联调要求：两名工程师，1 名在现场，1 名在控制室，用对讲机等通讯设备进行联络，一一进行调试、确认。

对各模拟信号进行联动调试，确认连线正确，显示正常。

联系现场设备，确定 DI 信号显示正常，DO 信号控制现场设备动作正常。

联系现场设备，确定控制方案动作正常，联锁输出正常，能满足工艺开车的需要。

对各调节信号进行联动调试，确认阀门动作正常、气开气关正确、根据工艺确定正反作用。

4．I/O 通道测试

（1）模拟输入信号测试

根据组态信息，针对不同的信号类型、量程，利用各种信号源（如电阻箱、电子电位差计等）对 I/O 通道逐一进行测试，并在必要时记录测试数据。

（2）开入信号测试

根据组态信息对信号进行逐一测试，用一条短路线将对应信号端子短接与断开，同时观察操作站实时监控画面中对应开关量显示是否正常，并记录测试数据。

（3）模拟输出信号测试

根据组态信息选择对应的内部控制仪表，手动改变 MV（阀位）时小于 1V、断开时大于 3.5V，并记录开关闭合和断开时端子间的测试值。

为了检测控制站硬件是否工作正常。根据系统组态的信号通道、信号类型、信号量程等资料，对每一个通道进行 25%、50%、75%三点测试，并记录相应数据。该部分工作可根据用户实际需要，相应实施。为了正确地测试数据，要求测试时各测量工具的精度等级不低于 0.2 级。

① 4～20mA 配电。所需工具为电阻箱、电流表和若干导线，如图 7-1 所示。将配电卡件通道、电阻箱和电流表构成一回路，调节电阻值使电流表分别指示在 8mA（25%）、12mA（50%）和 16mA（75%），记录实时监控中相应位号的值。

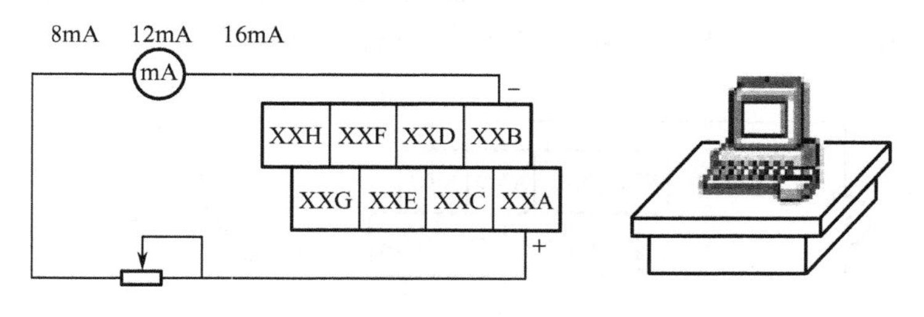

图 7-1　测试电路 1

② 4～20mA 不配电。所需工具为电流信号发生器、电流表和若干导线，如图 7-2 所示。将卡件通道、电流表、电流信号发生器串成一回路，调节电流信号发生器使电流表分别指示在 8mA（25%）、12mA（50%）和 16mA（75%），记录实时监控中相应位号的值。

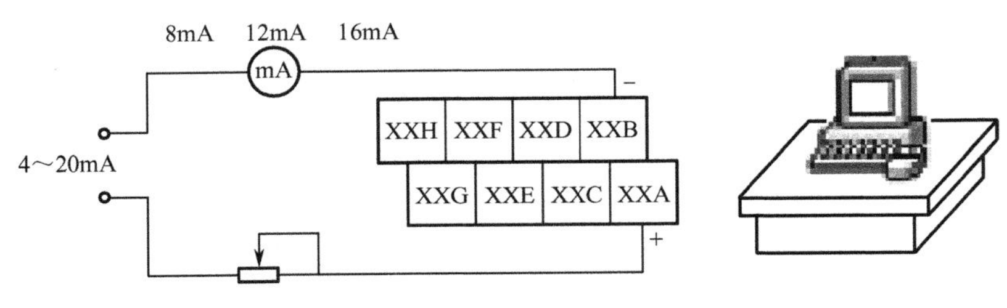

图 7-2　测试电路 2

③ 热电阻。所需工具为电阻箱、分度表和若干导线，如图 7-3 所示。根据组态量程，确定所需测量的三点温度点，查分度表得出相应的电阻值，通过电阻箱引入对应卡件的接线端子，记录实时监控中相应位号的值。

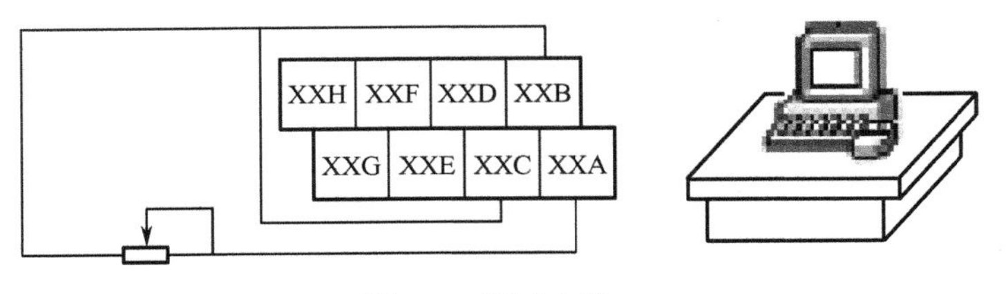

图 7-3　测试电路 3

④ 热电偶。所需工具为毫伏信号发生器、温度计、分度表和若干导线，如图 7-4 所示。根据组态量程，确定所需测量的三点温度点，根据分度号查分度表得出相应的毫伏电压值，通过毫伏信号发生器引入对应卡件的接线端子，记录实时监控中相应位号的值。

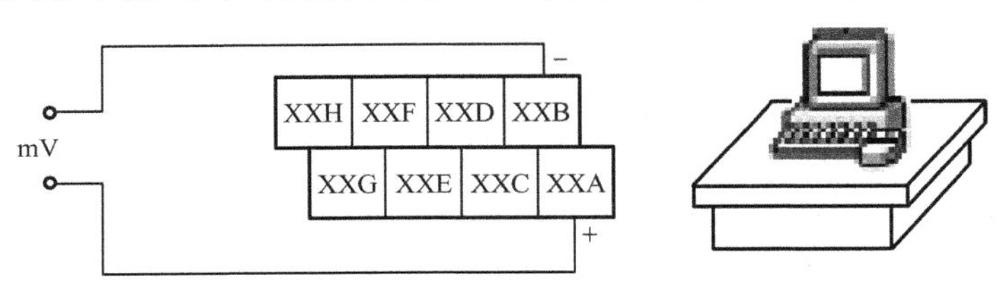

图 7-4　测试电路 4

⑤ 4～20mA 输出。所需工具为电流表，如图 7-5 所示。AO 信号不能直接输出，只能通过相应的控制回路给出阀位值。根据组态，通过相应的回路找到相应的输出位号的端子，使回路输出分别在 25%、50%、75%，用电流表在端子后测出相应的电流，并记录。

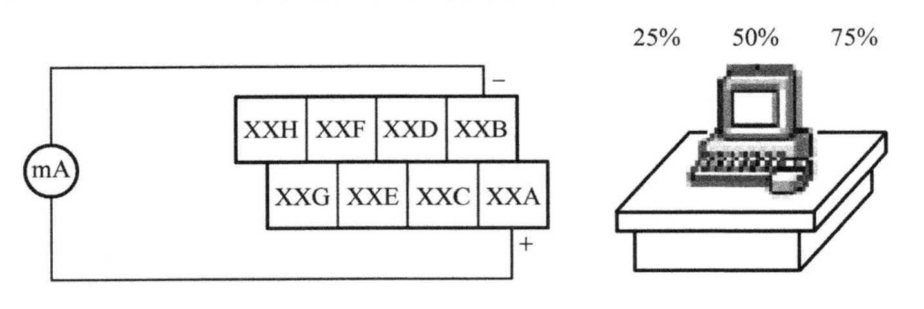

图 7-5　测试电路 5

⑥ DI。所需工具为导线，如图 7-6 所示。将导线短接相应的端子，观察对应卡件通道指示是否正确。

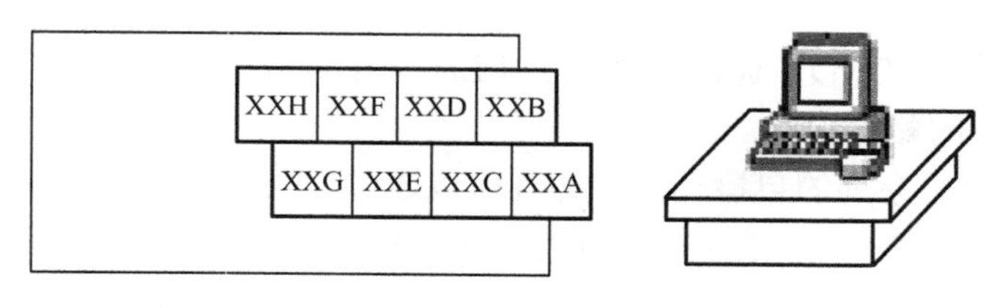

图 7-6 测试电路 6

⑦ DO。所需工具为万用表，如图 7-7 所示。在实时监控下闭合 DO 点，用万用表测量相应通道是否短路。

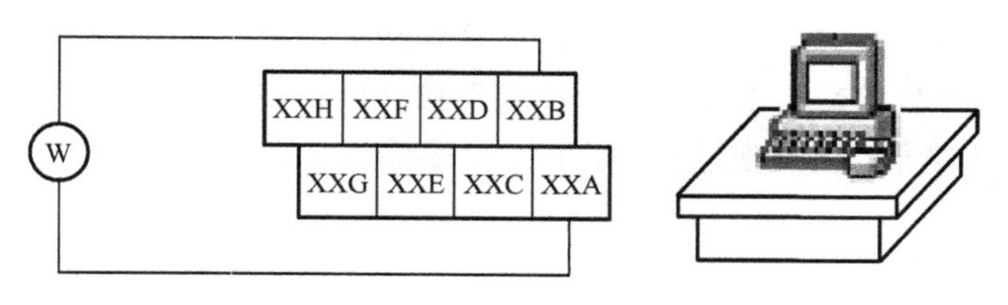

图 7-7 测试电路 7

（4）开出信号测试

MV 值一般顺序地选用 10%FS、50%FS、90%FS，同时用万用表（4 位半）测量对应卡件信号端子输出电流（Ⅱ或Ⅲ型）是否与手动输入的 MV 值正确对应，并记录。

根据组态信息选择相应的内部控制仪表，改变开关量输出的状态，同时用万用表在信号端子侧测量其电阻值（对 SP332：闭合时小于 1Ω、断开时大于 10M Ω）或电压值（对 SP331：闭合通过 I/O 通道测试，确认系统在现场能否离线正常运行，确认系统组态配置正确与否，确认 I/O 通道输入/输出正常与否。下传组态结束后就可以进行 I/O 检查。如果有互相冗余的卡件，应注意两块卡都要进行测试，工作卡测量完毕后，再换到冗余卡后，按照测试程序重新测试。

7.4 JX-300 维护应用

7.4.1 主控制卡故障诊断

通过卡件面板上的指示灯确定故障。在故障诊断画面中可以直观显示当前控制站中主控制卡的工作情况，主控制卡左边标有该卡的主机地址，绿色表示该主控制卡当前正常工作，黄色表示该主控制卡当前备用状态，红色表示该主控制卡故障。单卡表示控制站为单主控制卡，双卡表示控制站为冗余主控制卡。

每个 XP233 具有完全独立的微处理器和 WDT（看门狗定时器）复位功能，在卡件受到干扰而造成软件混乱时能自动恢复 CPU，使系统恢复正常运行。在这种情况下 XP233 的 FAIL 指示灯（红色）会出现短暂的闪烁。

在系统正常运行过程中更换 XP233 卡件时，如果插入的 XP233 地址重复或者冲突的情况，这块 XP233 经过上电初始化 SBUS 诊断后会立即报警（FAIL、RUN 等指示灯显示相应状态），并自行封闭其 SBUS 总线使用权，以免发生输入/输出错误。

XP233 卡件具有自身运行状态的 LED 指示：运行（RUN）、工作/备用（WORK）、故障

（FAIL）、SBUS 通信（COM）。通过卡件上的 LED 指示可以初步确定 XP233 的运行状态，具体可以参考表 3-5 中的相关说明。

XP233 卡件具有一系列的自检功能，并且可以通过 LED 指示部分故障情况。自检项目包括：上电时地址冲突检测、I/O 通道自检功能、SBUS 总线故障检测功能。

1．上电时地址冲突检测

卡件地址设置错误，可检测的冲突状况包括：地址重复、处于同一机笼的两块卡件地址设置为不冗余和地址设置互为冗余的两块卡件不处于同一机笼。XP233 刚上电时，将首先判断自身所设地址与已存在的其他 XP233 卡件是否冲突。在检测到无冲突后，XP233 卡件将进入正常的 SBUS 通信状态，COM 灯闪烁。在检测到地址冲突时，XP233 卡件将点亮 FAIL 灯，RUN 灯快速闪烁，并禁止其与 I/O 卡件的所有通信功能，以确保 I/O 信号不被错误传送，但仍保持 I/O 通道自检功能。在发现这种故障时，只要拔出故障卡件，按照操作规范设置地址后，即可重新使用。

2．I/O 通道自检功能

XP233 卡件将以 1s 的周期定时对 16 个 I/O 通道进行巡检。I/O 通道自检是指 XP233 卡件对自身通信通道的硬件检测，可检测的通道故障包括通信线路短路和断路。当检测到故障时，XP233 卡件将点亮 FAIL 灯。具体发生故障的通道号可通过上位机监控软件查看。

3．SBUS 总线故障检测功能

该项检测功能必须在与主控制卡存在通信时实现。XP233 卡件的 SBUS 通信采用的是双冗余口同发同收的工作方式。在检测到两个通信端口工作均正常的情况下，XP233 卡件将任选一个通信端口完成数据的接收。而当检测到某一个通信端口故障时，XP233 卡件将自动选择工作正常的通信端口接收，保证接收过程的连续，此时 FAIL 灯亮，COM 灯闪烁状态不变。XP233 卡件还将把其中一个通信端口故障的信息传送给上位机显示。当两个通信端口均发生故障时，FAIL 灯亮、RUN 灯快速闪烁、COM 灯变暗。

7.4.2　组态出错清除组态模式

主控制卡复位启动（系统上电或 WDT 动作）后对组态数据进行自检，如发现组态数据非法则清除非法的组态数据，并产生“组态出错”报警（故障诊断软件中可以观测到）、主控制卡的 FAIL 灯常亮。这种系统启动模式即为组态出错清除组态模式。

对于新出厂的卡件（从未对它下载过组态）或断电保护被中断过的卡件（如更换主控制卡的断电保护电池），主控制卡的启动模式都属于该模式。在该启动模式下，卡件内组态信息、控制参数、输出状态等都将被初始化在合适的数值上，控制运算、采样、输出等动作都被停止，等待工程师站下载组态。

组态出错清除组态启动模式下，工作状态的主控制卡能在 10ms 的时间内完成上述初始化工作并进入等待下载组态的运行状态。而处于备用状态的主控制卡则需 10～70s 的时间从工作主控制卡获取数据（组态信息、实时数据、用户设定参数等），完成工作备用卡件之间信息同步后，进入正常的运行状态。

7.4.3 主控制卡冗余说明

主控制卡可冗余配置，也可单卡工作。冗余配置的两块主控制卡执行同样的应用程序，一块运行在工作模式（工作卡），另一块运行在备用模式（备用卡）。两块主控制卡均能访问I/O子系统和过程控制网络，但只有工作模式下的主控制卡负责完成控制、输出、实时信息广播等功能。

① 在工作模式下，主控制卡如同非冗余配置一样直接访问 I/O 子系统，完成数据采集和控制功能，并向操作节点广播实时信息。此外它还监视与其配对的备用主控制卡的工作状态。工作模式下的主控制卡每个扫描周期向备用卡发送一次实时数据，以同步两块冗余卡件的工作状态。

② 在备用模式下，备用主控制卡诊断和监视卡件运行状态，周期性获取工作主控制卡的实时信息，确保工作卡出现故障的情况下，无扰动地接替工作权，保障控制过程的连续性和稳定性。在备用卡工作正常的情况下，如发生下列故障，将产生工作/备用模式切换（冗余切换）。

➢ 工作主控制卡 RAM、ROM 等硬件故障。

➢ 网络处理器故障。

➢ I/O 接口故障。

➢ 工作主控制卡掉电。

➢ 工作主控制卡复位。

工作主控制卡用户自定义程序出错，工作主控制卡组态出错等。

③ 一旦主控制卡被切换到备用模式，带故障的备用主控制卡可停电维修或更换而不影响系统的正常运行。检修好的主控制卡重新上电后，进入备用模式工作。若工作主控制卡发生故障的同时，备用主控制卡也发生故障，此时会比较两块主控制卡的故障等级。如果工作主控制卡故障较严重，则发生冗余切换；否则，不发生冗余切换。主控制卡确认需要进行冗余切换后，在一个扫描周期内完成冗余切换。

➢ XP243X 不能与 XP243 进行冗余配对。

➢ XP243X 不支持 SCX 语言。当需要从 XP243 升级到 XP243X 时，需要将 XP243 的 SCX 语言用 SCControl 重新编写和编译。升级时必须按以下次序操作。

删除 SCX 语言→XP243 更换为 XP243X→将 SCX 语言改为 SCControl 编程→编译下载。

➢ XP243X 与 XP233 数据转发卡配套使用。

➢ 回路手自动切换功能：根据输入信号的质量码进行判断，当输入信号异常（可疑或故障）时，PID 常规回路自动由自动状态切为手动状态。

➢ 禁止 XP243X 主控制卡 IP 地址重复，禁止冗余地址的卡件插在不同机笼中。

➢ 与 XP243X 配套使用的控制系统软件是 AdvanTrol Pro V2.5 +SP06 及以上版本和 SupView V3.1 及以上版本。

7.4.4 卡件工作状态分析

处于工作状态的主控制卡，RUN 灯按照两倍扫描周期的频率闪烁，其他灯的闪烁情况都以 RUN 灯为时间基准。处于备用状态的主控制卡 RUN 灯常暗，STDBY 灯按照两倍扫描周期的频率闪烁，其他灯的闪烁以 STDBY 灯为时间基准。可通过观察 RUN 灯、FAIL 灯、STDBY 灯的相应状态来确定主控制卡的工作状态，具体说明见表 7-1。

表 7-1　XP243X 故障分析及处理方法

序　号	指示灯状态	现 象 分 析	处 理 方 法
1	FAIL 灯常亮	主控制卡组态丢失或者下载的组态已经被破坏	重新下载组态
2	FAIL 和 RUN 灯同时亮，同时灭	控制站网络地址出错	检查控制站组态中设置的地址与主控制卡上的地址设置是否一致，如果一致，检查主控制卡上的地址设置开关是否坏掉；或者可能是组态错误，需要新下载组态
3	FAIL 灯：均匀闪烁，周期是 RUN 灯的一半 RUN 灯（工作）：均匀闪烁，周期是 FAIL 灯的两倍	通信处理器（SBUS 或 SCnet Ⅱ通信处理器）不工作	检查 SBUS 和 SCnet Ⅱ通信处理器工作状态
4	FAIL 和 RUN 灯同时亮，FAIL 灯先灭，RUN 灯后灭	两个冗余的 SBUS 或 SCnet Ⅱ网络通信接口（网线或驱动口）均出现故障	检查相关网线是否断开
5	RUN 灯先亮，FAIL 灯后亮；两灯同时灭	主控制卡 SBUS 或 SCnet Ⅱ网络通信口有一口出现故障	检查相关网线是否断开
6	FAIL 灯：均匀闪烁，周期是 RUN 灯的一半 RUN 灯：均匀闪烁，周期是 FAIL 灯的两倍	SCnet Ⅱ通信网络 A、B 网络交错	检查 SCnet Ⅱ通信网络线

7.4.5　实训装置上电与断电恢复

1．上电步骤

系统上电前，必须确保系统地、安全地、屏蔽地已连接好，确保不间断电源（UPS）、控制站和操作站 220V 交流电源、控制站 5V 和 24 V 直流电源均已连接好并符合设计要求，然后按下列步骤上电。

① 打开总电源开关。

② 打开不间断电源（UPS）开关。

③ 打开各个支路电源开关。

④ 打开操作站显示器、工控机电源开关。

⑤ 逐个打开控制站电源开关。

不正确的上电顺序，会对系统的部件产生较大的冲击。

2．主控制卡断电恢复后的启动模式

主控制卡断电回复后的启动模式有三种：热启动、冷启动、组态混乱清除组态。

（1）热启动模式

在断电时间小于 10s 且主控制卡的组态信息正确的情况下，主控制卡为热启动模式。

热启动模式一般是由下列情况引起的。

① 看门狗（WatchDog Timer，WDT）是一个定时器电路，看门狗的作用就是防止程序发生死循环）动作引起的热复位。

② 主控制卡受到强烈干扰。

③ 卡件从槽位中拔出并快速插入。

④ 系统瞬间断电并恢复。

主控制卡热启动后的控制状态（控制回路、输出等）都保持在复位前的状态，保证控制的连续性和安全性。

在热启动模式下，如果自定义控制算法程序没有丢失，则主控制卡能在 10ms 内完成初始化工作并进入正常的运行状态。如果自定义控制算法程序已经丢失（掉电保护电池失效），则工作状态的主控制卡将视算法程序大小，在 10～150ms 间完成初始化工作并进入正常运行状态。

对冗余配置的主控制卡，备用卡的热启动不影响工作卡的正常工作。工作卡热启动时，将导致冗余切换，备用卡立即接替工作卡工作，保证系统正常工作。

（2）冷启动模式

在断电时间大于 10s 且主控制卡中组态信息正确的情况下，主控制卡为冷启动模式。

主控制卡具有断电保护功能，冷启动模式下卡件的组态信息、控制参数都能保持与断电前一致。为保证控制的连续性和安全性，冷启动模式下的主控制卡将根据组态配置决定是否进行初始化操作。

如果不要求初始化，则保持原有状态；如果需要初始化，则对内部控制状态和 I/O 卡件输出状态进行初始化，恢复到安全的状态。

① 控制回路（自定义回路和常规回路）处于手动状态。

② 自定义回路的输入补偿和输出补偿为 0，可变增益为 1。

③ 阀位输出值为 0。

④ 开关量输出处于 OFF 状态。

⑤ 分定时器、秒定时器和百毫秒定时器清 0。

在冷启动模式下，视自定义算法程序的大小，工作状态的主控制卡能在 10～150ms 的时间内完成上述初始化工作并进入正常的运行状态。而处于备用状态的主控制卡则需要 10～70s 的时间完成对工作主控制卡上数据（组态信息、实时数据、用户设定参数等）的冗余复制（工作备用卡件之间信息同步）后才允许进入正常的运行状态。

组态时，若选择了主控制卡保持功能，则即使冷启动，各项数据也不归 0（不会恢复到安全状态）。

7.5 监控操作维护

1．操作站主机故障

其组态和修改都必须依照规定执行，同时备份相关修改信息，以防止因数据丢失所引起的故障；若遭遇 DCS 装置出现问题，则需要用备件进行替换；根据故障报警声判断各部件故障情况，具体参照 PC 故障检修资料库。

2．显示器故障

例如，操作员站显示器出现黑屏现象，显示器硬件老化失效检查、显卡硬件检查、显卡驱动程序运行、显示器软件参数设置等。

3．网络故障

网卡与网线接触连接是否畅通，上位机和下位机各设备间通信，通信故障通常表现为：系统死机、脱网、通信中断等、网络通信太忙，网络通信负荷率高、网卡驱动程序安装与启动、IP 地址设置、连接信号的数据库点组态与对应通道不匹配等。

4．电源故障

电源是整个 DCS 系统的核心系统，电源故障会直接导致 DCS 系统控件功能失灵，停止运作。如电源模块自身故障，还有某些外界因素导致接头松动、接线接头导致的接触不良等现象。

5．信号干扰

即使是轻微的信号干扰，也可能造成通信故障，影响系统正常工作，引发系统瘫痪，或者信号干扰直接干扰到进 DCS 的信号，从而产生误动作等都会带来巨大损失。特别是针对大型电力设备以及其他的电子设备的信号干扰十分严重。采用屏蔽和合理接地等措施能有效避免强电磁场巨大的干扰。

6．现场仪表设备故障

现场仪表设备包括与生产直接联系的各种传感器、变送器、执行器、电动门等，一旦 CTR 画面出现不正确的参数或执行机构不能调整、电动机不能启动等故障时，这类故障一般由于仪表本身的质量、寿命以及仪表周围复杂的生产环境所致，应及时修复相应现场一次仪表。

7．DCS 系统本身故障处理

应确认是硬件故障还是软件故障。若是硬件故障，利用 DCS 系统的自诊断功能来分析、判断故障的部位和原因，找出相应硬件部位并进行更换模块。若是软件故障，还应确认是系统软件还是应用软件故障。若是系统软件故障，可重新启动看下能否恢复，或者重新装载系统软件重新启动；若是应用软件故障，可检查用户编写的程序和组态的所有数据，找出故障原因进行处理。

DCS 维护应从设计、施工、调试、运行进行全过程全方位管理，作为系统维护人员应根据系统配置和生产设备控制情况，制定科学、合理、可行的维护策略和方式方法，做到预防性维护、日常维护紧密配合，进行系统的、有计划的、定期的维护，对运行中出现的各种故障，应具体问题具体分析。对于 DCS 系统的维护工作，关键是要做到预防第一，作为系统维护人员应根据系统配置和生产设备控制情况，通过看、听、闻和摸等方式发现问题、解决问题，保证系统在要求的环境下长期良好地运行，使生产过程控制平稳、运行稳定，为实现生产和效益的目标，提供可靠保证。

7.6　安全栅

安全栅又称安全限能器或安全保持器，是接在本质安全电路和非本质安全电路之间，将供给本质安全电路的电压、电流限制在一定安全范围内的装置。安全栅的主要功能为限流、限压，保证现场仪表可得到的能量在安全范围内。

1．工作原理

由于隔离式安全栅采用了限压、限流、隔离等措施，不仅能防止危险能量从本安端子进入危险现场，提高系统的本安防爆性能，而且还增加了系统的抗干扰能力，大大提高了系统运行的可靠性。安全栅的主要功能就是限制安全场所的危险能量进入危险场所，以及限制送往危险场所的电压和电流，如图 7-8 所示。

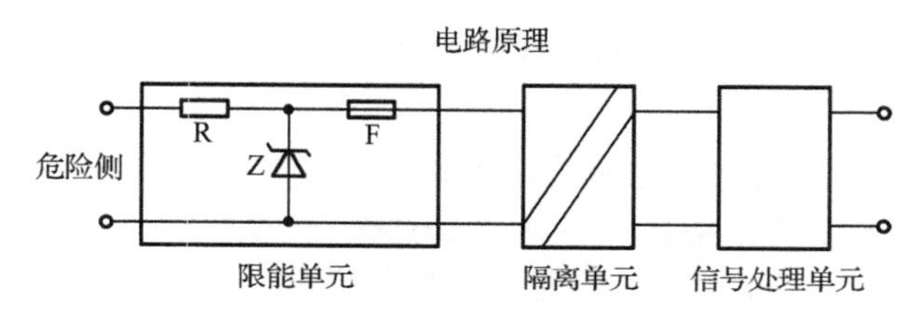

图 7-8　安全栅电路原理图

工业现场一般需要采用两线制传输方式的配电器，既要为如压力变送器等一次仪表提供 24V 配电电源，同时又要对输入的电流信号进行采集、放大、运算和抗干扰处理后，再输出隔离的电流和电压信号，供后面的二次仪表或其他仪表使用。

隔离式安全栅，基本有检测端安全栅和操作端安全栅两种类型。检测端安全栅与两线制变送器配套使用；操作端安全栅与电气转换器或电气阀门配套使用。检测端隔离式安全栅的原理是：模块电路将通过本安能量限制电路输入的电流或电压信号转变为 0.2～1V DC 后，送入模块内进行采集、放大、运算和抗干扰处理后，再经变压器调制成输出隔离的电流和电压信号，供后面的二次仪表或其他仪表使用。模块还需输出一个隔离的 18.5～28.5V DC 电压，通过本安能量限制电路作为供给两线制变送器的工作电压。操作端隔离式安全栅的原理是：将调节器或操作器输出的 4～20mA DC 信号隔离后再输出 4～20mA DC 的信号，通过本安能量限制电路供给电气转换器或现场的电气阀门定位器使用。

2．分类

安全栅主要有齐纳式安全栅和隔离式安全栅两大类。

齐纳式安全栅的核心元件为齐纳二极管（稳压二极管），限流电阻以及快速熔断丝组成，对输入的电能量进行限制，从而保证输出到危险区的能量安全。

隔离式安全栅采用了将输入、输出以及电源三方之间相互电气隔离的电路结构。隔离式安全栅不但有限能的功能，而且有隔离的功能，它主要由回路限能单元、信号和电源隔离单元、信号处理单元等组成，价格比齐纳式贵。

由于安全栅被设计为介于现场设备与控制室设备之间的一个限制能量的接口，因此无论控制室设备处于正常还是故障状态，安全栅都能确保通过它传送给现场设备的能量是本质安全的。

① 由于采用了三方隔离方式，因此无须系统接地线路，给设计及现场施工带来了极大的方便。

② 对危险区的仪表要求大幅度降低，现场无须采用隔离式的仪表。

③ 由于信号线路无须共地，使得检测和控制回路信号的稳定性和抗干扰能力大大增强，从而提高了整个系统的可靠性。

④ 隔离式安全栅具备更强的输入信号处理能力，能够接受并处理如开关量输入状态控制、热电偶、热电阻、频率等信号，这是齐纳式安全栅无法做到的。

⑤ 隔离式安全栅可输出两路相互隔离的信号，以提供给使用同一信号源的两台设备使用，并保证两台设备信号不互相干扰，同时提高所连接设备相互之间的电气安全绝缘性能。

⑥ 当用户同时应用 DCS 和 ESD 时，选用一进二出的安全栅，可以有效地将两个系统隔离开来，避免系统之间互相影响。因不需要另外 24V 电源供电，特别适合配 I/O 卡直接供电的 DCS 系统。

因此，对比齐纳式和隔离式安全栅的特点和性能可以看出，隔离式安全栅有着突出的优点和更为广泛用途，虽然其价格略高于齐纳式安全栅，但从设计、施工安装、调试及维护成本来考虑，其综合成本反而低于齐纳式安全栅。在要求较高的工程现场几乎全部采用隔离式安全栅作为主要本安防爆仪表，在安全防爆领域得到了日益广泛的应用。

3．选用原则

安全栅是介于现场设备与控制室设备之间的一个限能电路，用来把控制室供给现场仪表的电能量限制在既不能产生足以引爆危险气体的火花，又不能产生足以引爆危险气体的仪表表面温度，从而消除了引爆源。在选择安全栅时必须考虑其型号与现场仪表类型相适应，还必须考虑安全栅与本质安全仪表要求相兼容以及形成的本安系统中阻抗匹配的问题。我国采用“回路认证”这种方式认证本安系统，即根据危险环境使用仪表的联合取证情况，选择已与其联合取证的安全栅，一经联合取证，现场仪表与安全栅便固定组合构成本安系统。

① 所选用的齐纳安全栅应已经防爆检测机构防爆认证，并有防爆合格证书。

② 根据工作现场所属的危险区域（0 区、1 区、2 区），气体级别和温度组别来选择齐纳安全栅的防爆等级（安全栅防爆标志 EX），使其符合上述的防爆环境，确保现场安全。

③ 根据现场使用仪表的工作电压和工作电流对地的极性，选择齐纳安全栅的极性（正极性、负极性或交流极性）。

④ 根据信号传输线路的数量，选择齐纳安全栅的通道数（单通道、双通道、三通道），由安全栅的通道对传输线路进行保护。

⑤ 根据二次仪表供电电压的大小，选择齐纳安全栅的工作电压，供电电压应小于或等于齐纳安全栅的工作电压。根据现场仪表电压和电流的大小，选择齐纳安全栅的端电阻。在最大工作电流时，安全栅的端电阻引起的压降应不影响现场仪表最低工作电压的要求，保证现场仪表能正常工作。

⑥ 当供电电压为 DCS 系统中卡件直接供电时，请查阅 DCS 系统中的供电卡件资料。注意供电卡件中往往串接一只限流电阻，当使用齐纳安全栅时，此限流电阻应引起充分的重视。选用电阻限流式齐纳安全栅时应把串入的电阻去掉，用熔丝或开关代替，选用电子限流式齐纳

安全栅时，此电阻值不能大于 180Ω，否则由于供电回路电阻太大，造成现场仪表供电电压太低而不能工作。有些 DCS 系统卡件供电电路中装有一个限流电路，当使用齐纳安全栅则不能选用有功耗的齐纳安全栅，一旦卡件供电电路限流值小于齐纳安全栅的工作电流时，则会造成齐纳安全栅无法工作。

⑦ 本质安全防爆实质上是系统防爆，所以现场仪表和齐纳安全栅一起由防爆检测机构进行系统防爆取证。

⑧ 在安全防爆系统的设计及防爆产品的选型中，除了需要对爆炸性环境中存在的气体进行分级、分组外，还应根据爆炸性气体出现的频繁程度和持续时间对爆炸性气体危险场所进行区域划分。

0 区：爆炸性气体混合物连续或长时间存在的场所。

1 区：爆炸性气体混合物有可能出现的场所。

2 区：爆炸性气体混合物不可能出现，或者即使出现也是短时间存在的场所。

⑨ 色标。

黄色端（非本安侧）接线通往安全区。

蓝色端（本安侧）接线通往危险区。

安全栅的外观如图 7-9 所示。

图 7-9 安全栅的外观

7.7 DCS 故障诊断实训

1. 实训要求

依据化工仪表维修工国家职业标准和生产过程自动化专业人才培养方案组织教学内容，实施教学过程。DCS 故障诊断与处理实训是生产过程自动化技术专业的职业技能课，通过实训学习，培养学生掌握控制仪表配线、掌握强电区故障与信号区故障处理、控制设备组态故障处理方法的技能，培养学生严谨认真的职业素养，通过 DCS 故障诊断与处理实训为学生毕业从事过程控制系统维护打下基础。

2．实训目标

（1）知识目标

“过程检测仪表”课程学会压力、物位、流量和温度检测仪表的基本知识。“过程控制仪表”课程学会变送器、安全栅、控制器、控制阀、电气转换器的基本知识。“自动控制技术”课程学习自动控制系统中的被控变量和操纵变量的选择、控制器控制规律的选择、控制阀气开、气关形式的选择、被控变量检测点位置选择等设计，串级、均匀、比值、分程、前馈、选择性等复杂控制系统的组成、特点及应用。过程控制系统的供电、接地、泵、变送器、执行器的使用方法，控制系统故障诊断原理。

（2）职业技能目标

掌握控制系统的对象故障分析与处理能力；掌握接线柜、控制系统卡件故障分析与处理能力；掌握控制系统的调试能力。通过实训课，使学生初步掌握具有分析控制系统的能力，熟悉和掌握自动控制系统工程的投运和工程整定方法。

（3）职业素质养成目标

敬业精神和职业道德的建立，对工作精益求精、一丝不苟的严谨作风，用专业术语沟通交流的能力；团队协同作业的合作能力。劳动法及职业守则，相关法律法规知识。

（4）职业技能证书考核要求

正确使用和维护保自控设备，熟练掌握万用表、剥线钳、扳手，螺丝刀使用、调整和维护保养的方法，重点是基本理论知识、基本技能。通过 DCS 故障诊断与处理实训取得中级化工仪表维修工国家职业资格证书。

3．教学内容

教学内容如表 7-2 所示。

表 7-2　教学内容

序　号	实 训 项 目	教学内容及要求	学 习 目 标
1	控制柜故障处理	泵在端子柜接线	懂结构、会仪表配线、安全
		变送器在端子柜接线	懂结构、会仪表配线、安全
		控制阀在端子柜接线	原理、结构、使用
2	控制对象的故障处理	泵电源故障	掌握强电区故障与信号区故障处理
		变送器的故障	掌握强信号区故障处理
		控制阀故障	掌握强电区故障与信号区故障处理
3	组态故障处理	DCS 的 I/O 卡件地址、冗余、配电设置故障	故障现象与处理方法
		操作站 IP 地址，协议链路故障	故障现象与处理方法
4	过程控制系统的故障处理	变送器、卡件和系统都有可能有故障时的处理方法	故障现象与处理方法

一、简答题

1．DCS 系统如何安装调试？

2．JX-300XP DCS 维护技术主要有哪些内容？

3. DCS 日常维护方法有哪些？
4. 信号现场测试有何技巧？
5. 如何从监控系统中发现设备故障？
6. 安全栅的主要功能是什么？
7. 如何选择使用安全栅？
8. 安全栅如何安装？
9. 信号现场测试中，对带电和不带电卡件有何要求？
10. 在工厂中，DCS 维护人员需要哪些基本技能？
11. 为什么不允许在 DCS 中任意插入外来 U 盘等？
12. 对输入/输出信号通道测试有何要求？
13. 在 DCS 系统运行时，如果操作站死机怎么处理？
14. 在检查网络设备是否连通时，ping 命令如何操作使用？
15. 谈谈 DCS 维护技术的重要性。

二、判断题

1. 网络调试时，常用的 DOS 调试命令是：ping。（ ）
2. 若组态编译出现错误，可双击出错信息部分，光标将跳至出错处，针对错处进行修改。（ ）
3. 集散控制系统接地的目的一是为了安全，二是为了抑制干扰，系统接地的种类有系统地、屏蔽地、保护地。（ ）
4. 根据 DCS 系统维护工作的不同可分为日常维护、应急维护、预防维护。（ ）
5. 当关闭 DCS 系统时，首先要让每个操作站依次退出实时监控及操作系统后，才能关掉操作站、工控机及显示屏电源。（ ）
6. 控制站的常见故障为控制器故障、I/O 卡件故障、通道故障和电源故障。（ ）
7. 在对集散控制系统检修前一定要做好组态数据和系统的备份工作。（ ）
8. 集散控制系统应包括常规的 DCS，可编程序控制器（PLC）构成的分散控制系统和工业 PC（IPC）构成的分散控制系统。（ ）
9. DCS 系统一旦出现故障，可以随时拔下卡件进行维修。（ ）
10. 信息测试时只用一台万用表就可以完成。（ ）

三、选择题

1. DCS 系统一旦出现故障，首先要正确分析和诊断（ ）。

A. 故障发生的原因　　B. 故障带来的损失
C. 故障发生的部位　　D. 故障责任人

2. DCS 系统最佳环境温度和最佳相对湿度分别是（ ）。

A.（15±5）℃，40%～90%　　B.（20±5）℃，20%～80%
C.（25±5）℃，20%～90%　　D.（20±5）℃，40%～80%

3. 按 DCS 系统检修规程要求，用标准仪器对 I/O 卡件进行点检，通常校验点选（ ）。

A. 零点、满量程　　B. 零点、中间点、满量程
C. 量程范围为 5 个点　　D. 5 个点以上

4. 在 DCS 正常运行状态下，受供电系统突发事故停电影响，DCS 供电回路切入 UPS 后

应采取的应急措施是（　　）。

A．保持原控制状态

B．及时报告上级部门，做好紧急停车准备

C．估算 UPS 供电持续时间，并通告供电部门及时轮修

D．以上三个步骤

5．DCS 系统网卡配置正确，但操作站与控制站之间、各操作站之间通信不上的原因是（　　）。

A．网线不通或网络协议不对　　B．子网掩码或 IP 地址配置错误

C．集线器错误　　D．以上三项

6．在 DCS 系统中，（　　）占绝大部分。

A．现场仪表设备故障　　B．系统故障

C．硬件、软件故障　　D．操作、使用不当造成故障

7．DCS 系统的接地，应该是（　　）。

A．安全保护接地　　B．仪表信号接地

C．本安接地　　D．以上都是

8．（　　）是工作在应用层的网络设备。

A．线器　　B．网桥　　C．路由器　　D．网关

9．DCS 显示画面大致分成四层，（　　）是最上层的显示。

A．单元显示　　B．组显示　　C．区域显示　　D．细目显示

10．（　　）有利于对工艺过程及其流程的了解。

A．仪表面板显示画面　　B．历史趋势画面

C．概貌画面　　D．流程图画面

参考文献

[1] 张德泉. 集散控制系统原理及应用. 北京：电子工业出版社，2015.
[2] 任丽丽，同哲民. 集散控制系统组态调试与维护. 北京：化学工业出版社，2010.
[3] 浙大中控师资培训材料.杭州：2015.

反侵权盗版声明

举报电话：（010）88254396；（010）88258888

传　　真：（010）88254397

E-mail：　dbqq@phei.com.cn

通信地址：北京市海淀区万寿路 173 信箱
　　　　　电子工业出版社总编办公室

邮　　编：100036